Arbeitsheft

MATHEMATIK

BAND 5

Reelle Zahlen, Potenzen
Funktionen, Geometrie
Quadratische Gleichungen
Gleichungssysteme

Lösungen

Herausgegeben von
J. Peter Böhmer

Bearbeitet von
J. Peter Böhmer
Ekkehard Jander
Wilfried Schlake
Otto Steinhoff
Paul Zahn

Ernst Klett Verlag
Stuttgart Düsseldorf Leipzig

9 783127 452532

1. Auflage

€ A 1 10 9 8 7 | 2008 2007 2006

Alle Drucke dieser Auflage können im Unterricht nebeneinander benutzt werden, sie sind untereinander unverändert.

Die letzte Zahl bezeichnet das Jahr dieses Druckes.

Internetadresse: http://www.klett-verlag.de

Umschlaggestaltung: Dieter Gebhardt, Asperg
Satz und Satzgrafiken: More*Media* GmbH, Dortmund; Kernstock, Wissenschaftliche Publikationstechnik, Kirchheim/Teck
Druck: Gutmann, Heilbronn. Printed in Germany
ISBN 3-12-745253-5

Inhaltsverzeichnis

Hinweise

Dieses **Arbeitsheft** kann lehrbuchunabhängig im Unterricht eingesetzt werden:
- zusätzlich zu jedem Lehrwerk
- als alleiniges Begleitwerk für den Mathematikunterricht

Aufbau einer Standardseite:

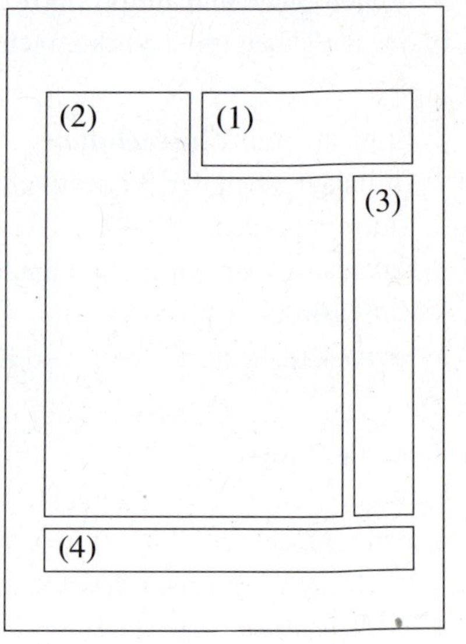

(1) **Kasten**
mit Definitionen, Informationen, Beispielen und Musterlösungen, Nebenrechnungen sind als solche gekennzeichnet, die Rechnungen dazu sind kursiv.

(2) **Aufgaben zum direkten Eintragen**
- Ergebnisse können in vorbereitete Tabellen, Diagramme, … eingetragen werden
- Schrittfolgen können nachvollzogen werden
- Aufgaben in zwei Differenzierungsstufen:
  1 normales Niveau
  •*2* erhöhtes Niveau, Zusatzinhalte
- Lösungen dieser Aufgaben im Lehrerband oder Lösungskontrolle ✓ durch den Schüler

(3) **Randspalte**
mit besonders wichtigen Anmerkungen zur Bearbeitung der Aufgaben:

Hinweise, Tipps zur Bearbeitung

Erinnerung an bekannte mathematische Inhalte

⚠ Achtung! Wichtige Regeln und Hinweise

✓ Lösungskontrolle durch Abstreichen möglich

TR Tastenfolge für den Taschenrechner

(4) **Zusätzliche Übungsaufgaben**
- sie enthalten gleiche Aufgabenstellungen wie in Teil (2),
- sie sind den Aufgaben von Teil (2) durch eine gemeinsame Kennzeichnung zugeordnet. Beispiel: zur Aufgabe 3 gehören die Übungsaufgaben 3.1 und 3.2,
- die Lösungen aller Aufgaben sind im „Arbeitsheft – Lösungen“ abgedruckt.

NT-Lerneinheiten beziehen sich auf den Einsatz von **Neuen Technologien** (Computer) im Unterricht.

Diplomseiten
- Wichtige Kapitel werden mit einer Diplomseite abgeschlossen.
- Diese Diplomseiten sind als Lernkontrolle gedacht. Die Aufgaben werden in jeweils drei Schwierigkeitsstufen angeboten:

(Stern) leicht; (Mond) mittel; (Sonne) schwierig

- Die Schülerinnen und Schüler können zu jeder Aufgabennummer die Schwierigkeitsstufen auswählen. Es können auch mehrere Aufgaben zu einer Nummer gelöst werden. Es wird nur die beste richtig gelöste Aufgabe zu jeder Aufgabennummer gewertet.
- Die Auswertung der Lernkontrolle wird in drei Diplomen (Bronze – Silber – Gold) vorgenommen. Die Mindestanforderung für die entsprechenden Diplome ist jeweils vorgegeben.

1 Rationale Zahlen und Größen

1 Rationale Zahlen addieren und subtrahieren

1 Verwandle in einen Dezimalbruch und entscheide, ob abbrechend/periodisch.

Bruch	Dezimalbruch	abbrechend/ periodisch
$\frac{7}{4}$	*1,75*	*abbrechend*
$\frac{5}{6}$	*$0,8\overline{3}$*	*periodisch*
$\frac{78}{3}$	*26,0*	*abbrechend*
$\frac{7}{11}$	*$0,\overline{63}$*	*periodisch*

Jede **rationale Zahl** ist als **Bruch** darstellbar.
Abbrechende Dezimalbrüche z.B. $\frac{2}{5} = 0,4$
$\frac{3}{8} = 0,375$
Periodische Dezimalbrüche z.B. $\frac{2}{3} = 0,666... = 0,\overline{6}$
$\frac{19}{12} = 1,58333... = 1,58\overline{3}$

Rationale Zahlen addieren und subtrahieren

	$-2,3 + (+1\frac{1}{2})$	$0,5 + (-3,1)$	$-\frac{1}{2} - (+2,1)$	$-\frac{1}{4} - (-\frac{2}{3})$
(1) Klammern auflösen	$= -2,3 + 1,5$	$= 0,5 - 3,1$	$= -0,5 - 2,1$	$= -\frac{3}{12} + \frac{8}{12}$
(2) Berechnen	$= -0,8$	$= -2,6$	$= -2,6$	$= \frac{5}{12}$

2 Berechne mit dem Taschenrechner. Runde auf drei Stellen nach dem Komma.

a) $\frac{5}{3} = 5 : 3$ *≈ 1,667* b) $\frac{8}{7} =$ *8 : 7 ≈ 1,143* c) $3\frac{11}{13} =$ *50 : 13 ≈ 3,846*

Runden
24,7835 ≈ 24,784
9,6184 ≈ 9,618

3 Berechne.

a) $245 + (-183)$ b) $-516 + (+732)$ c) $345 - (+857)$ d) $-403 - (-298)$

a) = *245 − 183* = *62*
b) = *−516 + 732* = *216*
c) = *345 − 857* = *−512*
d) = *−403 + 298* = *−105*

−512; −105; $0,\overline{63}$; $0,8\overline{3}$; 1,143; 1,667; 1,75; 3,846; 26; 62; 216

+ (+) → +
+ (−) → −
− (+) → −
− (−) → +

✓ zu 1 bis 3

4 Berechne.

a) $\frac{3}{4} + (+\frac{4}{5}) = \frac{3}{4} + \frac{4}{5} = \frac{15}{20} + \frac{16}{20} = \frac{31}{20} = 1\frac{11}{20}$

b) $\frac{5}{6} + (-\frac{2}{3}) = \frac{5}{6} - \frac{2}{3} = \frac{5}{6} - \frac{4}{6} = \frac{1}{6}$

c) $-1\frac{5}{8} - (-\frac{4}{7}) = -\frac{13}{8} + \frac{4}{7} = -\frac{91}{56} + \frac{32}{56} = -\frac{59}{56} = -1\frac{3}{56}$

d) $3\frac{5}{6} - (+2\frac{8}{9}) = \frac{23}{6} - \frac{26}{9} = \frac{69}{18} - \frac{52}{18} = \frac{17}{18}$

Brüche addieren/ subtrahieren
(1) Hauptnenner bestimmen
(2) Brüche erweitern
(3) addieren/ subtrahieren

5 Berechne mit Dezimalbrüchen.

a) $24,9 + (-\frac{1}{2}) = 24,9 - 0,5 = 24,4$

b) $-37,2 - (-\frac{4}{5}) = -37,2 + 0,8 = -36,4$

c) $-(+7\frac{3}{4}) + (-43,9) = -7,75 - 43,9 = -51,65$

d) $-72\frac{3}{8} - (-55,8) = -72,375 + 55,8 = -16,575$

−51,65; −36,4; −16,575; $-1\frac{3}{56}$; $\frac{1}{6}$; $\frac{17}{18}$; $1\frac{11}{20}$; 24,4

✓ zu 4 und 5

2.1 Berechne mit dem Taschenrechner. Runde auf drei Stellen nach dem Komma. a) $\frac{5}{6}$ b) $\frac{20}{9}$ c) $\frac{15}{11}$ d) $\frac{3}{7}$ e) $2\frac{6}{7}$ f) $6\frac{1}{3}$ g) $9\frac{8}{13}$ h) $7\frac{7}{15}$ i) $5\frac{11}{16}$

3.1 a) $127 + (+204)$ b) $362 + (-295)$ c) $457 + (-809)$ d) $-253 + (-378)$ e) $428 - (+719)$ f) $-507 + (-984)$ g) $-276 - (-198)$ h) $-436 + (-802)$ i) $917 - (-646)$ j) $807 + (-948)$ k) $-635 - (+839)$

4.1 a) $\frac{3}{4} + (+\frac{1}{2})$ b) $\frac{2}{3} + (-\frac{5}{6})$ c) $\frac{3}{4} - (+\frac{1}{2})$ d) $2\frac{1}{2} - (-1\frac{3}{5})$ e) $-3\frac{2}{3} - (+4\frac{1}{6})$ f) $5\frac{4}{5} + (-7\frac{5}{6})$ g) $-7\frac{3}{4} - (+8\frac{3}{7})$ h) $-4\frac{1}{4} - (-6\frac{1}{5})$

5.1 a) $3\frac{1}{2} + (+0,8)$ b) $8,7 + (-\frac{3}{4})$ c) $4\frac{1}{2} - (-6,3)$ d) $5\frac{4}{5} - (+7,5)$ e) $-3\frac{3}{4} - (-7,9)$ f) $-9,2 + (+\frac{9}{10})$ g) $-8,1 + (-7\frac{3}{4})$ h) $4,7 - (-6\frac{1}{5})$

2 Rationale Zahlen multiplizieren und dividieren

Rationale Zahlen multiplizieren und dividieren

(1) **Vorzeichen bestimmen**
bei gleichen Vorzeichen setze +
bei ungleichen Vorzeichen setze −

$(+) \cdot (+) = +$	$(+) : (+) = +$
$(+) \cdot (-) = -$	$(+) : (-) = -$
$(-) \cdot (+) = -$	$(-) : (+) = -$
$(-) \cdot (-) = +$	$(-) : (-) = +$

(2) Die Beträge **multiplizieren** bzw. **dividieren**

z.B. $(-9) \cdot (-0{,}2) = 1{,}8$
$6{,}4 : (-0{,}8) = -8$

1 Berechne.

a) $(+4{,}8) \cdot (-6) = -28{,}8$

b) $(-3{,}5) : (+7) = -0{,}5$

c) $(-5{,}6) : (-0{,}8) = 7$

d) $(-7{,}5) \cdot (+0{,}6) = -4{,}5$

e) $(-2{,}4) : (-0{,}08) = 30$

2 Berechne. Kürze, wenn möglich.

a) $(+\frac{3}{5}) \cdot (+\frac{4}{3}) = +\frac{3 \cdot 4}{5 \cdot 3} = \frac{4}{5}$

b) $(+\frac{7}{10}) : (-\frac{4}{5}) = -\frac{7 \cdot 5}{10 \cdot 4} = -\frac{7}{8}$

c) $(-\frac{3}{8}) \cdot (+\frac{4}{9}) = -\frac{3 \cdot 4}{8 \cdot 9} = -\frac{1}{6}$

d) $(-\frac{6}{5}) : (-\frac{3}{10}) = \frac{6 \cdot 10}{5 \cdot 3} = 4$

e) $(-\frac{2}{9}) \cdot (-\frac{3}{8}) = +\frac{2 \cdot 3}{9 \cdot 8} = \frac{1}{12}$

f) $(+\frac{4}{15}) : (-\frac{8}{25}) = -\frac{4 \cdot 25}{15 \cdot 8} = -\frac{5}{6}$

g) $(-\frac{10}{3}) : (+\frac{4}{33}) = -\frac{10 \cdot 33}{3 \cdot 4} = -\frac{55}{2} = -27\frac{1}{2}$

h) $(+\frac{5}{9}) \cdot (+\frac{12}{25}) = +\frac{5 \cdot 12}{9 \cdot 25} = \frac{4}{15}$

$-28{,}8;\ -27\frac{1}{2};\ -4{,}5;\ -\frac{7}{8};\ -\frac{5}{6};\ -0{,}5;\ -\frac{1}{6};\ \frac{1}{12};\ \frac{4}{15};\ \frac{4}{5};\ 4;\ 7;\ 30$

Brüche multiplizieren

(1) Zähler mal Zähler, Nenner mal Nenner

(2) Wenn möglich, kürzen

(3) Berechnen

$\frac{3}{2} \cdot \frac{5}{6}$
$= \frac{{}^{1}\not{3} \cdot 5}{2 \cdot \not{6}_{2}}$
$= \frac{5}{4} = 1\frac{1}{4}$

✓ zu 1 und 2

3 Berechne. Kürze, wenn möglich.

a) $(-2\frac{2}{3}) \cdot (-2\frac{1}{4}) = +\frac{8 \cdot 9}{3 \cdot 4} = 6$

b) $(-5\frac{1}{7}) : (+2\frac{1}{4}) = -\frac{36 \cdot 4}{7 \cdot 9} = -\frac{16}{7} = -2\frac{2}{7}$

c) $4\frac{2}{7} : (-1\frac{1}{5}) = -\frac{30 \cdot 5}{7 \cdot 6} = -\frac{25}{7} = -3\frac{4}{7}$

d) $-3\frac{1}{3} \cdot (-1\frac{1}{5}) = \frac{10 \cdot 6}{3 \cdot 5} = 4$

4 Rechne mit Dezimalbrüchen.

a) $(+0{,}5) \cdot (-\frac{3}{5}) = -0{,}5 \cdot 0{,}6 = -0{,}3$

b) $(-\frac{3}{4}) : (-0{,}4) = 0{,}75 : 0{,}4 = 1{,}875$

c) $(-0{,}9) : (-\frac{3}{4}) = 0{,}9 : 0{,}75 = 1{,}2$

d) $2\frac{2}{5} \cdot (-0{,}4) = -2{,}4 \cdot 0{,}4 = -0{,}96$

$-3\frac{4}{7};\ -2\frac{2}{7};\ -0{,}96;\ -0{,}3;\ 1{,}2;\ 1{,}875;\ 4;\ 6$

Brüche dividieren

(1) 1. Bruch notieren, mit dem **Kehrbruch** des 2. Bruchs multiplizieren

(2) Wenn möglich, kürzen

(3) Berechnen

$\frac{3}{4} : \frac{7}{8}$
$= \frac{3 \cdot \not{8}^{2}}{{}_{1}\not{4} \cdot 7}$
$= \frac{6}{7}$

✓ zu 3 und 4

1.1 a) $+8 \cdot (+0{,}7)$ b) $(+0{,}9) \cdot (-6)$ c) $(-2{,}4) \cdot (+9)$
d) $(-9{,}3) \cdot (+0{,}5)$ e) $(-7{,}8) \cdot (-0{,}08)$ f) $(-0{,}9) \cdot (+0{,}15)$
g) $(+8{,}6) \cdot 70$ h) $(+0{,}04) \cdot (-0{,}09)$ i) $(-0{,}12) \cdot (-1{,}2)$

1.2 a) $3{,}2 : (-0{,}4)$ b) $(-0{,}07) : (-0{,}5)$ c) $(-5{,}6) : (-0{,}8)$
d) $(+8{,}1) : (+0{,}009)$ e) $(-2{,}4) : (-0{,}3)$ f) $(+5{,}6) : (-0{,}04)$
g) $(-5{,}6) : (-80)$ h) $(+7{,}2) : (-400)$ i) $(-8{,}5) : (+50)$

1.3 a) $0{,}7 \cdot (-3{,}4)$ b) $(-9{,}6) : (-8)$ c) $(-6{,}5) \cdot (+0{,}9)$
d) $(-5{,}1) : (-0{,}0003)$ e) $(-0{,}42) : (+80)$ f) $(-7{,}2) : (-0{,}03)$
g) $(-0{,}64) \cdot (-700)$ h) $(+9{,}6) : (-60)$ i) $(-90) \cdot (+6{,}7)$

2.1 Berechne. Kürze wenn möglich. a) $(+\frac{7}{8}) \cdot (-\frac{5}{3})$
b) $(-\frac{4}{9}) : (+\frac{2}{3})$ c) $(+\frac{5}{6}) \cdot (+\frac{3}{10})$ d) $(-\frac{9}{8}) : (-\frac{3}{4})$

3.1 a) $(+2\frac{1}{2}) : (-1\frac{2}{3})$ b) $(-3\frac{1}{3}) : (+4\frac{1}{6})$ c) $(+5\frac{2}{5}) \cdot (-\frac{10}{9})$
d) $(-4\frac{1}{6}) : (+\frac{5}{3})$ e) $(-6\frac{2}{3}) : (-3\frac{1}{3})$ f) $(-5\frac{1}{3}) \cdot (+2\frac{1}{2})$

4.1 Rechne mit Dezimalbrüchen. a) $(+\frac{1}{4}) \cdot (-0{,}3)$
b) $(-0{,}9) : (-\frac{1}{3})$ c) $(-\frac{6}{5}) : (-0{,}3)$ d) $(-3{,}5) : (-\frac{7}{4})$
e) $(+\frac{3}{8}) \cdot (-4{,}6)$ f) $(-2{,}4) : (+1\frac{1}{5})$ g) $(+6\frac{1}{4}) \cdot (-1{,}4)$

3 *Zusammengesetzte Rechnungen*

Rechenregeln

- Klammern zuerst berechnen!
- Punktrechnung ($\cdot$ und $:$) vor Strichrechnung ($+$ und $-$)!

$-18 \cdot (9-3)$ $= -18 \cdot 6$ $= -108$	$18 - 9 \cdot 3$ $= 18 - 27$ $= -9$
$(-25+7) : (-6)$ $= -18 : (-6)$ $= 3$	$21 : 3 - 15$ $= 7 - 15$ $= -8$

1

a) $(8-40) : 4$
$= -32 : 4$
$= -8$

b) $24 \cdot (12-5)$
$= 24 \cdot 7$
$= 168$

c) $-46 + 15 : 3$
$= -46 + 5$
$= -41$

d) $102 : (-6) - 39$
$= -17 - 39$
$= -56$

2

a) $(6-3{,}4) \cdot (21-12)$
$= 2{,}6 \cdot 9$
$= 23{,}4$

b) $(-4{,}2+5) \cdot (7-2)$
$= 0{,}8 \cdot 5$
$= 4$

c) $(2{,}8-4) \cdot (5-8)$
$= (-1{,}2) \cdot (-3)$
$= 3{,}6$

d) $(9{,}3-4{,}8) : (2-7)$
$= 4{,}5 : (-5)$
$= -0{,}9$

e) $(3{,}2-5) : (13-7)$
$= -1{,}8 : 6$
$= -0{,}3$

f) $(1{,}5-5) : (2-9)$
$= -3{,}5 : (-7)$
$= 0{,}5$

3 Berechne zuerst die innere Klammer.

a) $[4 \cdot (9-3)] : 8$
$= [4 \cdot 6] : 8$
$= 3$

b) $[(3-8) \cdot 7] : 5$
$= [(-5) \cdot 7] : 5$
$= -7$

c) $[8 \cdot (4+5)] : (-6)$
$= [8 \cdot 9] : (-6)$
$= -12$

d) $[12 : (9-5)] \cdot 6$
$= [12 : 4] \cdot 6$
$= 18$

e) $[42 : (9-3)] \cdot (-8)$
$= [42 : 6] \cdot (-8)$
$= -56$

f) $[20 : (2-7)] \cdot (-9)$
$= [20 : (-5)] \cdot (-9)$
$= 36$

−56; −56; −41; −12; −8; −7; −0,9; −0,3; 0,5; 3; 3,6; 4; 18; 23,4; 36; 168

zu 3

$[17 \cdot (3-5)] \cdot 2$
$= [17 \cdot (-2)] \cdot 2$
$= [-34] \cdot 2$
$= -68$

zu 1 bis 3

1.1
a) $59 - 7 \cdot 13$ b) $19 \cdot 8 - 37$
c) $-88 + 5 \cdot 17$ d) $-16 \cdot 8 + 54$ e) $(-75-23) \cdot 4$
f) $(49-9) \cdot 32$ g) $6 \cdot 24 - 178$ h) $(-83+8) \cdot 35$

1.2
a) $(47-38) : 2$ b) $-75 - 78 : 3$
c) $150 : 6 + 38$ d) $-86 - 85 : 5$ e) $-96 : (6-5)$
f) $105 : 7 - 36$ g) $-27 - 136 : 8$ h) $144 : (8-20)$

1.3
a) $8 \cdot 14 - 93$ b) $-75 - 72 : 4$
c) $-102 : 6 + 51$ d) $-83 + 91 : 7$ e) $46 - 80 : 5$
f) $-16 \cdot (8-7)$ g) $93 + 8 \cdot 17$ h) $-154 : 7 + 31$
i) $(-43+15) : 14$ j) $(54-78) : (-8)$ k) $-15 \cdot (-514-86)$

1.4
a) $48 + (16-53)$ b) $31 - (62-18)$
c) $-53 + (72-58)$ d) $-85 - (24-93)$ e) $(48+16) - 53$
f) $(31-62) - 18$ g) $(-53+72) - 58$ h) $-(-85-24) - 109$

2.1
a) $(31-17) \cdot (43-24)$ b) $(82-26) : (55-47)$
c) $(26-35) \cdot (74-91)$ d) $(73-37) : (65-56)$ e) $(59-75) \cdot (36-42)$
f) $(17+73) : (84-69)$ g) $-(79+26) : (81-74)$ h) $(24+87) : (90-79)$

3.1
a) $[(21-13) \cdot 6] : 12$
b) $[45 : (71-56)] \cdot 5$ c) $[16 \cdot (92-83)] : 18$
d) $[84 : (90-69)] \cdot 6$ e) $[(82-37) : 9] \cdot 7$
f) $[(61-36) \cdot 8] : 25$ g) $[48 \cdot (76-68)] : (-16)$

4 Mit Größen rechnen

1 a) 4,366 kg · 3,99 $\frac{€}{kg}$ b) 2,0 ℓ : 7

= 17,42034 € | = 0,2857142 ℓ

≈ 17,42 € | ≈ 0,3 ℓ

c) 6,75 · 3,487 kg d) 10,00 m : 3

= 23,53725 kg | = $3,\overline{3}$ m

≈ 23,537 kg | ≈ 3,33 m

1 kg Brokkoli kostet 2,98 €. Wie viel Euro muss man für 2,378 kg Brokkoli bezahlen?

(1) Berechnen, sinnvoll runden	2,378 kg · 2,98 $\frac{€}{kg}$ = 7,08644 € ≈ 7,09 €
(2) Antwort notieren	Man muss 7,09 € bezahlen.

2 Berechne und runde sinnvoll.

a) 6,482 kg · 8,98 $\frac{€}{kg}$	≈ 58,21 €	b) 65,7 m^2 · 8,65 $\frac{€}{m^2}$	≈ 568,31 €
c) 43,41 ℓ · 1,549 $\frac{€}{ℓ}$	≈ 67,24 €	d) 57,08 ℓ · 1,639 $\frac{€}{ℓ}$	≈ 93,55 €
e) 8,45 dm^3 : 9	≈ 0,94 dm^3	f) 36 728,17 € : 6	≈ 6121,36 €
g) 4,8 t : 17 kg	≈ 282 kg	h) 2,33 m^3 : 3	≈ 0,78 m^3

Eine 1,25 m lange Leiste wird in 3 gleiche Teile zersägt.
1,25 m : 3
(1) = $0,41\overline{6}$ m
≈ 0,42 m
(2) Die Teile sind 0,42 m lang.

3

a) 7,5 kg − 825 g	b) 9,6 dm^3 + 748 cm^3	c) 3,7 t − 400 kg	d) 6,5 dm^2 + 64 cm^2
= 7500 g − 825 g	= 9600 cm^3 + 748 cm^3	= 3700 kg − 400 kg	= 650 cm^2 + 64 cm^2
= 6675 g	= 10 348 cm^3	= 3300 kg	= 714 cm^2
= 6,675 kg	= 10,348 dm^3	= 3,3 t	= 7,14 dm^2

zu 1 und 2:
0,3; 0,78; 0,94; 3,33; 17,42; 23,537; 58,21; 67,24; 93,55; 282; 568,31; 6121,36

4 Eine Kugel zum Kugelstoßen aus Eisen hat ein Volumen von 0,509 dm^3. Wie schwer ist sie? (1 cm^3 Eisen wiegt 7,85 g.)

1 cm^3 ⟶ 0,00785 kg

1 dm^3 ⟶ 7,850 kg

0,509 dm^3 ⟶ ≈ 4,0 kg

Antwort: Die Kugel ist 4,0 kg schwer.

5 In einer verkehrsberuhigten Zone fährt ein PKW mit einer Geschwindigkeit von 30 km/h. Wie viel m legt er in einer Sekunde zurück?

60 Min. ⟶ 30 000 m

1 Min. ⟶ 500 m

1 s ⟶ ≈ 8,3 m

Antwort: Der PKW legt 8,3 m zurück.

Zuerst in die gleiche Einheit umwandeln!

zu 3 bis 5:
3,3; 4,0; 6,675; 7,14; 8,3; 10,348

1.1 a) 6 € : 9 b) 5,84 · 7,98 € c) 50 ℓ : 0,7 ℓ d) 8 km : 3 e) 9,65 t · 0,783 $\frac{€}{t}$

2.1 a) 9,4 hℓ : 37 b) 87,9 $\frac{€}{kg}$ · 1,399 kg c) 72,95 ℓ · 36,463 $\frac{€}{ℓ}$ d) 10 m : 60 cm e) 200 € : 31

3.1 a) 9,8 cm^2 − 95 mm^2 b) 72,5 kg + 479 g c) 24,5 km + 621 m d) 26,8 kg − 912 g e) 8,7 dm^3 + 604 cm^3

4.1 Ein Holzwürfel hat ein Volumen von 9,834 dm^3. Wie schwer ist der Würfel? 1 cm^3 Holz wiegt 0,67 g.

5.1 Ein PKW fährt mit einer Geschwindigkeit von 85 km/h. Wie viel m legt er in einer Sekunde zurück?

6 100 g Schinken kosten 2,95 €. Wie viel Euro kosten 0,243 kg?

5 *Proportionale und antiproportionale Zuordnungen*

Für eine Rasenfläche von 250 m² benötigt man 5 kg Grassamen. Wie viel kg benötigt man für 470 m²?

(1) Tabelle anlegen,	Fläche in m²: 250 → 470 $\left(\cdot \frac{470}{250}\right)$; Gewicht in kg: 5 → a $\left(\cdot \frac{470}{250}\right)$
Zuordnungsart bestimmen	**proportionale** Zuordnung
(2) Berechnen, sinnvoll runden	$a = 5 \cdot \frac{470}{250}$ kg $= 9{,}4$ kg
(3) Antwort notieren	Man benötigt 9,4 kg Grassamen.

1 1 kg Rinderfilet kostet 14,98 €.
Wie viel Euro kostet ein Stück Fleisch, das genau 1,473 kg wiegt?

(1)

Preis in €	*Gewicht in kg*
14,98	*1*
a	*1,473*

· 1,473 (jeweils von oben nach unten)

proportionale Zuordnung

(2) *a = 14,98 € · 1,473*

≈ 22,07 €

(3) *1,473 kg kosten 22,07 €.*

2 Eine Baugesellschaft verkauft Baugrundstücke. Ein 547 m² großes Grundstück kostet 101 195 €. Wie viel Euro kostet ein 653 m² großes Grundstück?

(1)

Größe in m²	*Preis in Euro*
547	*101 195*
653	*a*

$\cdot \frac{653}{547}$ (jeweils von oben nach unten)

proportionale Zuordnung

(2) *a = 101 195 €* $\cdot \frac{653}{547}$

= 120 805 €

(3) *Ein Grundstück von 653 m² kostet 120 805 €.*

3 Susi und Inga haben für eine Radtour gespart. Wenn sie täglich 35 € ausgeben reicht es für 12 Tage. Für wie viele Tage reicht das Geld, wenn sie täglich nur 30 € ausgeben?

(1)

Geldmenge in Euro	*Zeitdauer in Tagen*
35	*12*
30	*a*

Geldmenge: $\cdot \frac{30}{35}$; Zeitdauer: $\cdot \frac{35}{30}$

antiproportionale Zuordnung

(2) *a = 12 Tage* $\cdot \frac{35}{30}$ *= 14 Tage*

(3) *Das Geld reicht in diesem Fall für 14 Tage.*

Proportionale Zuordnung
Zum Doppelten gehört das Doppelte, zur Hälfte gehört die Hälfte.

16	350
32	700

$\cdot 2$ (jeweils von oben nach unten)

Antiproportionale Zuordnung
Zum Doppelten gehört die Hälfte, zur Hälfte gehört das Doppelte.

24	800
48	400

$\cdot 2$ links, $\cdot \frac{1}{2}$ rechts

1.1 1 kg Schweinefleisch kostet 9,98 €. Wie viel Euro kostet ein Stück, das 0,763 kg wiegt?

1.2 1 kg Tomaten kosten 2,49 €. Wie viel Euro kosten 0,743 kg?

2.1 Für eine Fläche von 24 m² benötigt man 1,8 kg Farbe. Wie viel kg Farbe benötigt man für 40 m²?

3.1 Familie Freese rechnet für den Campingurlaub mit täglichen Ausgaben von 120 €, dann könnte der Urlaub 15 Tage dauern. Für wie viele Tage reicht das Geld, wenn täglich 180 € ausgegeben werden?

4 Der Einsatz des Rettungshubschraubers kostet 450 € für 15 min. Wie viel Euro kostet ein Einsatz von 35 min?

5 Der Vorrat an Heu reicht bei 32 Kühen für 90 Tage.
a) Wie lange könnten 24 Kühe damit gefüttert werden?
b) Wie viele Kühe könnten damit 80 Tage gefüttert werden?

6 Zwei Zahnräder (24 Zähne und 68 Zähne) laufen über eine Kette. Wie oft dreht sich das große Zahnrad, wenn sich das kleine 17 mal gedreht hat?

•7 Horst hat vergessen den Wasserhahn abzudrehen. Wie viel Liter Wasser hat er in 3 Stunden und 12 Minuten verschwendet, wenn in 15 s bereits 0,7 ℓ Wasser fließen?

6 *Sachaufgaben mit Zuordnungen lösen*

1 Die Stromkosten setzen sich aus dem Verbrauchspreis (11,5 Cent je kWh) und dem monatlichen Grundpreis von 9,00 € zusammen.
Berechne die Stromkosten für die Monate Mai 407 kWh und Juni 388 kWh.

	Verbrauchspreis	Menge	
· 407	11,5 ct	1 kWh	· 407
	4680,5 ct	407 kWh	

46,81 € + 9,00 € = 55,81 €

· 388	11,5 ct	1 kWh	· 388
	5562,0 ct	388 kWh	

≈ 44,62 € + 9,00 € = 53,62 €

Einschließlich Grundpreis betragen die Stromkosten für Mai 55,81 €, für Juni 53,62 €.

2 Die Kosten bei der Taxifahrt setzen sich aus der Grundgebühr von 1,90 € und den Fahrtkosten (1,20 € je km) zusammen.
Berechne die Kosten für eine Fahrt über 5,2 km und eine über 18,3 km.

	Fahrtkosten	Entfernung	
· 5,2	1,20 €	1 km	· 5,2
	6,24 €	5,2 km	

6,24 € + 1,90 € = 8,14 €

· 18,3	1,20 €	1 km	· 18,3
	21,96 €	18,3 km	

21,96 € + 1,90 € = 23,86 €

Die Fahrkosten betragen 8,14 € bzw. 23,86 €.

Schrittfolge
(1) Tabelle anlegen, Zuordnungsart bestimmen
(2) Berechnen
(3) Antwort notieren

•3 Fünf Pumpen füllen ein Becken in 36 min. Zwei dieser Pumpen fallen nach 12 min aus.
Wie viel min benötigen die restlichen Pumpen zum Füllen des Beckens?

	Anzahl der Pumpen	Zeit	
: 5	5	36 min	· 5
	1	180 min	

Die 5 Pumpen haben zusammen 60 min (5 · 12 min) gearbeitet. Das Becken ist $\frac{1}{3}$ gefüllt. Eine Pumpe würde noch 120 min lang füllen ($\frac{2}{3}$ · 180 min). Also füllen die 3 Pumpen noch 40 min lang das Becken.

•4 Drei Schneepflüge räumen eine 90 km lange Wegstrecke in 6 Stunden. Einer der Schneepflüge fällt nach 4 Stunden aus.
Wie lange müssen die beiden restlichen noch räumen?

	Anzahl der Schneepflüge	benötigte Zeit	
: 3	3	6 Std.	· 3
	1	18 Std.	

Die drei Schneepflüge haben zusammen 12 Std. geräumt (3 · 4 Std.). Ein Schneepflug würde noch 6 Std. räumen. Also räumen die zwei restlichen Schneepflüge noch 3 Std. lang.

zu 3

Denkschritte
- In wie viel Minuten kann 1 Pumpe das Becken füllen?
- In wie viel Minuten haben die 5 Pumpen zusammen das Becken bereits gefüllt?
- In wie viel Minuten schafft 1 Pumpe die Restfüllung?

5 Die Wasserkosten setzen sich aus dem Verbrauchspreis (1,10 € je m^3) und dem monatlichen Grundpreis (12,80 €) zusammen. Berechne die Wasserkosten für die Monate Januar bis Juni bei einem Gesamtverbrauch von 78 m^3.

6 Bei einer Geschwindigkeit von 1,5 m/s benötigt ein Skilift für die Fahrt zur Bergstation 6 min. Wie lange benötigt er bei einer Geschwindigkeit von 2,5 m/s?

7 In einem Aquarium mit einer Grundfläche von 1500 cm^2 steht das Wasser 40 cm hoch. Wie hoch steht das Wasser, wenn man es in ein Aquarium mit 1200 cm^2 Grundfläche umfüllt?

•8 Das Füllen eines Schwimmbeckens dauert mit 2 Pumpen 90 min. Nach 30 min wird noch eine zusätzliche Pumpe angeschlossen. Wie lange dauert das Füllen insgesamt?

2 Prozent- und Zinsrechnung

1 Grundaufgaben der Prozentrechnung lösen

1 a) Gegeben G = 475,00 €; p% = 7,2%
Gesucht P. Berechne.

P = G · p%

P = 475,00 € · 7,2%

= 475,00 € · 0,072

= 34,20 €

Prozentwert P berechnen	**Prozentsatz p% berechnen**	**Grundwert G berechnen**
(1) Gegeben p% = 3,5% G = 422,00 €	G = 422,00 € P = 14,77 €	P = 14,77 € p% = 3,5%
Gesucht P	p%	G
(2) P = G · p% (3) P = 422,00 € · 3,5% = 422,00 € · 0,035 = 14,77 €	p% = P : G p% = 14,77 € : 422 € = 0,035 = 3,5%	G = P : p% G = 14,77 € : 3,5% = 14,77 € : 0,035 = 422,00 €

b) Gegeben G = 725,000 ℓ; P = 59,450 ℓ
Gesucht p%. Berechne.

p% = P : G

p% = 59,450 ℓ : 725,000 ℓ = 0,082

= 8,2%

c) Gegeben P = 37,62 €; p% = 9,5%
Gesucht G. Berechne.

G = P : p%

G = 37,62 € : 9,5% = 37,62 € : 0,095

= 396,00 €

$p\% = \frac{p}{100}$

Schrittfolge bei Sachaufgaben
(1) „Gegeben" und „gesucht" notieren
(2) Formel notieren
(3) Werte einsetzen, berechnen
(4) Antwort notieren

2 Fülle die Tabelle aus. Gib die Prozentsätze p% auf eine Stelle nach dem Komma gerundet an. Runde Grundwert G und Prozentwert P sinnvoll.

	a)	b)	c)	d)	e)
Grundwert G	422,00 €	72,783 kg	*94,4 mm*	*765 Stück*	45,850 cm²
Prozentsatz p%	32,7%	*4,9%*	1,8%	4,7%	3,7%
Prozentwert P	*137,99 €*	3,538 kg	1,7 mm	36 Stück	*1,696 cm²*

1,696; 4,9; 8,2; 34,2; 94,4; 137,99; 396; 765

✓ zu 1 und 2

3 Herr Kraus zahlt 375 € in der Schadensfreiheitsklasse SF4 seiner PKW-Haftpflichtversicherung. Das sind 60% der SF1.
a) Wie viel € zahlt man in der SF1?
b) Anfänger zahlen in SF0 230% der SF1. Wie viel € muss ein Anfänger zahlen?

a) ges.: P = 375 €; p% = 60% ges.: G

G = 375 € : 0,60 = 625 €

b) ges.: P = 625 €; p% = 230% ges.: P

P = 625 € · 2,30 = 1437,50 €

Antwort: a) In der SF1 müssen 625 € Prämie bezahlt werden.

b) Anfänger zahlen 1437,50 €.

Bei der Autohaftpflichtversicherung gibt es Schadensfreiheitsklassen. Anfänger sind in SF0 und zahlen 230% der SF1 (100%).
Nach 15 Jahren ohne Schaden kommt man in die SF15 und zahlt nur noch 40% von SF1.

1.1 Berechne den Prozentwert P.
a) G = 470 €; p% = 3% b) G = 595 m; p% = 45%
c) G = 7,09 km; p% = 83% d) G = 809,40 €; p% = 120%
e) G = 1540 €; p% = 0,4% f) G = 58,00 €; p% = 12,75%

1.2 Berechne den Prozentsatz p%.
a) G = 150 m; P = 4,5 m b) G = 595 ℓ; P = 53,55 ℓ
c) G = 7,5 g; P = 6,375 g d) G = 910 t; P = 1092 t
e) G = 3080 m; P = 6,16 m f) G = 36 €; P = 0,18 €

1.3 Berechne den Grundwert G.
a) P = 9 Personen; p% = 6% b) P = 26,775 t; p% = 4,5%
c) P = 5,55 €; p% = 74% d) P = 1001 kg; p% = 110%
e) P = 21,56 €; p% = 0,7% f) P = 0,27 m; p% = 0,75%

3.1 Nachdem Herr Kraus einen Unfallschaden durch seine Versicherung bezahlen ließ, wurde er aus der SF4 (60%) in die Klasse SF2 zurückgestuft, in der er 85% der SF1 zahlt. Wie viel Euro macht der Unterschied in zwei Jahren aus? (SF1 beträgt 585 €)

2 Endwert berechnen

1 Im letzten Jahr wurde die Flugreise für 1340 € angeboten. In diesem Jahr ist eine Preissteigerung von 4,5% zu erwarten. Wie viel Euro würde die Reise dann kosten?

(1) *A: 1340 €*

(2) *V: + 4,5%* *WF: · 1,045*

(3) *E: 1340 € · 1,045 = 1400,30 €*

(4) *Die Reise kostet dann 1400,30 €.*

Die Rechnung für eine Autoreparatur beträgt 920,80 €.
Hinzu kommen 16% Mehrwertsteuer (MwSt.).
Wie viel Euro muss der Kunde bezahlen?

(1) Anfangswert A bestimmen	A = 920,80 €
(2) Veränderung und Wachstumsfaktor bestimmen	+ 16% · 1,16
(3) Endwert E berechnen	E = 920,80 € · 1,16 = 1068,13 €
(4) Antwort notieren	Die Autoreparatur einschließlich MwSt. kostet 1068,13 €.

2 Bestimme den Endwert mithilfe des Wachstumsfaktors.

	a)	b)	c)	d)
Anfangswert A	2340 €	389 €	2090 €	5210 €
Veränderung	+ 2%	− 5%	− 9,3%	+ 7,2%
Wachstumsfaktor	*· 1,02*	*· 0,95*	*· 0,907*	*· 1,072*
Endwert E	*2386,80 €*	*369,55 €*	*1895,63 €*	*5 585,12 €*

Anfangswert A	100%
Veränderung	+ 5%
Wachstumsfaktor	· 1,05
Endwert E	105%

Anfangswert A	100%
Veränderung	− 5%
Wachstumsfaktor	· 0,95
Endwert E	95%

3 Die Jahres-Stromrechnung weist einen Nettorechnungsbetrag von 1437,58 € aus. Nun kommen noch 8,4% dieses Betrages als Ausgleichsabgabe hinzu. Auf diese Summe müssen dann 16% Mehrwertsteuer entrichtet werden. Wie viel Euro sind insgesamt zu zahlen? Rechne auf zwei Arten.

Nettorechnungsbetrag
Preis ohne Aufschlag

1. Möglichkeit

1. Anfangswert A_1 *1437,58 €*

1. Veränderung *+ 8,4%*

1. Wachstumsfaktor *· 1,084*

Berechnen des 1. Endwertes E_1

E_1 = 1437,58 € · 1,084 ≈ 1558,34 €

2. Anfangswert $A_2 = E_1$
(1. Endwert) *1558,34 €*

2. Veränderung *+ 16%*

2. Wachstumsfaktor *· 1,16*

Berechnen des 2. Endwertes E_2

E_2 = 1558,34 € · 1,16 ≈ 1807,67 €

kombinierte Rechnung
E = A · 1,084 · 1,16

$A_1 \xrightarrow{\cdot 1{,}084} E_1 \xrightarrow{\cdot 1{,}16} E_2$

$E_1 = A_2$

2. Möglichkeit

Anfangswert A	1. Wachstumsfaktor	2. Wachstumsfaktor	Endwert E
1437,58 €	· 1,084	*· 1,16*	*≈ 1807,67 €*

✓ zu 1 bis 3

369,55; 1400,30; 1807,67; 1895,63; 2386,80; 5585,12

1.1 Ein Paar Jeans kosten 59,90 €. Beim Schlussverkauf wird der Preis um 30% ermäßigt. Wie viel Euro kosten die Jeans dann?

1.2 Frau Ebert verdient im Monat 2295 €. Hiervon werden für Steuern und Versicherungen 32% einbehalten. Wie viel Euro bekommt sie ausbezahlt?

1.3 Die Monatskarte kostete 49,00 €. Die Verkehrsgemeinschaft erhöht die Preise um 7,2%. Wie viel Euro sind dann zu zahlen?

1.4 Ein Fahrrad kostet ohne Mehrwertsteuer 463,80 €. Wie viel Euro sind einschließlich 16% Mehrwertsteuer zu zahlen?

2.1 Übertrage die Tabelle in dein Heft und berechne die fehlenden Werte.

	a)	b)	c)	d)	e)
Anfangswert A	265 €	5 610 €	32 €	6590 €	783 €
Veränderung	+6,9%	−7,3%	+9,4%	−23,1%	+5,6%
Wachstumsfaktor					
Endwert E					

3 Grundaufgaben der Zinsrechnung lösen

1 Berechne die Zinsen Z_t für t Tage.
Runde auf Cent.
K = 2130 €; p% = 7,2%; t = 117 d

$Z_t = K \cdot p\% \cdot \frac{t}{360}$

$= \frac{2130\,€ \cdot 7,2 \cdot 117}{100 \cdot 360} = 2130\,€ \cdot 0,072 \cdot \frac{117}{360}$

$= 49,84\,€$

Kapital K   Zinssatz p%   Zinszeit t   Zinsen in t Tagen Z_t

Zinsformel $Z_t = K \cdot p\% \cdot \frac{t}{360}$

K = 1500 €   p% = 3%   t = 110 d Z_t = 13,75 €

Z_t berechnen	**K berechnen**	**p% berechnen**
$Z_t = K \cdot p\% \cdot \frac{t}{360}$	$K = \frac{Z_t}{p\%} \cdot \frac{360}{t}$	$p\% = \frac{Z_t}{K} \cdot \frac{360}{t}$
$Z_t = 1500\,€ \cdot 0,03 \cdot \frac{110}{360}$	$K = \frac{13,75\,€ \cdot 360}{0,03 \cdot 110}$	$p\% = \frac{13,75\,€ \cdot 360}{1500\,€ \cdot 110}$
= 13,75 €	= 1500 €	= 0,03 = 3%

p% = 3% = 0,03

2 Berechne das Kapital K. Runde auf volle Euro.
Z_t = 725,70 €; p% = 9,5%; t = 59 d

$K = \frac{Z_t}{p\%} \cdot \frac{360}{t}$

$= \frac{725,70\,€}{0,095} \cdot \frac{360}{59}$

$\approx 46\,610,53\,€$

3 Berechne p%. Runde auf eine Stelle nach dem Komma.
K = 4850 €; Z_t = 140,40 €; t = 135 d

$p\% = \frac{Z_t}{K} \cdot \frac{360}{t}$

$= \frac{140,40\,€ \cdot 360}{4850\,€ \cdot 135}$

$\approx 0,077 = 7,7\%$

Sinnvoll runden
p% = 0,07719...
≈ 0,077 = 7,7%

4 Berechne die fehlenden Werte. Runde sinnvoll.

	a)	b)	c)	d)	e)
K	1300,00 €	14 062,50 €	1530 €	1860 €	95,74 €
p%	4,5%	3,2%	7,0%	2,4%	9,4%
t	94 d	105 d	88 d	150 d	310 d
Z_t	15,28 €	131,25 €	26,18 €	18,60 €	7,75 €

d (day)
Abkürzung für Tag

•5 Berechne mithilfe der angegebenen Formel die Anzahl der Zinstage für
K = 180 €; p% = 5%; Z_t = 1,10 €

$t = \frac{Z_t \cdot 360}{K \cdot p\%}$

$t = \frac{1,10\,€ \cdot 360}{180\,€ \cdot 0,05}$

$= 44$

✓ zu 1 bis 5:
2,4; 7,7; 15,28; 26,18; 44; 49,84; 95,74; 14 062,50; 46 610,53

1.1 Berechne die Zinsen Z_t für t Tage.

	a)	b)	c)	d)	e)
K	2653 €	560 €	1450 €	32 €	12 398 €
p%	7,4%	15,8%	2,5%	0,3%	7,3%
t	250 d	163 d	259 d	312 d	10 d

2.1 Berechne das Kapital K. Runde auf volle Euro.

	a)	b)	c)	d)	e)
Z_t	23,00 €	6,90 €	1,25 €	56,89 €	18,25 €
t	150 d	230 d	36 d	117 d	90 d
p%	8,0%	5,2%	12,4%	7,2%	4,5%

3.1 Berechne p%. Runde auf eine Stelle nach dem Komma.

	a)	b)	c)	d)	e)
K	5630 €	2980 €	560 €	964 €	1225 €
Z_t	250,00 €	26,60 €	2,30 €	28,00 €	26,90 €
t	210 d	86 d	86 d	120 d	183 d

4.1 Übertrage ins Heft und berechne die fehlenden Werte.

	a)	b)	c)	d)	e)
K	1460 €		3450 €	2430 €	36,82 €
p%	3,5%	4,0%	9,0%		8,0%
t	105 d	240 d	66 d	117 d	275 d
Z_t		25,90 €		55 €	

4 Zinseszinsen berechnen

1 Berechne das Endkapital nach 5 Jahren für ein Festzinssparbuch mit einem Zinssatz von 6,25%. Rechne jeweils auf Cent genau.

a)

	Anfangskapital (€)	Zinsfaktor	Endkapital (€)
1. Jahr	10 000,00	· 1,0625	10 625,00
2. Jahr	10 625,00	· 1,0625	*11 289,06*
3. Jahr	*11 289,06*	*· 1,0625*	*11 994,63*
4. Jahr	*11 994,63*	*· 1,0625*	*12 744,29*
5. Jahr	*12 744,29*	*· 1,0625*	*13 540,81*

Die SPAR-BANK bietet ein Sparbuch mit festen Zinsen an. Zinssatz p% = 6,0%, Anlagebetrag 10 000 €, Festlegungszeitraum 3 Jahre. Die Zinsen werden dem Sparbuch jeweils am Jahresende gutgeschrieben.
Berechne das Endkapital nach 3 Jahren.

	Anfangskapital (in €)	Zinsfaktor	Endkapital (in €)
1. Jahr	10 000,00	· 1,06	10 600,00
2. Jahr	10 600,00	· 1,06	11 236,00
3. Jahr	11 236,00	· 1,06	11 910,16

Rechnung

10 000 € · 1,06 · 1,06 · 1,06 = 11 910,16 €

kurz 10 000 € · $(1{,}06)^3$ = 11 910,16 €

b) 10 000,00 € · 1,0625 · 1,0625 · 1,0625 · 1,0625 · 1,0625 ≈ *13 540,81 €*

Zinseszinsen sind Zinsen von Zinsen

2 Inga hat einen Sparbrief über 2000,00 € geschenkt bekommen. Der Zinssatz beträgt 7%, Zinsen und Zinseszinsen werden nach 6 Jahren ausgezahlt. Berechne den Auszahlungsbetrag mithilfe des Zinsfaktors.

Anfangskapital: *2 000,00 €*

Zinssatz: *7%* Zinsfaktor: *· 1,07*

Laufzeit: *6 Jahre*

Rechnung:

2 000,00 € · $(1{,}07)^6$ = 3 001,46 €

Zinssatz 6%
Zinsfaktor · 1,06

Bei Zinsberechnungen werden die Centbeträge von einigen Banken nicht mitverzinst.

3 Berechne die fehlenden Werte. Runde auf volle Euro.

	a)	b)	c)	d)
Anfangskapital	4000 €	3200 €	500 €	12 000 €
Zinssatz p%	5%	9%	8%	9,5%
Laufzeit	2 a	4 a	6 a	8 a
Endkapital	*4410 €*	*4517 €*	*793 €*	*24 802 €*
Zinsen und Zinseszinsen	*410 €*	*1317 €*	*293 €*	*12 802 €*

293; 410; 793; 1 317; 3 001,46; 4 410; 4 517; 12 802; 24 802

a (anno) Abkürzung für Jahr

✓ zu 2 und 3

1.1 Berechne das Endkapital nach 5 Jahren für ein Sparbuch mit festen Zinsen mit einem Zinssatz von 7,5%. Das Anfangskapital beträgt 15 000 €.
a) Berechne mit einer Tabelle.
b) Rechne in Kurzform.

1.2 Nach wie viel Jahren hat sich das Kapital verdoppelt? Übertrage die Tabelle in dein Heft und setze sie soweit wie nötig fort.

	Anfangskapital (volle Euro)	Zinsfaktor	Endkapital
1. Jahr	2000 €	· 1,12	2240 €
2. Jahr	2240 €	· 1,12	

2.1 Frau Heiner kauft einen Sparbrief für 4000 €. Der Zinssatz beträgt 6,5%. Die Laufzeit ist 5 Jahre. Zinsen und Zinseszinsen werden am Ende der Laufzeit ausgezahlt. Wie viel Euro sind das insgesamt?

3.1 Übertrage die Tabelle in dein Heft und berechne die fehlenden Werte.

	a)	b)	c)	d)
Anfangskapital	2000 €	2000 €	2000 €	2000 €
Zinssatz p%	4,75%	4,75%	4,75%	9,5%
Zinsfaktor				
Laufzeit	2 a	4 a	6 a	6 a
Endkapital				
Zinsen				

5 Sachaufgaben zur Prozent- und Zinsrechnung lösen

1 Frau Schmittke verdiente 3456,00 €. Nach der Gehaltserhöhung verdient sie 3576,96 €. Wie viel Prozent des alten Gehalts macht die Erhöhung aus?

(1) A = *3456 €* E = *3576,96 €*

ges.: Prozentuale Veränderung

(2) a) *Wachstumsfaktor bestimmen*

b) *Prozentuale Veränderung bestimmen*

(3) a) *3576,96 € : 3456,00 € = 1,035*

b) *1,035 − 1 = 0,035 = 3,5%*

(4) *Das Gehalt wurde um 3,5% erhöht.*

Durch eine verbesserte Zündeinstellung veränderte sich der Benzinverbrauch eines Autos von 8,7 ℓ auf 7,1 ℓ pro 100 km. Um wie viel Prozent konnte der Verbrauch gesenkt werden?

(1) Gegeben? Gesucht?	Anfangswert A = 8,7 ℓ; Endwert E = 7,1 ℓ Prozentuale Veränderung
(2) Rechenweg festlegen	(a) Wachstumsfaktor bestimmen (b) Prozentuale Veränderung bestimmen
(3) Berechnen	(a) 7,1 ℓ : 8,7 ℓ = 0,8160... ≈ 0,816 (b) 0,816 − 1 = − 0,184 = − 18,4%
(4) Antwort notieren	Der Verbrauch konnte um 18,4% gesenkt werden.

2 Herr Groß kauft einen 2500 € Sparbrief mit steigendem Zinssatz: 1. Jahr: 5,75%; 2. Jahr: 6,00%; 3. Jahr: 6,00%; 4. Jahr: 6,50%; 5. Jahr: 6,70%. Die Zinsen werden angesammelt und mitverzinst. Bestimme die Zinsfaktoren und berechne das Endkapital.

(1) *gegeben: Anfangskapital: 2500,00 €*

Prozentuale Veränderung: + 5,75%; + 6,0%; + 6,0%; + 6,5%; + 6,7%

gesucht: Endkapital

(2) *Anfangskapital mit den Zinsfaktoren nacheinander multiplizieren*

(3) *2500 € · 1,0575 · 1,06 · 1,06 · 1,065 · 1,067*

≈ 3375,56 €

(4) *Das Endkapital beträgt 3375,56 €.*

3 Ein Fernsehgerät kostet ohne Mehrwertsteuer 549,00 €. Berechne den Preis mit Mehrwertsteuer (16%).

4 Vom Bruttoeinkommen werden Abgaben für die Sozialversicherung einbehalten:

	1980	1993	2000
Rentenversicherung	18,0%	17,5%	19,5%
Krankenversicherung	11,4%	13,4%	13,5%
Arbeitslosenversicherung	3,0%	6,5%	6,5%
Pflegeversicherung	0,0%	0,0%	1,7%

a) Wie viel Euro betragen jeweils die einzelnen Abgaben bei einem Bruttomonatseinkommen von 3500 €?
b) Um wie viel Prozent haben sich die Sozialabgaben von 1980 auf 2000 erhöht?

5 Herr Meyer hat sein Konto 27 Tage um 3 520 € überzogen. Die Bank berechnet für diesen Überziehungskredit einen Zinssatz von 13,75%. Wie viel Euro Zinsen musste er bezahlen?

6 Frau Dreger zahlt jeden Monat 340 € auf ihr Sparkonto. Der Zinssatz beträgt 4,5%. Wie viel Euro Zinsen erhält sie nach 12 Monaten? (Berechne die Zinsen für jede einzelne Zahlung, rechne den Monat zu 30 Tagen.)

7 Herr Freese hat ein Sparbuch mit steigendem Zinssatz, 1. Jahr 6%, 2. Jahr 7%, 3. Jahr 7,5%, 4. Jahr 7,75%, 5. Jahr 8%. Der eingezahlte Betrag war 6750,00 €.
a) Bestimme die einzelnen Zinsfaktoren.
b) Berechne die Zinsen für jedes Jahr.
c) Welcher Betrag wird am Ende der Laufzeit ausgezahlt?

3 Reelle Zahlen

1 Quadrieren

1 Berechne die Quadratzahlen von 6 bis 15. Lerne sie auswendig.

$6^2 = 6 \cdot 6 = 36$ | $11^2 = 11 \cdot 11 = 121$

$7^2 = 7 \cdot 7 = 49$ | $12^2 = 12 \cdot 12 = 144$

$8^2 = 8 \cdot 8 = 64$ | $13^2 = 13 \cdot 13 = 169$

$9^2 = 9 \cdot 9 = 81$ | $14^2 = 14 \cdot 14 = 196$

$10^2 = 10 \cdot 10 = 100$ | $15^2 = 15 \cdot 15 = 225$

Quadrieren heißt, eine Zahl mit sich selbst multiplizieren.

Flächeninhalt von Quadraten

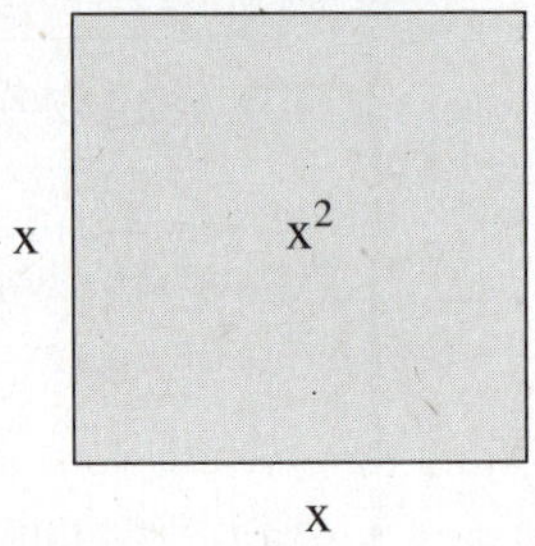

$x^2 = x \cdot x$

$7^2 = 7 \cdot 7 = 49$

$3{,}2^2 = 3{,}2 \cdot 3{,}2 = 10{,}24$

$(-1{,}5)^2 = (-1{,}5) \cdot (-1{,}5) = 2{,}25$

$(\frac{3}{5})^2 = \frac{3}{5} \cdot \frac{3}{5} = \frac{9}{25}$

2 Berechne im Kopf.

a) $400^2 = 160\,000$ b) $0{,}3^2 = 0{,}09$ c) $(-0{,}02)^2 = 0{,}0004$ d) $(-20)^2 = 400$

e) $(-0{,}9)^2 = 0{,}81$ f) $0{,}12^2 = 0{,}0144$ g) $-70^2 = -4900$ h) $0{,}003^2 = 0{,}000009$

3 Berechne im Kopf.

a) $(\frac{3}{4})^2 = \frac{9}{16}$ b) $(\frac{5}{8})^2 = \frac{25}{64}$ c) $-(\frac{1}{2})^2 = -\frac{1}{4}$ d) $(\frac{1}{10})^2 = \frac{1}{100}$

e) $(\frac{2}{5})^2 = \frac{4}{25}$ f) $(\frac{1}{4})^2 = \frac{1}{16}$ g) $(-\frac{4}{5})^2 = \frac{16}{25}$ h) $(-\frac{1}{100})^2 = \frac{1}{10000}$

4 Vergleiche. Setze passend <, > oder = ein.

a) $5^2 > 5 \cdot 2$ b) $3^2 + 3^2 < 6^2$ c) $(2+3)^2 = 5^2$ d) $6^2 = 4 \cdot 9$

e) $3{,}5^2 = 3{,}5 \cdot 3{,}5$ f) $10 \cdot 10 = 10^2$ g) $2^2 + 3^2 < 5^2$ h) $1{,}1^2 > 1{,}11$

i) $0{,}2^2 < 0{,}4$ j) $8 \cdot 9 < 9^2$ k) $2^2 \cdot 3^2 = 6^2$ l) $0{,}5^2 < 2{,}5$

5 Berechne mit dem Taschenrechner.

a) $17{,}3^2 = 299{,}29$ b) $(-8{,}9)^2 = 79{,}21$ c) $(\frac{5}{8})^2 = 0{,}390625$ d) $47{,}1^2 = 2218{,}41$

e) $0{,}78^2 = 0{,}6084$ f) $(-475)^2 = 225\,625$ g) $(-\frac{4}{5})^2 = 0{,}64$ h) $(-0{,}73)^2 = 0{,}5329$

$3{,}2^2$
lies: 3,2 hoch 2

Merke
$100^2 = 10\,000$
$10^2 = 100$
$1^2 = 1$
$0{,}1^2 = 0{,}01$
$0{,}01^2 = 0{,}0001$

$500^2 = 5^2 \cdot 100^2$
$0{,}5^2 = 5^2 \cdot 0{,}1^2$

$-4^2 = (-1) \cdot 4^2 = -16$
$(-4)^2 = (-4) \cdot (-4) = 16$

TR zu 5

a) 17.3 [x²]
b) 8.9 [+/−] [x²]
c) [(] 5 [÷] 8 [)] [x²]

1.1 Berechne die Quadratzahlen von 16 bis 25.

1.2 Lerne die Quadratzahlen von 1 bis 20 auswendig.

2.1 Berechne die Quadratzahlen im Kopf. Schreibe das Ergebnis.
a) 300^2 b) 5000^2 c) $0{,}7^2$
d) $(-200)^2$ e) $0{,}19^2$ f) $1{,}7^2$ g) -25^2
h) 400^2 i) $-1{,}4^2$ j) $(-30)^2$ k) $0{,}004^2$

3.1 Berechne die Quadratzahlen im Kopf. Schreibe das Ergebnis.
a) $(\frac{2}{3})^2$ b) $(\frac{3}{10})^2$ c) $(\frac{2}{11})^2$
d) $(-\frac{3}{5})^2$ e) $-(\frac{1}{4})^2$ f) $(\frac{7}{8})^2$ g) $(\frac{5}{3})^2$
h) $-(\frac{3}{4})^2$ i) $(-\frac{3}{7})^2$ j) $-(\frac{5}{8})^2$ k) $(-\frac{8}{3})^2$

4.1 Vergleiche. Setze passend <, > oder = ein.
a) 7^2 ■ $7 + 7$ b) 8^2 ■ $8 \cdot 8$ c) $4^2 + 3^2$ ■ 7^2
d) $7 \cdot 8$ ■ 8^2 e) 6^2 ■ $(2+4)^2$ f) $1{,}2^2$ ■ $1{,}44$
g) 10^2 ■ $2^2 \cdot 5^2$ h) $0{,}3^2$ ■ $0{,}9$ i) 2500 ■ 500^2
j) 3^2 ■ -3^2 k) 5^2 ■ $5 \cdot 2^2$ l) $(5 \cdot 2)^2$ ■ 7^2

5.1 Berechne mit der [x²] Taste auf dem Taschenrechner.
a) $23{,}2^2$ b) $(-5{,}7)^2$ c) $42{,}8^2$ d) $-0{,}87^2$
e) $(-257)^2$ f) $-34{,}1^2$ g) $0{,}79^2$ h) $2{,}56^2$
i) $(0{,}073)^2$ j) $0{,}709^2$ k) $-5{,}55^2$ l) $70\,832^2$
m) $(\frac{3}{10})^2$ n) $(\frac{3}{16})^2$ o) $(-\frac{7}{8})^2$ p) $-(\frac{5}{32})^2$
q) $(\frac{4}{25})^2$ r) $(\frac{9}{100})^2$ s) $(-\frac{3}{25})^2$ t) $-(\frac{7}{16})^2$

2 Wurzeln ziehen

1 Berechne und schreibe die Umkehrung.

$\sqrt{64} = 8$, denn $8^2 = 64$

a) $\sqrt{81} = \underline{9}$, denn $\underline{9^2} = 81$

b) $\sqrt{144} = \underline{12}$, denn $\underline{12^2} = \underline{144}$

c) $\sqrt{0{,}25} = \underline{0{,}5}$, $\underline{\text{denn } 0{,}5^2 = 0{,}25}$

d) $\sqrt{10\,000} = \underline{100}$, $\underline{\text{denn } 100^2 = 10\,000}$

Wurzeln ziehen

$\sqrt{a} = b$	es gilt $b^2 = a$ für $a \geq 0$ und $b \geq 0$
$\sqrt{36} = 6$	denn $6^2 = 36$
$\sqrt{6{,}25} = 2{,}5$	denn $2{,}5^2 = 6{,}25$
$\sqrt{\frac{4}{9}} = \frac{2}{3}$	denn $\left(\frac{2}{3}\right)^2 = \frac{4}{9}$
$\sqrt{-4}$	nicht lösbar, denn es gibt keine Zahl a, für die gilt $a^2 = -4$

2 Berechne im Kopf und schreibe die Umkehrung.

a) $\sqrt{0} = \underline{0}$, denn $\underline{0^2 = 0}$ b) $\sqrt{900} = \underline{30}$, denn $\underline{30^2 = 900}$ c) $\sqrt{0{,}0001} = \underline{0{,}01}$, denn $\underline{0{,}01^2 = 0{,}0001}$

d) $\sqrt{3600} = \underline{60}$, denn $\underline{60^2 = 3600}$ e) $\sqrt{0{,}81} = \underline{0{,}9}$, denn $\underline{0{,}9^2 = 0{,}81}$ f) $\sqrt{121} = \underline{11}$, denn $\underline{11^2 = 121}$

g) $\sqrt{0{,}01} = \underline{0{,}1}$, denn $\underline{0{,}1^2 = 0{,}01}$ h) $\sqrt{1{,}69} = \underline{1{,}3}$, denn $\underline{1{,}3^2 = 1{,}69}$ i) $\sqrt{1{,}21} = \underline{1{,}1}$, denn $\underline{1{,}1^2 = 1{,}21}$

j) $\sqrt{1600} = \underline{40}$, denn $\underline{40^2 = 1600}$ k) $\sqrt{-4} = \underline{/}$, denn $\underline{/}$ l) $\sqrt{0{,}0121} = \underline{0{,}11}$, denn $\underline{0{,}11^2 = 0{,}0121}$

$\sqrt{2{,}25}$
lies:
Wurzel aus 2,25

3 a) $\sqrt{\frac{4}{9}} = \underline{\frac{2}{3}}$, denn $\underline{\left(\frac{2}{3}\right)^2 = \frac{4}{9}}$ b) $\sqrt{\frac{9}{25}} = \underline{\frac{3}{5}}$, denn $\underline{\left(\frac{3}{5}\right)^2 = \frac{9}{25}}$ c) $\sqrt{-\frac{1}{25}} = \underline{/}$, denn $\underline{/}$

d) $\sqrt{\frac{16}{25}} = \underline{\frac{4}{5}}$, denn $\underline{\left(\frac{4}{5}\right)^2 = \frac{16}{25}}$ e) $\sqrt{\frac{81}{100}} = \underline{\frac{9}{10}}$, denn $\underline{\left(\frac{9}{10}\right)^2 = \frac{81}{100}}$ f) $\sqrt{\frac{36}{100}} = \underline{\frac{6}{10}}$, denn $\underline{\left(\frac{6}{10}\right)^2 = \frac{36}{100}}$

Merke

$\sqrt{10\,000} = 100$
$\sqrt{100} = 10$
$\sqrt{1} = 1$
$\sqrt{0{,}01} = 0{,}1$
$\sqrt{0{,}0001} = 0{,}01$

$\sqrt{400} = \sqrt{4} \cdot \sqrt{100}$
$\sqrt{0{,}04} = \sqrt{4} \cdot \sqrt{0{,}01}$

4 Zwischen welchen benachbarten natürlichen Zahlen liegt die Quadratwurzel?

a) $5 < \sqrt{30} < \underline{6}$ b) $\underline{7} < \sqrt{50} < \underline{8}$ c) $\underline{8} < \sqrt{80} < \underline{9}$

$5^2 = 25$ $6^2 = 36$ $\underline{7^2 = 49}$ $\underline{8^2 = 64}$ $\underline{8^2 = 64}$ $\underline{9^2 = 81}$

5 Berechne mit dem Taschenrechner.

a) $\sqrt{56{,}25} = \underline{7{,}5}$ b) $\sqrt{0{,}3969} = \underline{0{,}63}$ c) $\sqrt{2570{,}49} = \underline{50{,}7}$ d) $\sqrt{59{,}29} = \underline{7{,}7}$

e) $\sqrt{532900} = \underline{730}$ f) $\sqrt{3147{,}21} = \underline{56{,}1}$ g) $\sqrt{727609} = \underline{853}$ h) $\sqrt{0{,}677329} = \underline{0{,}823}$

TR zu 5
a) 56.25 $\boxed{\sqrt{x}}$
b) .3969 $\boxed{\sqrt{x}}$

1.1 Berechne im Kopf und schreibe die Umkehrung.

a) $\sqrt{49}$ b) $\sqrt{64}$ c) $\sqrt{225}$ d) $\sqrt{169}$
e) $\sqrt{0{,}81}$ f) $\sqrt{0{,}25}$ g) $\sqrt{400}$ h) $\sqrt{121}$

2.1 Berechne im Kopf und schreibe die Umkehrung.

a) $\sqrt{2500}$ b) $\sqrt{0{,}0001}$ c) $\sqrt{0{,}0049}$ d) $\sqrt{360\,000}$
e) $\sqrt{6400}$ f) $\sqrt{0{,}0064}$ g) $\sqrt{0{,}0144}$ h) $\sqrt{-25}$
i) $\sqrt{16\,900}$ j) $\sqrt{-0{,}04}$ k) $\sqrt{0{,}0625}$ l) $\sqrt{2{,}25}$

3.1 Berechne im Kopf und schreibe die Umkehrung.

a) $\sqrt{\frac{25}{16}}$ b) $\sqrt{\frac{36}{49}}$ c) $-\sqrt{\frac{4}{9}}$ d) $\sqrt{-\frac{9}{25}}$
e) $\sqrt{\frac{81}{225}}$ f) $\sqrt{\frac{36}{64}}$ g) $\sqrt{\frac{100}{121}}$ h) $-\sqrt{\frac{25}{9}}$

4.1 Zwischen welchen benachbarten natürlichen Zahlen liegt die Quadratwurzel?

a) $\sqrt{40}$ b) $\sqrt{90}$ c) $\sqrt{60}$ d) $\sqrt{200}$
e) $\sqrt{20}$ f) $\sqrt{32}$ g) $\sqrt{45}$ h) $\sqrt{73}$
i) $\sqrt{61}$ j) $\sqrt{110}$ k) $\sqrt{99}$ l) $\sqrt{150}$
m) $\sqrt{120}$ n) $\sqrt{33}$ o) $\sqrt{222}$ p) $\sqrt{500}$

5.1 Berechne mit der $\boxed{\sqrt{x}}$-Taste auf dem Taschenrechner.

a) $\sqrt{13{,}69}$ b) $\sqrt{43{,}56}$ c) $\sqrt{18{,}49}$ d) $\sqrt{24{,}01}$
e) $\sqrt{0{,}2209}$ f) $\sqrt{0{,}3364}$ g) $\sqrt{94{,}09}$ h) $\sqrt{0{,}5329}$
i) $\sqrt{72\,900}$ j) $\sqrt{0{,}284089}$ k) $\sqrt{62001}$ l) $\sqrt{3169{,}69}$
m) $\sqrt{36{,}1201}$ n) $\sqrt{0{,}9604}$ o) $\sqrt{-72{,}25}$ p) $\sqrt{0{,}3249}$

3 *NT Näherungsweises Wurzelziehen*

1 Im Kasten ist das Ergebnis für $\sqrt{5}$ immer näher eingeschachtelt worden. Bestimme mit diesem Verfahren eine weitere Dezimalstelle des Intervalls.

Wurzelziehen durch Einschachteln — Beispiel $\sqrt{5}$

Näherung	Kontrolle	Vergleich	Intervall
2	$2^2 = 4$	$2 < \sqrt{5}$	
3	$3^2 = 9$	$3 > \sqrt{5}$	$2 < \sqrt{5} < 3$
2,1	$2{,}1^2 = 4{,}41$	$2{,}1 < \sqrt{5}$	$2{,}1 < \sqrt{5} < 3$
2,2	$2{,}2^2 = 4{,}84$	$2{,}2 < \sqrt{5}$	$2{,}2 < \sqrt{5} < 3$
2,3	$2{,}3^2 = 5{,}29$	$2{,}3 > \sqrt{5}$	$2{,}2 < \sqrt{5} < 2{,}3$
2,21	…	…	…

Das **Intervall** [a; b] enthält alle Zahlen von a bis b.

Näherung	Kontrolle	Vergleich	Intervall
2,21	$2{,}21^2 = 4{,}8841$	$2{,}21 < \sqrt{5}$	$2{,}21 < \sqrt{5} < 2{,}3$
2,22	$2{,}22^2 = 4{,}9284$	$2{,}22 < \sqrt{5}$	$2{,}22 < \sqrt{5} < 2{,}3$
2,23	$2{,}23^2 = 4{,}9729$	$2{,}23 < \sqrt{5}$	$2{,}23 < \sqrt{5} < 2{,}3$
2,24	$2{,}24^2 = 5{,}0176$	$2{,}24 > \sqrt{5}$	$2{,}23 < \sqrt{5} < 2{,}24$

$\sqrt{5}$ liegt im Intervall [2; 3],
$\sqrt{5}$ liegt im Intervall [2,2; 2,3]

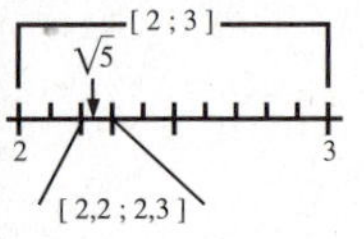

2 Berechne die Wurzel mit dem **Heron**-Verfahren: — Beispiel für $\sqrt{5}$

(1) Näherungswert	(2) zugehörigen Näherungswert durch Division	(3) Ergebnis (Intervall)	(4) neuen Näherungswert durch Mittelwertbildung
2	5 : 2 = 2,5	$2 < \sqrt{5} < 2{,}5$	$\frac{2 + 2{,}5}{2} = 2{,}25$
2,25	5 : 2,25 = 2,222222	$2{,}222222 < \sqrt{5} < 2{,}25$	$\frac{2{,}222222 + 2{,}25}{2} = 2{,}236111$
2,236111	5 : 2,236111 = 2,236025	$2{,}236025 < \sqrt{5} < 2{,}236111$	$\frac{2{,}236025 + 2{,}236111}{2} = 2{,}236068$

Schreibe die Tabelle ins Heft und berechne $\sqrt{12}$.

3	12 : 3 = 4	$3 < \sqrt{12} < 4$	$\frac{3 + 4}{2} = 3{,}5$
3,5	12 : 3,5 = 3,428571	$3{,}428571 < \sqrt{12} < 3{,}5$	$\frac{3{,}428571 + 3{,}5}{2} = 3{,}464286$
3,464286	12 : 3,464286 = 3,463917	$3{,}463917 < \sqrt{12} < 3{,}464286$	$\frac{3{,}463917 + 3{,}464286}{2} = 3{,}464102$

Heron von Alexandrien entwickelte um 60 v. Chr. ein Verfahren zum näherungsweisen Wurzelziehen.
(1) Näherungswert festlegen
(2) Zugehörigen Näherungswert durch Division bestimmen
(3) Intervall notieren
(4) Neuen Näherungswert durch Mittelwertbildung bestimmen
Schritte (1) bis (4) wiederholen

3 Gib in ein Tabellenprogramm (z.B. Microsoft Excel, Lotus 123, …) das Heron-Verfahren ein.

In Zelle C1 wird die Zahl eingegeben, aus der die Wurzel gezogen werden soll. Die erste Näherung wird in Zelle A4 eingegeben.

	A	B	C
1	Berechnung der Wurzel von		5
2			
3	Näherung	zugehör. Näherung	neue Näherung
4	2	2,5	2,25
5	2,25	2,2222222222	2,2361111111
6			

a) In Zelle C4 wurde = (A4 + B4) / 2 eingegeben. Schreibe diese Eingabe als Term: *(2 + 2,5) : 2*

b) Was wurde für Zelle B5 berechnet, was wurde eingegeben? *= C1 / A5*

c) In Zeile 6 soll noch eine Näherung durchgeführt werden. Was muss in den Zellen A6, B6 und C6 eingegeben werden?

A6: *= C5* B6: *= C1 / A6* C6: *= (A6 + B6) / 2*

Mittelwert von a und b ist $\frac{a + b}{2}$

4 *Reelle Zahlen*

1 Welche der Quadratwurzeln sind rational, welche irrational?

	Ergebnis	rational/irrational
$\sqrt{3}$	1,732050 …	irrational
$\sqrt{16}$	*4*	*rational*
$\sqrt{20}$	*4,472136 …*	*irrational*
$-\sqrt{25}$	*−5*	*rational*
$\sqrt{\frac{4}{9}}$	*0,666 … = $0,\overline{6}$*	*rational*

Reelle Zahlen
Die **rationalen** und die **irrationalen** Zahlen bilden zusammen die Menge der **reellen** Zahlen R.

rationale Zahlen	**irrationale Zahlen**
endliche und periodische Dezimalbrüche	unendliche, nicht periodische Dezimalbrüche
$\sqrt{100} = 10$, denn $10^2 = 100$	$\sqrt{3} = 1{,}732050\ldots$
$\sqrt{5{,}29} = 2{,}3$, denn $2{,}3^2 = 5{,}29$	$\sqrt{11} = 3{,}316624\ldots$
$-\sqrt{\frac{1}{4}} = -\frac{1}{2}$, denn $-(\frac{1}{2})^2 = -\frac{1}{4}$	$\sqrt{\frac{3}{5}} = 0{,}774596\ldots$

2 Welche Aussagen sind wahr (w), welche sind falsch (f)?

a) $\sqrt{4}$ ist eine reelle Zahl. *w*
b) $\sqrt{3^2}$ ist eine irrationale Zahl. *f*
c) $\sqrt{5}$ ist eine reelle Zahl. *w*
d) $\sqrt{\frac{1}{9}}$ ist eine rationale Zahl. *w*
e) $\sqrt{-8}$ ist eine reelle Zahl. *f*
f) $\sqrt{36}$ ist eine rationale Zahl. *w*

•*3* Bestimme die Quadratzahlen mit dem TR. Kreise die **End**ziffer ein.

a) $1{,}41^2$ = 1,988(1)
$1{,}42^2$ = *2,016(4)*
$1{,}414^2$ = *1,99939(6)*
$1{,}415^2$ = *2,00222(5)*

b) $1{,}73^2$ = *2,992(9)*
$1{,}76^2$ = *3,097(6)*
$2{,}828^2$ = *7,99758(4)*
$2{,}829^2$ = *8,00324(1)*

c) $3{,}16^2$ = *9,985(6)*
$3{,}17^2$ = *10,048(9)*
$3{,}60^2$ = *12,9(6)*
$3{,}61^2$ = *13,032(1)*

d) Welche Endziffern können beim Quadrieren eines endlichen Dezimalbruches nicht auftreten? *2; 3; 7; 8*

•*4* Bestimme die Flächeninhalte und die Seitenlängen der Quadrate.

Quadrat	grau	ABCD	AB′C′D′	AB″C″D″
Flächeninhalt	1	2	*8*	*18*
Seitenlänge	1	$\sqrt{2}$	*$\sqrt{8}$*	*$\sqrt{18}$*

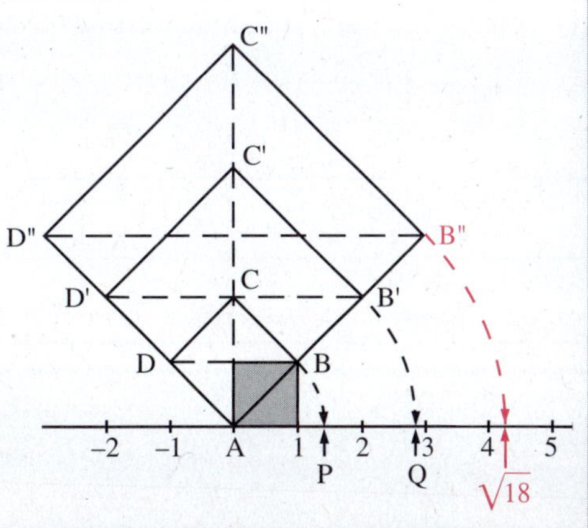

b) Welche Punkte sind mit P und Q auf der Zahlengeraden markiert? P = *$\sqrt{2}$* Q = *$\sqrt{8}$*
c) Markiere auf der Zahlengeraden $\sqrt{18}$.

ℕ natürliche Zahlen
ℤ ganze Zahlen
ℚ rationale Zahlen
ℝ reelle Zahlen

Jede **reelle Zahl** lässt sich auf der Zahlengeraden darstellen.
z. B. $\sqrt{5} = 2{,}23606\ldots$

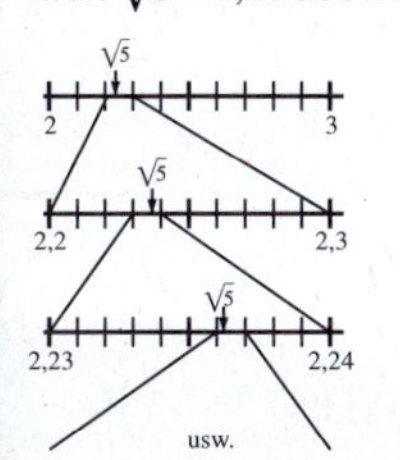

1.1 Bestimme die Ergebnisse und entscheide, welche der Quadratwurzeln rational, welche irrational sind.

a) $\sqrt{49}$ b) $\sqrt{10}$ c) $\sqrt{-4}$ d) $-\sqrt{64}$
e) $\sqrt{4{,}41}$ f) $\sqrt{4{,}4}$ g) $-\sqrt{4{,}4}$ h) $\sqrt{0{,}81}$
i) $\sqrt{25}$ j) $\sqrt{250}$ k) $\sqrt{2500}$ l) $\sqrt{-2500}$
m) $\sqrt{30}$ n) $\sqrt{36}$ o) $-\sqrt{36}$ p) $\sqrt{3{,}6}$

2.1 Welche Aussagen sind wahr (w), welche falsch (f)?

a) $\sqrt{9}$ ist eine rationale Zahl.
b) $\sqrt{20}$ ist eine irrationale Zahl.
c) $\sqrt{7}$ ist eine rationale Zahl.
d) $\sqrt{-16}$ ist eine reelle Zahl.
e) $-\sqrt{100}$ ist eine irrationale Zahl.

5 Terme mit Wurzeln berechnen

Terme mit Wurzeln berechnen

		Beispiele
①	$(\sqrt{a})^2 = a;$	$(\sqrt{4{,}7})^2 = 4{,}7$
②	$\sqrt{a^2} = a;$	$\sqrt{8{,}5^2} = 8{,}5$
③	$\sqrt{a \cdot b} = \sqrt{a} \cdot \sqrt{b};$	$\sqrt{4 \cdot 5} = \sqrt{4} \cdot \sqrt{5} = 2 \cdot \sqrt{5}$
④	$\sqrt{\frac{a}{b}} = \frac{\sqrt{a}}{\sqrt{b}};$	$\sqrt{\frac{4}{5}} = \frac{\sqrt{4}}{\sqrt{5}} = \frac{2}{\sqrt{5}}$

1 Vereinfache wie im Beispiel ① und ②.

a) $\sqrt{3{,}6^2} = 3{,}6$ b) $\sqrt{9{,}2^2} = 9{,}2$

c) $(\sqrt{4{,}1})^2 = 4{,}1$ d) $(\sqrt{0{,}7})^2 = 0{,}7$

e) $\sqrt{7} \cdot \sqrt{7} = 7$ f) $(\sqrt{47})^2 = 47$

g) $(\sqrt{8{,}1})^2 = 8{,}1$ h) $\sqrt{831^2} = 831$

2 Schreibe wie im Beispiel ③ und ④.

a) $\sqrt{6 \cdot 9} = \sqrt{6} \cdot \sqrt{9} = 3 \cdot \sqrt{6}$ b) $\sqrt{16 \cdot 3} = \sqrt{16} \cdot \sqrt{3} = 4 \cdot \sqrt{3}$ c) $\sqrt{4 \cdot 49} = \sqrt{4} \cdot \sqrt{49} = 2 \cdot 7 = 14$

d) $\sqrt{\frac{25}{30}} = \frac{\sqrt{25}}{\sqrt{30}} = \frac{5}{\sqrt{30}}$ e) $\sqrt{\frac{9}{10}} = \frac{\sqrt{9}}{\sqrt{10}} = \frac{3}{\sqrt{10}}$ f) $\sqrt{\frac{4}{21}} = \frac{\sqrt{4}}{\sqrt{21}} = \frac{2}{\sqrt{21}}$

3 Ziehe so weit wie möglich die Wurzel wie in Beispiel ⑤ in der Randspalte.

a) $\sqrt{40} = \sqrt{4 \cdot 10} = \sqrt{4} \cdot \sqrt{10} = 2 \cdot \sqrt{10}$ b) $\sqrt{72} = \sqrt{36 \cdot 2} = \sqrt{36} \cdot \sqrt{2} = 6 \cdot \sqrt{2}$

c) $\sqrt{50} = \sqrt{25 \cdot 2} = \sqrt{25} \cdot \sqrt{2} = 5 \cdot \sqrt{2}$ d) $\sqrt{300} = \sqrt{100 \cdot 3} = \sqrt{100} \cdot \sqrt{3} = 10 \cdot \sqrt{3}$

e) $\sqrt{28} = \sqrt{4 \cdot 7} = \sqrt{4} \cdot \sqrt{7} = 2 \cdot \sqrt{7}$ f) $\sqrt{75} = \sqrt{25 \cdot 3} = \sqrt{25} \cdot \sqrt{3} = 5 \cdot \sqrt{3}$

4 Vereinfache die Wurzel wie in Beispiel ⑥ in der Randspalte.

a) $\frac{\sqrt{50}}{\sqrt{72}} = \sqrt{\frac{50}{72}} = \sqrt{\frac{25}{36}} = \frac{5}{6}$ b) $\frac{\sqrt{27}}{\sqrt{48}} = \sqrt{\frac{27}{48}} = \sqrt{\frac{9}{16}} = \frac{3}{4}$

c) $\frac{\sqrt{98}}{\sqrt{200}} = \sqrt{\frac{98}{200}} = \sqrt{\frac{49}{100}} = \frac{7}{10}$ d) $\frac{\sqrt{3}}{\sqrt{192}} = \sqrt{\frac{3}{192}} = \sqrt{\frac{1}{64}} = \frac{1}{8}$

5 Wende eine Binomische Formel an. Vereinfache so weit wie möglich (Beispiel ⑦).

a) $(\sqrt{2} + 3)^2$
$= \sqrt{2}^2 + 2 \cdot \sqrt{2} \cdot 3 + 3^2$
$= 2 + 6 \cdot \sqrt{2} + 9$
$= 11 + 6 \cdot \sqrt{2}$

b) $(5 - \sqrt{6})^2$
$= 5^2 - 2 \cdot 5 \cdot \sqrt{6} + \sqrt{6}^2$
$= 25 - 10 \cdot \sqrt{6} + 6$
$= 31 - 10 \cdot \sqrt{6}$

b) $(\sqrt{8} + 5) \cdot (\sqrt{8} - 5)$
$= \sqrt{8}^2 - 5^2$
$= 8 - 25$
$= -17$

zu 3

Beispiel ⑤
$\sqrt{20} = \sqrt{4 \cdot 5}$
$= \sqrt{4} \cdot \sqrt{5}$
$= 2 \cdot \sqrt{5}$

zu 4

Beispiel ⑥
$\frac{\sqrt{12}}{\sqrt{75}} = \sqrt{\frac{12}{75}} = \sqrt{\frac{4}{25}} = \frac{2}{5}$

Binomische Formeln
$(a + b)^2 = a^2 + 2ab + b^2$
$(a - b)^2 = a^2 - 2ab + b^2$
$(a + b)(a - b) = a^2 - b^2$

zu 5

Beispiel ⑦
$(\sqrt{3} + 4)^2$
$= \sqrt{3}^2 + 2 \cdot \sqrt{3} \cdot 4 + 4^2$
$= 3 + 8 \cdot \sqrt{3} + 16$
$= 19 + 8 \cdot \sqrt{3}$

1.1 Vereinfache wie im Beispiel ① und ②.
a) $\sqrt{4{,}6^2}$ b) $(\sqrt{3{,}5})^2$ c) $(\sqrt{0{,}3})^2$ d) $\sqrt{0{,}08^2}$
e) $(\sqrt{0{,}17})^2$ f) $\sqrt{46 \cdot 46}$ g) $(\sqrt{36{,}7})^2$ h) $\sqrt{3{,}7 \cdot 3{,}7}$

2.1 Vereinfache wie im Beispiel ③.
a) $\sqrt{16 \cdot 15}$ b) $\sqrt{9 \cdot 10}$ c) $\sqrt{25 \cdot 11}$ d) $\sqrt{4 \cdot 25}$
e) $\sqrt{2 \cdot 36}$ f) $\sqrt{4 \cdot 36}$ g) $\sqrt{49 \cdot 10}$ h) $\sqrt{100 \cdot 13}$

3.1 Ziehe so weit wie möglich die Wurzel (Beispiel ⑤).
a) $\sqrt{28}$ b) $\sqrt{90}$ c) $\sqrt{40}$ d) $\sqrt{32}$
e) $\sqrt{75}$ f) $\sqrt{100}$ g) $\sqrt{150}$ h) $\sqrt{98}$

4.1 Vereinfache die Wurzel (Beispiel ⑥).
a) $\frac{\sqrt{18}}{\sqrt{50}}$ b) $\frac{\sqrt{12}}{\sqrt{27}}$ c) $\frac{\sqrt{196}}{\sqrt{400}}$ d) $\frac{\sqrt{3}}{\sqrt{75}}$
e) $\frac{\sqrt{5}}{\sqrt{45}}$ f) $\frac{\sqrt{8}}{\sqrt{98}}$ g) $\frac{\sqrt{45}}{\sqrt{500}}$ h) $\frac{\sqrt{147}}{\sqrt{75}}$

5.1 Wende eine Binomische Formel an. Vereinfache so weit wie möglich.
a) $(\sqrt{8} + 7)^2$ b) $(\sqrt{13} - 9)^2$
c) $(\sqrt{6} + 5)^2$ d) $(7 - \sqrt{10})^2$ e) $(\sqrt{55} + 3) \cdot (\sqrt{55} - 3)$
f) $(7 + \sqrt{11})^2$ g) $(\sqrt{0{,}8} - 0{,}5)^2$ h) $(4 - \sqrt{5}) \cdot (4 + \sqrt{5})$
i) $(\sqrt{9} - 7)^2$ j) $(10 + \sqrt{10})^2$ k) $(\sqrt{2} - 3) \cdot (\sqrt{2} + 3)$

4 Potenzen

1 Potenzen berechnen

1 Schreibe als Potenz und berechne.

a) $4 \cdot 4 \cdot 4$ $= 4^3$ $= 64$

b) $(-5) \cdot (-5) \cdot (-5)$ $= (-5)^3 = -125$

c) $0{,}2 \cdot 0{,}2 \cdot 0{,}2 \cdot 0{,}2$ $= 0{,}2^4 = 0{,}0016$

d) $\frac{3}{4} \cdot \frac{3}{4}$ $= (\frac{3}{4})^2 = \frac{9}{16}$

e) $(-0{,}3) \cdot (-0{,}3)$ $= (-0{,}3)^2 = 0{,}09$

f) $(-0{,}3) \cdot (-0{,}3) \cdot (-0{,}3)$ $= (-0{,}3)^3 = -0{,}027$

Ein Produkt mit gleichen Faktoren schreibt man kurz als **Potenz.**

a^n

$\underbrace{a \cdot a \cdot \ldots \cdot a}_{n \text{ Faktoren } a} = a^n$

a heißt **Basis**

n heißt **Exponent**

Beispiele

$3 \cdot 3 \cdot 3 \cdot 3 = 3^4$

$0{,}3 \cdot 0{,}3 = 0{,}3^2$

$(-4) \cdot (-4) \cdot (-4) = (-4)^3$

$\frac{2}{3} \cdot \frac{2}{3} \cdot \frac{2}{3} \cdot \frac{2}{3} \cdot \frac{2}{3} = (\frac{2}{3})^5$

2 Berechne!

a) $2^3 = 8$ b) $(-2)^3 = -8$ c) $3^2 = 9$

d) $(-3)^2 = 9$ e) $4^3 = 64$ f) $(-4)^3 = -64$ g) $-4^3 = -64$

h) $(-4)^2 = 16$ i) $-4^2 = -16$ j) $0{,}5^2 = 0{,}25$ k) $(-0{,}5)^2 = 0{,}25$

l) $(\frac{2}{3})^3 = \frac{8}{27}$ m) $(-\frac{2}{3})^3 = -\frac{8}{27}$ n) $4^1 = 4$ o) $4^0 = 1$

$-64; -64; -16; -8; -\frac{8}{27}; 0{,}25; 0{,}25; \frac{8}{27}; 1; 4; 8; 9; 9; 16; 64$

$-4^3 = (-1) \cdot 4^3$
$a^1 = a$
$a^0 = 1$, für $a \neq 0$

zu 2

•3 Auch Wurzeln können als Basis vorkommen. Berechne!

a) $(\sqrt{2})^3 = \sqrt{2} \cdot \sqrt{2} \cdot \sqrt{2} = 2 \cdot \sqrt{2}$

b) $(\sqrt{2})^4 = \sqrt{2} \cdot \sqrt{2} \cdot \sqrt{2} \cdot \sqrt{2} = 4$

c) $(-\sqrt{2})^3 = (-\sqrt{2}) \cdot (-\sqrt{2}) \cdot (-\sqrt{2}) = -2 \cdot \sqrt{2}$

d) $(-\sqrt{2})^4 = (-\sqrt{2}) \cdot (-\sqrt{2}) \cdot (-\sqrt{2}) \cdot (-\sqrt{2}) = 4$

$(\sqrt{a})^2 = a$

4 Schreibe als Potenz.

a) $32 = 2^5$ b) $81 = 3^4$ c) $1000 = 10^3$

$128 = 2^7$ $3 = 3^1$ $1 = 10^0$

5 Vergleiche. Setze <, > oder =.

a) $2^3 < 3^2$ b) $(-2)^3 < (-3)^2$

c) $2^3 > (-2)^3$ d) $3^2 = (-3)^2$

$(-2)^0 = 1$ $(-2)^1 = -2$
$(-2)^2 = 4$ $(-2)^3 = -8$
$(-2)^4 = 16$ $(-2)^5 = -32$

6 Berechne mit dem Taschenrechner TR.

a) $4{,}8^2 = 23{,}04$ b) $4{,}8^3 = 110{,}592$

$(-4{,}8)^2 = 23{,}04$ $(-4{,}8)^3 = -110{,}592$

$-4{,}8^2 = -23{,}04$ $-4{,}8^3 = -110{,}592$

TR für $4{,}8^3$

4.8 [y^x] 3 [=]

•7 Vereinfache den Term.

a) $x \cdot x \cdot (-y) \cdot (-y) \cdot (-y) = x^2 \cdot (-y)^3$

b) $(-3) \cdot a \cdot a \cdot \frac{1}{2} \cdot b \cdot b \cdot b = -1{,}5 \cdot a^2 \cdot b^3$

c) $2x^3 - 5x^3 + x^3 = -2x^3$

1.1 Schreibe als Potenz und berechne. a) $2 \cdot 2 \cdot 2$ b) $(-2) \cdot (-2) \cdot (-2)$ c) $3 \cdot 3$ d) $(-3) \cdot (-3)$ e) $0{,}2 \cdot 0{,}2$ f) $(-0{,}2) \cdot (-0{,}2)$ g) $(-1) \cdot (-1) \cdot (-1)$

2.1 a) 3^4 b) $(-3)^4$ c) -3^4 d) 4^3 e) $(-4)^3$ f) 2^9 g) $(-2)^9$ h) 2^{10} i) 10^2 j) 10^5 k) $(-10)^5$ l) $(-4)^1$ m) $(-4)^0$ n) 1^{325} o) 325^1 p) 0^{325} q) 325^0

2.2 a) $0{,}3^2$ b) $0{,}3^3$ c) $0{,}4^3$ d) $(-0{,}4)^3$ e) $-0{,}4^3$ f) $(\frac{3}{2})^3$ g) $(-\frac{3}{2})^3$ h) $(\frac{3}{2})^4$ i) $(-\frac{3}{2})^4$ j) $(-\frac{3}{2})^0$

•3.1 a) $(\sqrt{3})^3$ b) $(-\sqrt{3})^3$ c) $(\sqrt{3})^4$ d) $(-\sqrt{3})^4$

4.1 Schreibe als Potenz mit der a) Basis 2: 64, 256, 2, 1 b) Basis 3: 9, 27, 243, 729, 1 c) Basis 10: 1000, 100, 10

5.1 Vergleiche! a) $4^2 ■ (-4)^2$ b) $4^3 ■ (-4)^3$ c) $2^4 ■ 4^2$ d) $(-2)^4 ■ (-4)^2$ e) $(-3)^4 ■ (-3)^5$

6.1 Berechne mit dem TR. a) $3{,}2^2; (-3{,}2)^2; -3{,}2^2$ b) $5{,}7^4; (-5{,}7)^4; -5{,}7^4$ c) $0{,}9^3; (-0{,}9)^3; -0{,}9^3$

•7.1 Vereinfache den Term. a) $3 \cdot a \cdot a \cdot a \cdot 2 \cdot b \cdot b \cdot (-4)$ b) $0{,}5 \cdot x \cdot x \cdot x \cdot (-6) \cdot (-z) \cdot (-z)$ c) $5a^3 + 3a^3 - 4a^3$ d) $2y^4 - 5y^4 + y^4$ e) $-3a^2b - a^2b + 2a^2b$

2 Potenzen mit gleicher Basis

Potenzen mit gleicher Basis

multiplizieren	**dividieren**
$a^m \cdot a^n = a^{m+n}$	$a^m : a^n = a^{m-n}$; $m \geq n$
(1) gemeinsame Basis notieren	(1) gemeinsame Basis notieren
(2) Exponenten addieren	(2) Exponenten subtrahieren
Beispiele	
$2^3 \cdot 2^2 = 2^{3+2} = 2^5$	$4^5 : 4^3 = 4^{5-3} = 4^2$
$x^3 \cdot x^4 = x^{3+4} = x^7$	$y^7 : y^3 = y^{7-3} = y^4$

1 Schreibe als eine Potenz.

a) $3^4 \cdot 3^2 = 3^{4+2} = 3^6$

b) $2^5 : 2^3 = 2^{5-3} = 2^2$

c) $(-2)^3 \cdot (-2)^2 = (-2)^{3+2} = (-2)^5$

d) $(-4)^3 : (-4)^2 = (-4)^{3-2} = (-4)^1$

e) $a^4 \cdot a^2 = a^{4+2} = a^6$

f) $b^6 : b^4 = b^{6-4} = b^2$

2 Schreibe als eine Potenz und berechne.

a) $2^3 \cdot 2^4 = 2^7 = 128$

b) $2^9 : 2^3 = 2^6 = 64$

c) $3^2 \cdot 3^2 = 3^4 = 81$

d) $3^5 : 3^3 = 3^2 = 9$

e) $(-2)^1 \cdot (-2)^3 = (-2)^4 = 16$

f) $(-2)^9 : (-2)^4 = (-2)^5 = -32$

g) $(-3)^0 \cdot (-3)^3 = (-3)^3 = -27$

h) $(-3)^5 : (-3)^1 = (-3)^4 = 81$

−32; −27; 9; 16; 64; 81; 81; 128

zu 2

•3 Schreibe als eine Potenz.

a) $(a-b)^3 \cdot (a-b)^2 = (a-b)^5$

b) $(2x+y)^5 : (2x+y)^3 = (2x+y)^2$

zu 3

$(x+y)^3 \cdot (x+y)^2$
$= (x+y)^{3+2}$
$= (x+y)^5$

•4 Vereinfache.

a) $2x^2xyy = 2x^3 \cdot y^2$

b) $aa^3 \cdot b^2b^1 = a^4 \cdot b^3$

c) $3v^4v \cdot (-2) = -6v^5$

d) $w^3 : w \cdot 3 = 3w^2$

zu 4

$4x^3xy^2y$
$= 4x^4y^3$

•5 Vereinfache den Term.

	a) $2xx^2 + 5xxx$	b) $3ab^3a - 5ba^2b^2$	c) $2x^3 : x + 0{,}5x^4 : x^2$
(1) Jeden Summanden vereinfachen	$= 2x^3 + 5x^3$	$= 3a^2b^3 - 5a^2b^3$	$= 2x^2 + 0{,}5x^2$
(2) Zusammenfassen	$= 7x^3$	$= -2a^2b^3$	$= 2{,}5x^2$

Schreibe als eine Potenz.

1.1 a) $5^3 \cdot 5^4$ b) $4^8 : 4^5$ c) $1{,}2^3 \cdot 1{,}2^2$ d) $0{,}8^3 : 0{,}8^2$ e) $(\frac{3}{4})^0 \cdot (\frac{3}{4})^2$ f) $(-3)^6 : (-3)^2$ g) $(-1)^2 \cdot (-1)^2$

1.2 a) $x^2 \cdot x^5$ b) $y^5 : y^2$ c) $a^4 \cdot a^6$ d) $b^4 : b^4$ e) $z^0 \cdot z^1$ f) $c^3 : c^2$ g) $d^0 \cdot d^0$

Schreibe als eine Potenz und berechne.

2.1 a) $2^7 \cdot 2^2$ b) $3^6 : 3^2$ c) $4^1 \cdot 4^2$ d) $5^7 : 5^4$ e) $(-2)^3 \cdot (-2)^2$ f) $(-3)^5 : (-3)^2$ g) $(-5)^1 \cdot (-5)^3$

2.2 a) $0{,}3^2 \cdot 0{,}3^2$ b) $0{,}4^6 : 0{,}4^3$ c) $(-0{,}2)^3 \cdot (-0{,}2)^2$

2.3 a) $(\frac{1}{2})^2 \cdot (\frac{1}{2})^2$ b) $(\frac{3}{4})^2 : (\frac{3}{4})^0$ c) $(-\frac{2}{3})^5 : (-\frac{2}{3})^3$

•3.1 Schreibe als eine Potenz.
a) $(x+y)^2 \cdot (x+y)^4$ b) $(a-b)^4 : (a-b)^2$ c) $(p-3)^2 \cdot (p-3)$ d) $(4+z)^5 : (4+z)^3$ e) $(n+2)^2 \cdot (n+2)^2$ f) $(y-2z)^3 : (y-2z)^0$

•4.1 Vereinfache.
a) $x^3y^2x^2y$ b) $r^4s \cdot s^3r$ c) $ab^2 \cdot b \cdot a^2 \cdot 3$ d) $2 \cdot x^3 \cdot x \cdot (-5)y$ e) $5x^3y^2 : y$ f) $(-3)k^3 \cdot (t^5 : t^3)$

Vereinfache den Term.

•5.1 a) $5a^3 - 3a^3$ b) $x^2 - 2x^2$ c) $3ab^2 + 4ab^2$ d) $x^2y + 4x^2y$ e) $a^2b^2 - 3a^2b^2$ f) $0{,}5yz^3 - 2yz^3$

•5.2 a) $5rs^2 - 3srs$ b) $2x^3y^2xy + 3xxx^2y^3$ c) $3v^2w^3 \cdot 2w^2 + 3v^2w^4w$ d) $(x^5y^4) : y^2 + x^5 \cdot 2y^2$

3 *Potenzen mit gleichen Exponenten*

1 Schreibe als eine Potenz.

a) $3^2 \cdot 4^2 = (3 \cdot 4)^2 = 12^2$

b) $48^2 : 4^2 = (48 : 4)^2 = 12^2$

c) $(-5)^3 \cdot (-4)^3 = [(-5) \cdot (-4)]^3 = 20^3$

d) $(-20)^3 : 4^3 = [(-20) : 4]^3 = (-5)^3$

e) $a^3 \cdot (-b)^3 = [a \cdot (-b)]^3 = (-ab)^3$

f) $(-a)^2 : (-b)^2 = [(-a) : (-b)]^2 = (a : b)^2$

Potenzen mit gleichen Exponenten

multiplizieren	**dividieren**
$a^n \cdot b^n = (a \cdot b)^n$	$a^n : b^n = (a : b)^n$, **für** $b \neq 0$
(1) Basiszahlen multiplizieren (2) gemeinsamen Exponenten setzen	(1) Basiszahlen dividieren (2) gemeinsamen Exponenten setzen
Beispiele $2^3 \cdot 3^3$ $= (2 \cdot 3)^3 = 6^3$	$2^3 : (-0{,}5)^3$ $= [2 : (-0{,}5)]^3 = [-4]^3 = -64$
$x^4 \cdot (-y)^4$ $= [x \cdot (-y)]^4 = [-xy]^4$	$y^2 : x^2$ $= (y : x)^2 = (\frac{y}{x})^2$

2 Schreibe als eine Potenz und berechne.

a) $4^2 \cdot 2^2 = 8^2 = 64$

b) $3^2 \cdot (-4)^2 = (-12)^2 = 144$

c) $20^2 : 5^2 = 4^2 = 16$

d) $60^3 : (-12)^3 = (-5)^3 = -125$

e) $4^3 \cdot 25^3 = 100^3 = 1\,000\,000$

f) $(-8)^2 \cdot 125^2 = (-1\,000)^2 = 1\,000\,000$

g) $(-8)^4 : (-2)^4 = 4^4 = 256$

h) $(-6)^4 : (3)^4 = (-2)^4 = 16$

−125; 16; 16; 64; 144; 256; 1 000 000; 1 000 000

✓ zu 2

3 Berechne.

a) $(3 \cdot 5)^2 = 225$

$3 \cdot 5^2 = 75$

$3^2 \cdot 5^2 = 225$

b) $(20 : 4)^2 = 25$

$20 : 4^2 = 1{,}25$

$20^2 : 4^2 = 25$

•4 Schreibe als Produkt bzw. als Quotient.

a) $(3 \cdot 5)^2 = 3^2 \cdot 5^2$

b) $(20 : 4)^2 = 20^2 : 4^2$

c) $(x \cdot y)^3 = x^3 \cdot y^3$

d) $(a : b)^4 = a^4 : b^4$

e) $(-2a)^4 = (-2)^4 \cdot a^4$

f) $(6b : 2)^2 = (6b)^2 : 2^2$

$(a \cdot b)^n = a^n \cdot b^n$
$(a : b)^n = a^n : b^n$,
für $b \neq 0$

•5 Schreibe als eine Potenz

a) $36 \cdot x^2 = 6^2 \cdot x^2 = (6x)^2$

b) $\frac{4^3}{2^3} = 2^3$

zu 5

$125 \cdot a^3$
$= 5^3 \cdot a^3 = (5a)^3$

•6 Forme um in einen Term ohne Klammern.

a) $(3b)^2 = 3^2 \cdot b^2 = 9b^2$

b) $(\frac{x}{2})^3 = x^3 : 2^3 = x^3 : 8$

zu 6

$(4a)^3$
$= 4^3 \cdot a^3 = 64a^3$

1.1 a) $2^3 \cdot 4^3$ b) $15^2 : 3^2$ c) $(-3)^2 \cdot 4^2$ d) $20^4 : (-4)^4$ e) $0{,}6^3 \cdot 2^3$ f) $(-8)^3 : 8^3$ g) $(-4)^2 : (-0{,}5)^2$

1.2 a) $x^2 \cdot y^2$ b) $a^2 : b^2$ c) $4^3 \cdot y^3$ d) $x^3 : 2^3$ e) $(-a)^4 \cdot 2^4$ f) $x^0 : y^0$ g) $(-4b)^3 : (-2)^3$

2.1 a) $3^2 \cdot 2^2$ b) $12^2 : 4^2$ c) $(-2)^3 \cdot 2^3$ d) $9^4 : (-3)^4$ e) $(-6)^1 \cdot 12^1$ f) $5^3 \cdot 20^3$ g) $(-15)^3 : (-3)^3$

2.2 a) $0{,}8^2 \cdot 2^2$ b) $1{,}2^3 : 3^3$ c) $(-6)^4 \cdot 0{,}5^4$ d) $5^4 : 0{,}5^4$ e) $(\frac{3}{4})^2 \cdot (\frac{1}{2})^2$ f) $20^3 : (\frac{1}{2})^3$ g) $(-\frac{1}{2})^6 \cdot (-8)^6$ h) $10^2 : 5^2$ i) $10^3 : 10^3$ j) $5^4 : 10^4$ k) $4^0 \cdot 10^0$

3.1 a) $(5 \cdot 4)^3$; $5 \cdot 4^3$; $5^3 \cdot 4^3$ b) $(30 : 5)^3$; $30 : 5^3$; $30^3 : 5^3$ c) $(0{,}5 \cdot 4)^2$; $0{,}5 \cdot 4^2$; $0{,}5^2 \cdot 4^2$ d) $(28 : 2)^2$; $28^2 : 2^2$; $28 : 2^2$

•4.1 a) $(5 \cdot 4)^3$ b) $(30 : 5)^3$ c) $(8 \cdot 3)^2$ d) $(12 : 4)^2$ e) $(a \cdot b)^2$ f) $(x : y)^2$ g) $(-2z)^3$ h) $[3a : (-4)]^2$

•5.1 a) $2^3 \cdot a^3$ b) $81 \cdot x^4$ c) $a^3 : 2^3$ d) $x^2 : 25$ e) $(27a^4 \cdot 8) : (-64a)$ f) $7^3 \cdot a : (14a)^2$

•6.1 a) $(2z)^3$ b) $(a : b)^2$ c) $(-3y)^4$ d) $(a : (-2))^3$ e) $((2xy)^2 \cdot y) : (x^2y^2 \cdot 4)$ f) $(3ab)^2 : (ab^2 \cdot 2^3)$ g) $(18xy)^0 : 2^3$ h) $0{,}5^2 \cdot (xy)^0$

4 *Potenzen potenzieren*

Potenzen potenzieren

$(a^m)^n = a^{m \cdot n}$

(1) Basiszahl notieren
(2) Exponenten multiplizieren

Beispiele

$(5^3)^4 = 5^{3 \cdot 4} = 5^{12}$	$(x^3)^4 = x^{3 \cdot 4} = x^{12}$
$((-3)^2)^3 = (-3)^{2 \cdot 3} = (-3)^6$	$((-y)^3)^5 = (-y)^{3 \cdot 5} = (-y)^{15}$

1 Potenziere!

a) $(2^3)^4 = 2^{3 \cdot 4} = 2^{12}$

b) $(3^1)^5 = 3^{1 \cdot 5} = 3^5$

c) $((-3)^4)^2 = (-3)^{4 \cdot 2} = (-3)^8$

d) $((-y)^3)^4 = (-y)^{3 \cdot 4} = (-y)^{12}$

e) $(a^0)^6 = a^{0 \cdot 6} = a^0$

2 Potenziere die Potenzen und berechne.

a) $(2^2)^3 = 2^6 = 64$ b) $(2^3)^2 = 2^6 = 64$ c) $(3^2)^3 = 3^6 = 729$

d) $(2^3)^3 = 2^9 = 512$ e) $(4^1)^3 = 4^3 = 64$ f) $(3^0)^4 = 3^0 = 1$

g) $((-2)^3)^2 = (-2)^6 = 64$ h) $((-2)^3)^3 = (-2)^9 = -512$ i) $((-5)^3)^1 = (-5)^3 = -125$

−512; −125; 1; 64; 64; 64; 64; 512; 729

$a^0 = 1$; für $a \neq 0$
$a^1 = a$

✓ zu 2

3 Schreibe als Potenz mit der Basis 2.

a) $8^2 = (2^3)^2 = 2^6$ b) $4^3 = (2^2)^3 = 2^6$

c) $16^2 = (2^4)^2 = 2^8$ d) $64^3 = (2^6)^3 = 2^{18}$

4 Berechne mit dem Taschenrechner [TR].

a) $(2^3)^4 = 4\,096$ b) $(4^2)^3 = 4\,096$

c) $(1{,}5^2)^2 = 5{,}0625$ d) $(1{,}2^3)^2 = 2{,}985984$

e) $((-0{,}5)^1)^3 = -0{,}125$ f) $((-2)^3)^5 = -32\,768$

TR
für $(2^3)^4$
2 [y^x] 3 [y^x] 4 [=]

•5 Bestimme zur Tastenfolge den Term. Berechne ihn!

a) 3 [y^x] 2 [y^x] 2 [=] $(3^2)^2 = 3^4 = 81$

b) 2 [y^x] 3 [y^x] 3 [=] $(2^3)^3 = 2^9 = 512$

c) 2 [y^x] 3 [y^x] 2 [y^x] 3 [=] $((2^3)^2)^3 = 2^{18} = 262\,144$

•6 Schreibe den Term ohne Klammern.

a) $(a^3)^2 = a^6$ b) $(y^0)^3 = y^0$

c) $(x^{2n})^3 = x^{6n}$ d) $(5a^3)^4 = 5^4 \cdot a^{12}$

•7 Berechne!

a) $(2^3)^2 = 2^6 = 64$ $2^{(3^2)} = 2^9 = 512$

b) $(2^2)^3 = 2^6 = 64$ $2^{(2^3)} = 2^8 = 256$

1.1 a) $(3^2)^4$ b) $((-2)^5)^3$ c) $(2{,}5^3)^2$ d) $((-4)^5)^0$

1.2 a) $(x^2)^4$ b) $((-y)^4)^3$ c) $(a^1)^5$ d) $((-b)^7)^0$

2.1 a) $(2^4)^2$ b) $((-2)^3)^3$ c) $((-4)^3)^1$ d) $(1^3)^6$
e) $(2^2)^2$ f) $((-2)^2)^2$ g) $(5^7)^0$ h) $((-3)^5)^1$

2.2 a) $(0{,}2^3)^2$ b) $(0{,}3^2)^2$ c) $(1{,}5^2)^1$ d) $((-0{,}1^2)^2)$

2.3 a) $((\frac{1}{2})^2)^3$ b) $((-\frac{1}{2})^3)^2$ c) $((-\frac{2}{3})^1)^3$ d) $((\frac{2}{5})^0)^7$

3.1 Schreibe als Potenz. a) Basis 2: $4^2, 8^3, 16^1$
b) Basis 3: $9^3, 27^2, 81^2, 243^0$ c) Basis 10: $100^3, 1000^2$

•5.1 Bestimme für die Tastenfolge den Term und berechne.
a) 2 [y^x] 2 [y^x] 2 [y^x] 2 [=] b) 3 [y^x] 2 [y^x] 2 [y^x] 2 [=]

•6.1 Schreibe als Term ohne Klammern.
a) $(y^3)^4$ b) $((-b)^3)^5$ c) $(a^{3n})^2$ d) $(b^{n+1})^2$

•7.1 Berechne! a) $(3^2)^3,\ 3^{(2^3)}$ b) $(3^3)^2,\ 3^{(3^2)}$

5 Potenzen mit ganzzahligen Exponenten

Bei Potenzen können die **Exponenten** auch **negativ** sein.

$$a^{-n} = \frac{1}{a^n}$$

Beispiele

$2^{-3} = \frac{1}{2^3} = \frac{1}{8}$ $\quad x^{-4} = \frac{1}{x^4}$; für $x \neq 0$

1 Schreibe als Quotient und berechne.

a) $2^{-4} = \frac{1}{2^4} = \frac{1}{16}$ b) $10^{-3} = \frac{1}{10^3} = 0{,}001$

c) $3^{-2} = \frac{1}{3^2} = \frac{1}{9}$ d) $4^{-3} = \frac{1}{4^3} = \frac{1}{64}$

e) $0{,}5^{-2} = \frac{1}{0{,}5^2} = 4$ f) $(-4)^{-3} = \frac{1}{(-4)^3} = -\frac{1}{64}$

2 Schreibe als Dezimalbruch.

a) $2^{-2} = \frac{1}{2^2} = \frac{1}{4} = 0{,}25$ b) $2^{-3} = \frac{1}{2^3} = \frac{1}{8} = 0{,}125$ c) $(-2)^{-3} = \frac{1}{(-2)^3} = -0{,}125$

d) $10^{-3} = \frac{1}{10^3} = 0{,}001$ e) $0{,}2^{-2} = \frac{1}{0{,}2^2} = 25$ f) $(-10)^{-2} = \frac{1}{(-10)^2} = 0{,}01$

−0,125; 0,001; 0,01; 0,125; 0,25; 25

⚠ $0{,}1^{-2} = \frac{1}{0{,}1^2} = \frac{1}{0{,}01} = 100$

✓ zu 2

zu 3 b: $\frac{1}{4} = \frac{1}{2^2} = 2^{-2}$

3 Schreibe als Potenz mit der Basis 2.

a) $8 = 2^3$ b) $\frac{1}{8} = \frac{1}{2^3} = 2^{-3}$

c) $0{,}5 = \frac{1}{2} = 2^{-1}$ d) $0{,}25 = \frac{1}{4} = 2^{-2}$

4 Schreibe als Potenz mit der Basis 10.

a) $100 = 10^2$ b) $\frac{1}{100} = \frac{1}{10^2} = 10^{-2}$

c) $0{,}01 = \frac{1}{100} = 10^{-2}$ d) $0{,}001 = \frac{1}{1000} = 10^{-3}$

5 Vergleiche die Potenzen. Setze <, > oder =.

a) $2^3 > 2^{-3}$ b) $(-2)^3 < (-2)^{-3}$ c) $2^2 > 2^{-2}$ d) $(-2)^{-2} = (-2)^{-2}$

6 Berechne mit dem Taschenrechner TR.

a) $3^4 = 81$ b) $4^3 = 64$ c) $2^{-3} = 0{,}125$ d) $4^{-3} = 0{,}015625$

e) $(-2)^5 = -32$ f) $-2^5 = -32$ g) $(-2)^{-3} = -0{,}125$ h) $-2^{-3} = -0{,}125$

TR
für 2^{-3}
2 [y^x] 3 [+/−] [=]
oder
2 [y^x] 3 [=] [1/x]

•7 Vereinfache den Term und berechne.

a) $2^3 \cdot 2^{-5} = 2^{3+(-5)} = 2^{-2} = 0{,}25$ b) $4^{-5} : 4^{-3} = 4^{-5-(-3)} = 4^{-2} = 0{,}0625$

c) $10^{-2} \cdot 2^{-2} = (10 \cdot 2)^{-2} = 0{,}0025$ d) $10^{-2} : 5^{-2} = (10 : 5)^{-2} = 2^{-2} = 0{,}25$

e) $(2^{-3})^{-2} = 2^6 = 64$ f) $4^3 : 4^5 = 4^{3-5} = 4^{-2} = 0{,}0625$

Schreibe als Quotient und berechne.

1.1 a) 2^{-3} b) 10^{-2} c) 3^{-4} d) 4^{-2} e) 5^{-3} f) $(-2)^{-2}$ g) $(-10)^{-3}$

1.2 a) $0{,}4^{-2}$ b) $0{,}5^{-3}$ c) $0{,}1^{-4}$

1.3 Schreibe als Quotient. a) x^{-3} b) a^{-2} c) y^{-4} d) $(ab)^{-2}$ e) $(-xy)^{-1}$ f) a^{-r}

2.1 Schreibe als Dezimalbruch. a) 5^{-2} b) 5^{-3} c) $(-5)^{-2}$ d) $(-5)^{-3}$ e) 10^{-2} f) 10^{-5} g) $(-10)^{-5}$ h) $(-1)^{-3}$

3.1 Schreibe als Potenz mit der Basis 2: 4, $\frac{1}{4}$, 16, $\frac{1}{16}$, $\frac{1}{2}$.

4.1 Schreibe als Potenz mit der Basis 10.
a) 10; $\frac{1}{10}$; 10 000; $\frac{1}{10000}$ b) 0,01; 0,1; 0,000 001; 1

5.1 Vergleiche! a) 3^2 ■ 3^{-2} b) $(-3)^2$ ■ 3^2 c) $(-3)^2$ ■ 3^{-2} d) 3^3 ■ 3^{-3} e) $(-3)^3$ ■ 3^3

6.1 Berechne mit dem TR. a) 4^5; $(-4)^5$; 4^6; $(-4)^6$; -4^6 b) 4^{-3}; $(-4)^{-3}$; 4^{-2}; $(-4)^{-2}$ c) 5^3; 5^{-3}; $(-5)^3$; $(-5)^{-3}$

•7.1 Vereinfache den Term und berechne!
a) $4^5 \cdot 4^{-2}$ b) $4^2 \cdot 4^{-5}$ c) $2^5 : 2^{-2}$ d) $2^{-5} : 2^2$
e) $6^{-2} \cdot 0{,}5^{-2}$ f) $9^{-3} : 3^{-3}$ g) $8^{-2} \cdot 125^{-2}$ h) $(2^{-3})^{-4}$
i) $2^3 \cdot 2^{-5}$ j) $2^{-5} \cdot 2^3$ k) $2^3 : 2^{-5}$ l) $2^5 : 2^{-3}$

6 Zehnerpotenzen

1 Schreibe mit einer Zehnerpotenz wie in den Beispielen ① und ②.

a) 700 000 = *$7 \cdot 100\,000 = 7 \cdot 10^5$*

b) 4 620 000 = *$462 \cdot 10\,000 = 462 \cdot 10^4$*

c) 0,0008 = *$8 \cdot 0{,}0001 = 8 \cdot 10^{-4}$*

d) 0,009 678 = *$9678 \cdot 10^{-6}$*

•e) 1 = *$1 \cdot 1 = 1 \cdot 10^0$* •f) 0 = *$0 \cdot 1 = 0 \cdot 10^0$*

Jede Zahl kann man als Produkt mit einer Zehnerpotenz schreiben $a \cdot 10^b$

Beispiel ① $3\,200\,000 = 32 \cdot 100\,000 = 32 \cdot 10^5$

Beispiel ② $0{,}0047 = 47 \cdot 0{,}0001 = 47 \cdot 10^{-4}$

Die Zahl a wird mit einer Stelle vor dem Komma angegeben.

Beispiel ③ $3\,200\,000 = 3{,}2 \cdot 1\,000\,000 = 3{,}2 \cdot 10^6$

Beispiel ④ $0{,}0047 = 4{,}7 \cdot 0{,}001 = 4{,}7 \cdot 10^{-3}$

Die Zahl a wird auf eine Stelle nach dem Komma gerundet.

Beispiel ⑤ $63\,496 = 6{,}3496 \cdot 10^4 \approx 6{,}3 \cdot 10^4$

Beispiel ⑥ $0{,}05384 = 5{,}384 \cdot 10^{-2} \approx 5{,}4 \cdot 10^{-2}$

2 Schreibe a mit einer Stelle vor dem Komma, wie in den Beispielen ③ und ④.

a) 98 000 = *$9{,}8 \cdot 10\,000 = 9{,}8 \cdot 10^4$*

b) 2680 = *$2{,}68 \cdot 1000 = 2{,}68 \cdot 10^3$*

c) 0,0057 = *$5{,}7 \cdot 0{,}001 = 5{,}7 \cdot 10^{-3}$*

d) 0,000 732 9 = *$7{,}329 \cdot 0{,}0001 = 7{,}329 \cdot 10^{-4}$*

3 Runde a auf eine Stelle nach dem Komma, wie in den Beispielen ⑤ und ⑥.

a) 746 = *$7{,}46 \cdot 10^2 \approx 7{,}5 \cdot 10^2$*

b) 26 390 = *$2{,}639 \cdot 10^4 \approx 2{,}6 \cdot 10^4$*

c) 0,8427 = *$8{,}427 \cdot 10^{-1} \approx 8{,}4 \cdot 10^{-1}$*

d) 0,06087 = *$6{,}087 \cdot 10^{-2} \approx 6{,}1 \cdot 10^{-2}$*

e) 348 800 = *$3{,}488 \cdot 10^5 \approx 3{,}5 \cdot 10^5$*

f) 0,000496 = *$4{,}96 \cdot 10^{-4} \approx 5{,}0 \cdot 10^{-4}$*

4 Schreibe mit Zehnerpotenzen.

a) Die mittlere Entfernung der Erde von der Sonne beträgt 149 600 000 km

$\approx 1{,}5 \cdot 10^8$ km

b) Masse des Wasserstoffatoms:
0,000 000 000 000 000 000 000 001 64 g

$\approx 1{,}6 \cdot 10^{-24}$ g

5 Schreibe mit einem Dezimalbruch.

a) Dauer eines Blitzes:

10^{-4} s *= 0,0001 s*

b) Wellenlänge des blauen Lichtes:

$4{,}8 \cdot 10^{-7}$ m *= 0,000 000 48 m*

c) Oberfläche der Erdkugel:

$5{,}11 \cdot 10^8$ km² *= 511 000 000 km²*

$1000 = 10^3$
$100 = 10^2$
$10 = 10^1$
$1 = 10^0$
$0{,}1 = 10^{-1}$
$0{,}01 = 10^{-2}$
$0{,}001 = 10^{-3}$

TR

für $9{,}7 \cdot 10^8$
9,7 [EE] 8 [=]

für $60{,}8 \cdot 10^{-3}$
60,8 [EE] 3 [+/−] [=]

1.1 Schreibe als Produkt mit einer Zehnerpotenz.

a)	b)	c)	d)
800	0,8	34 000 000	0,000058
60 000	0,009	6 257 000 000	0,004176
900 000 000	0,0005	386 000	260,0

2.1 Schreibe in der Form $a \cdot 10^b$; die Zahl a soll eine Stelle vor dem Komma haben.

a)	b)	c)	d)
360	0,59	8 400	0,68
89 300 000	0,000 007 49	1 080 000	0,000048291
74 600	0,000 63	70 800 000	0,099999

3.1 Schreibe in der Form $a \cdot 10^b$; schreibe a mit einer Stelle vor dem Komma und runde.

a)	b)	c)	d)
3 910	0,427 8	34 500	285,78
3 456 000	0,003 754 000	250 898	45,09876
989 898 989	0,000 437 129	18 345 678	6,23897

4.1 Schreibe mit Zehnerpotenzen.
a) Erdbevölkerung: ca. 6 Milliarden
b) Masse der Erde: 5 974 000 000 000 000 000 000 000 kg
c) Durchmesser der roten Blutkörperchen: 0,0007 cm
d) 1 Picometer (1 pm) = 1 Milliardstel Millimeter
e) Anzahl aller möglichen Schachpartien: 1 mit 57 Nullen

5.1 Schreibe mit einem Dezimalbruch.
a) Atomdurchmesser: 10^{-10} m
b) Durchmesser von Darmbakterien: $1{,}5 \cdot 10^{-3}$ cm
c) Landfläche auf der Erde: $1{,}48 \cdot 10^8$ km²
d) Genauigkeit einer Analysewaage: 10^{-5} g

•6 Der Umlauf der Erde um die Sonne dauert 365 Tage 6 h 9 min 10 s. Wie viele Sekunden sind das? Schreibe mit einer Zehnerpotenz.

DIPLOM

1	Berechne! $10^3 =$ *1000* $\quad 2^5 =$ *32*	Berechne! $(-4)^3 =$ *−64* $\quad (-2)^{-3} =$ *−0,125*	Berechne! $0{,}4^3 =$ *0,064* $\quad (-0{,}5)^{-4} =$ *16*
2	Schreibe als Potenz a) mit der Basis 2: $64 =$ *2^6* b) mit der Basis 10: $10\,000 =$ *10^4*	Schreibe als Potenz a) mit der Basis 2: $\frac{1}{16} =$ *2^{-4}* b) mit der Basis 10: $0{,}01 =$ *10^{-2}*	Schreibe als Potenz a) mit der Basis 2: $0{,}125 =$ *2^{-3}* b) mit der Basis 3: $0{,}\overline{1} =$ *3^{-2}*
3	Vergleiche! Setze <, > oder = ein. 5^3 *<* $5^4 \quad (-2)^4$ *=* 2^4	Vergleiche! Setze <, > oder = ein. 3^2 *>* $3^{-2} \quad (-2)^3$ *<* $(-2)^{-3}$	Vergleiche! Setze <, > oder = ein. $(-4)^3$ *<* $(-4)^{-2} \quad 0{,}1^{-2}$ *=* 100
4	Berechne! $2^3 \cdot 2^5 =$ *$2^8 = 256$*	Berechne! $2^{-5} \cdot 2^3 =$ *$2^{-2} = 0{,}25$*	Berechne! $(-5)^5 \cdot (-5)^{-3} =$ *$(-5)^2 = 25$*
5	Berechne! $3^2 \cdot 4^2 =$ *$12^2 = 144$*	Berechne! $2^{-2} \cdot 5^{-2} =$ *$10^{-2} = 0{,}01$*	Berechne! $0{,}1^{-4} \cdot 50^{-4} =$ *$5^{-4} = 0{,}0016$*
6	Berechne! $6^5 : 6^2 =$ *$6^3 = 216$*	Berechne! $5^{-5} : 5^{-3} =$ *$5^{-2} = 0{,}04$*	Berechne! $(2^2)^{-3} : 4^{-5} =$ *$4^2 = 16$*
7	Berechne! $10^3 : 5^3 =$ *$2^3 = 8$*	Berechne! $8^3 : (-2)^3 =$ *$(-4)^3 = -64$*	Berechne! $4^3 : (-2^2)^3 =$ *$-1^3 = -1$*
8	Vereinfache! $5x^4 \cdot 2x^4 =$ *$10x^8$*	Vereinfache! $3x^2xy^3 \cdot (-4)y =$ *$-12x^3y^4$*	Vereinfache! $0{,}5x^3 : x \cdot (-5)x^2 =$ *$-2{,}5x^4$*
9	Vereinfache! $5x^4 - 2x^4 =$ *$3x^4$*	Vereinfache! $3x^2x - 5xxx =$ *$-2x^3$*	Vereinfache! $\frac{(3xy^3)^2}{xy^3} =$ *$9 \cdot x \cdot y^3$*
10	Schreibe als Produkt mit einer Zehnerpotenz. a) $800\,000 =$ *$8 \cdot 10^5$* b) $0{,}0004 =$ *$4 \cdot 10^{-4}$*	Schreibe in der Form $a \cdot 10^b$; a hat eine Stelle vor dem Komma, runde. a) $43\,800 \approx$ *$4{,}4 \cdot 10^4$* b) $0{,}006\,450 \approx$ *$6{,}5 \cdot 10^{-3}$*	Schreibe in der Form $a \cdot 10^b$; a hat eine Stelle vor dem Komma, runde. a) $398\,684 \approx$ *$4{,}0 \cdot 10^5$* b) $0{,}006\,098 \approx$ *$6{,}1 \cdot 10^{-3}$*
	Bronze:	Silber:	Gold:

1 Figuren im Koordinatensystem darstellen

1

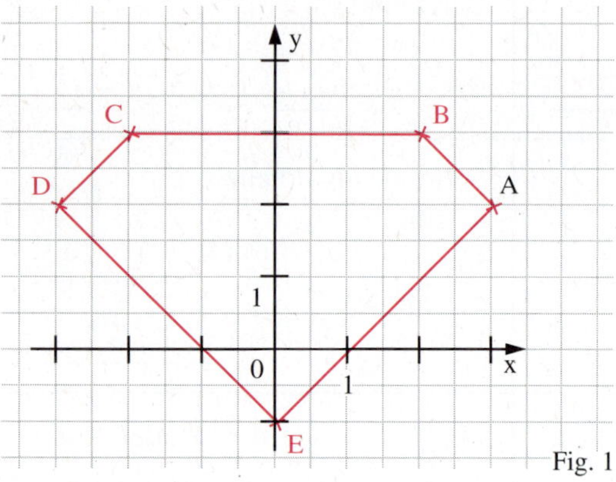

Fig. 1

Die Wertetabelle enthält die Koordinaten von 5 Punkten. Trage die Punkte in Fig. 1 ein und verbinde sie.

	A	B	C	D	E
x	3	2	−2	−3	0
y	2	3	3	2	−1

Koordinatensystem

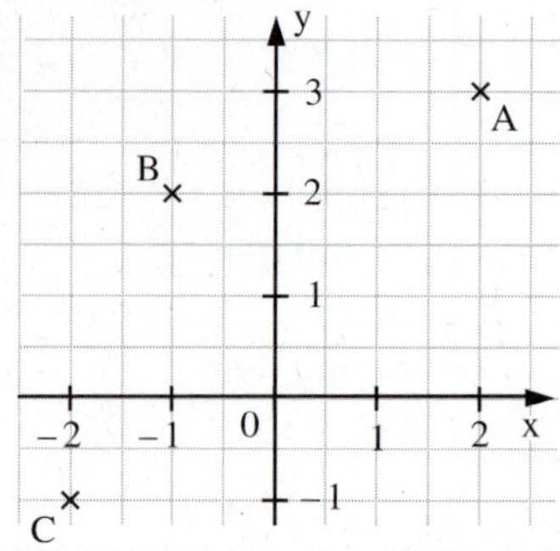

Koordinaten eines Punktes
P(x | y)
x-Koordinate
y-Koordinate
Beispiele
A(2 | 3); B(−1 | 2); C(−2 | −1)
Wertetabelle

x	2	−1	−2
y	3	2	−1

2

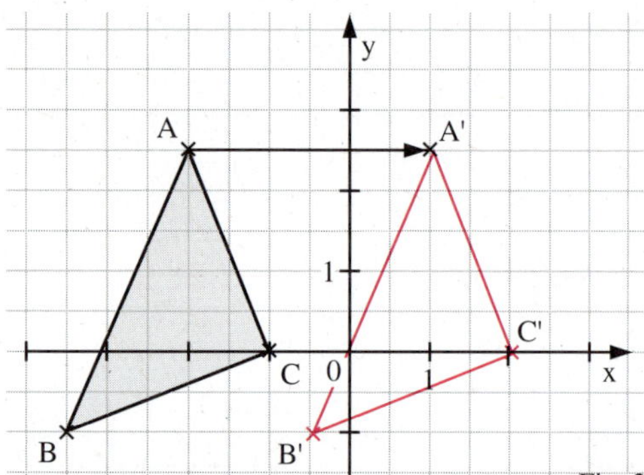

Fig. 2

a) Verschiebe das Dreieck.
b) Notiere die Koordinaten der Punkte.

A(*−2 | 2,5*) A′(*1 | 2,5*)

B(*−3,5 | −1*) *B′(−0,5 | −1)*

C(−1 | 0) *C′(2 | 0)*

3

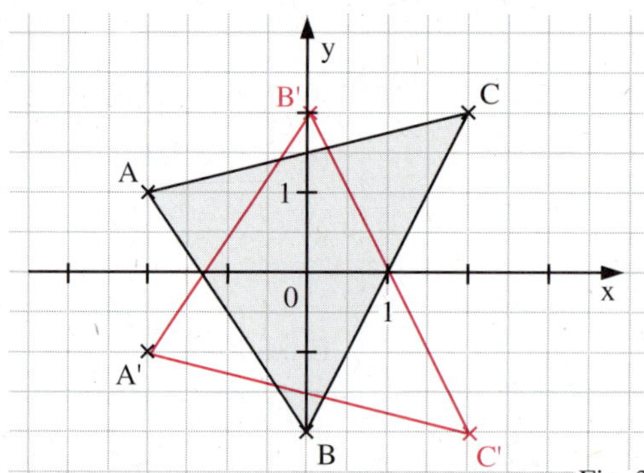

Fig. 3

a) Spiegele das Dreieck an der x-Achse.
b) Notiere die Koordinaten der Punkte.

A(*−2 | 1*) *A′(−2 | −1)*

B(0 | −2) *B′(0 | 2)*

C(2 | 2) *C′(2 | −2)*

Verschiebung
Punkt A
Bildpunkt A′

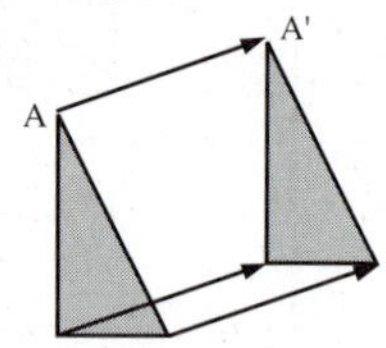

Verschiebungspfeile
- sind gleich lang
- sind parallel zueinander
- zeigen in die gleiche Richtung

Spiegelung

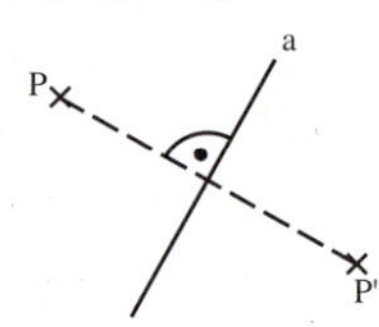

1.1 Zeichne die Punkte in ein Koordinatensystem. Verbinde sie zu einem Sechseck.

x	1	−1	−4	−1	1	4
y	3	3	−1	−1	−4	−1

2.1 a) Übertrage das Dreieck aus Fig. 4 in ein Koordinatensystem.
b) Verschiebe das Dreieck von A nach A'.
c) Bestimme die Koordinaten der Punkte.

3.1 a) Übertrage das Viereck aus Fig. 5.
b) Spiegele das Viereck an der y-Achse.
c) Bestimme die Koordinaten der Punkte.

4 Zeichne das Dreieck ABC mit A(1 | 1,5); B(−3,5 | 3); C(−2 | 0).
Bilde es ab und notiere die Bildpunkte.
a) Verschiebe von B nach B' (0 | 0).
b) Spiegelung an der x-Achse.
c) Spiegelung an der y-Achse.

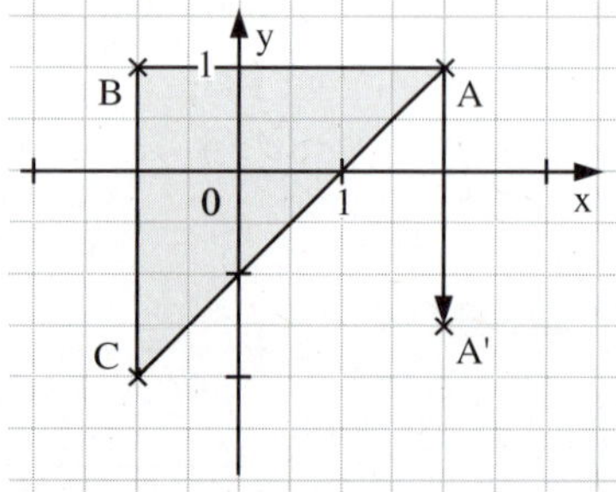

Fig. 4

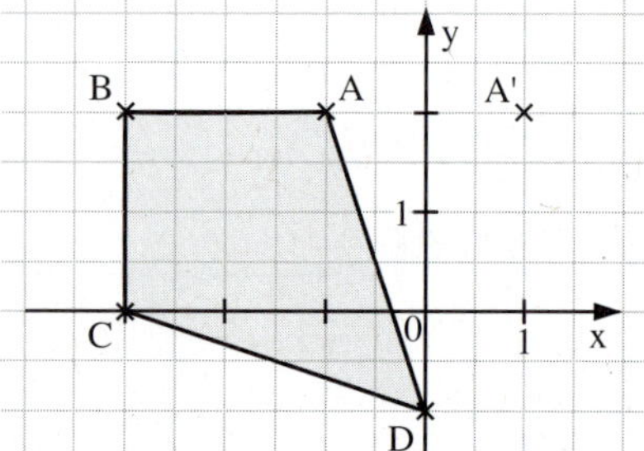

Fig. 5

2 Funktionen im Koordinatensystem darstellen

1 a) Fülle für die Funktion $x \to \frac{1}{2}x + 1$ die Wertetabelle aus. Trage die Punkte dann ins Koordinatensystem ein.

x	−4	−2	0	2	4
$\frac{1}{2}x + 1$	*−1*	*0*	*1*	*2*	*3*

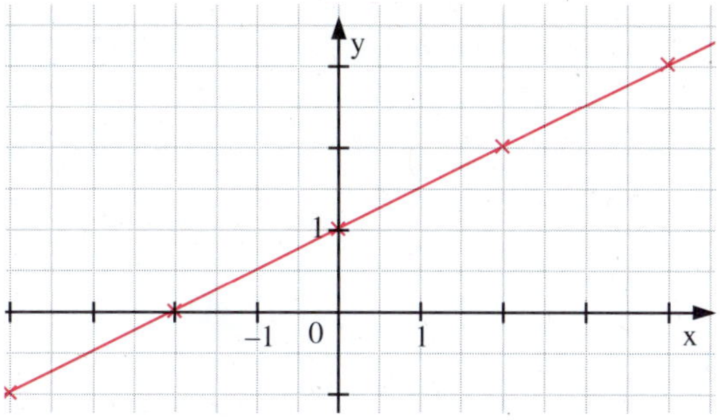

b) Zeichne durch die Punkte eine Gerade.

2 Bestimme für die Punkte auf der Geraden in Fig. 2 die Koordinaten.

x	−1,5	*0*	*1,5*	*2,5*
y	*3*	*1,5*	*0*	*−1*

Funktionen darstellen

Beispiel: Autofahrt

Zeit x → *Tankfüllung y*
(in h) (in ℓ)

Wertetabelle

x	0	1	2	3	4
y	40	35	28	28	20

Graph (Schaubild)

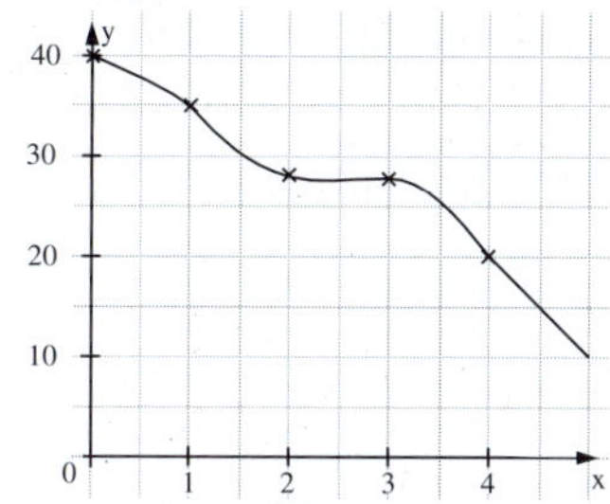

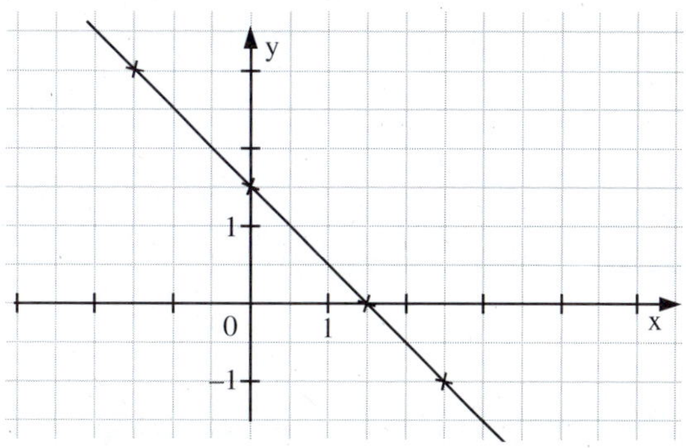

Fig. 2

Funktionen sind eindeutige Zuordnungen. Zu jedem x-Wert gehört genau ein y-Wert.

Beispiele
Gewicht → Preis
Zeit → Lohn
Zeit → Temperatur
$x \to -2x + 3$

3 Wasser wurde erhitzt.

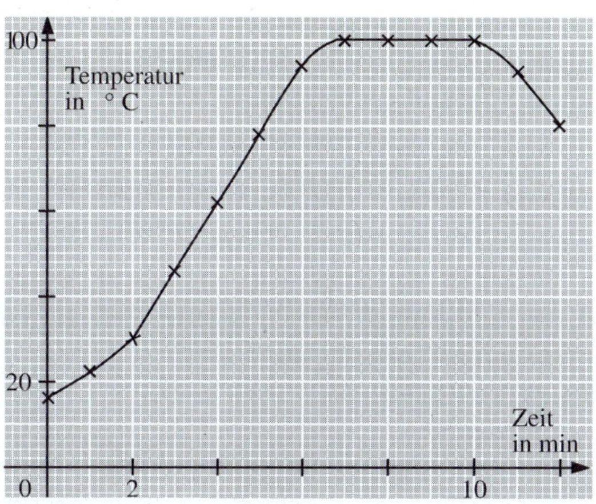

a) Fülle die Tabelle aus.

Zeit in min	0	4	7	9
Temperatur in °C	*16*	*62*	*100*	*100*

b) Lies aus dem Koordinatensystem ab.

1. Temperatur des Wassers zu Beginn des Versuchs. *16 °C*
2. Nach wie viel min waren 50 °C erreicht? *ca. 3 min*
3. Nach wie viel min begann das Wasser zu sieden? *7 min*
4. Wie lange hat das Wasser gesiedet? *3 min*

1.1 Übertrage die Wertetabelle und fülle sie aus. Trage die Punkte in ein Koordinatensystem ein. Zeichne die Gerade.

a)

x	−2	−1	0	1	2
2x + 3					

b)

x	−2	−1	0	1	2
2x − 3					

c)

x	−2	−1	0	1	2
−2x + 3					

d)

x	−2	−1	0	1	2
−2x − 3					

Lege für die Funktionen Wertetabellen an. Trage die Punkte in ein Koordinatensystem ein. Zeichne die Gerade.

1.2 a) $x \to 0{,}5x + 2$ b) $x \to 0{,}5x - 2$ c) $x \to -0{,}5x + 2$ d) $x \to -0{,}5x - 2$

1.3 a) $x \to x + 3$ b) $x \to x - 3$ c) $x \to -x + 3$ d) $x \to -x - 3$

1.4 a) $x \to 2x$ b) $x \to 2$ c) $x \to -2x$ d) $x \to -2$

2.1 Zeichne eine Gerade durch die Punkte A und B. Bestimme dann die fehlenden Koordinaten der Punkte auf der Geraden.

a) A(−4|0) und B(0|2)

x	−2		1	3
y		1,5		

b) A(−2|2) und B(1|−4)

x	−1,5		0,5	
y		−1		−2

3.1 a) Zeichne den Graphen der Funktion *Zeit x* in h → *Tankfüllung y* in ℓ für eine Autofahrt.

x	0	1	2	3	4	5	6	7	8	9	10	11	12
y	32	26	19	14	14	7	30	24	18	11	5	32	32

b) Lies aus dem Koordinatensystem ab.
1. Wie viel ℓ Benzin war ungefähr nach 7,5 Stunden im Tank?
2. Nach wie viel Stunden wurde eine Pause eingelegt?
3. Nach wie viel Stunden wurde getankt?

3 Lineare Funktionen darstellen

1 Bestimme die Funktionsgleichung für die Gerade durch P_1 und P_2.

a) $P_1(0|-1)$ und $P_2(2|3)$

(1) $m = \frac{3-(-1)}{2-0} = \frac{4}{2} = 2$

(2) $c = -1$

(3) $y = 2x - 1$

b) $P_1(0|3)$ und $P_2(2|-1)$

(1) $m = \frac{-1-3}{2-0} = \frac{-4}{2} = -2$

(2) $c = 3$

(3) $y = -2x + 3$

c) Zeichne die Geraden in Fig. 1 ein.

2 Gib die Funktionsgleichung an und zeichne die Gerade in rot in Fig. 1 ein.

a) $m = \frac{4}{3}$; $c = -1$ b) $m = -\frac{3}{2}$; $c = 2$

$y = \frac{4}{3}x - 1$ $y = -\frac{3}{2}x + 2$

•3 a) Zeichne die Gerade AB und die Gerade CD.
$A(-1|-4)$; $B(0|-1)$; $C(-3|0)$; $D(3|-2)$

b) Bestimme die Funktionsgleichung.

Gerade AB	Gerade CD
$m = 3$	$m = -\frac{1}{3}$
$c = -1$	$c = -1$
$y = 3x - 1$	$y = -\frac{1}{3}x - 1$

Die lineare Gleichung $y = mx + c$ ergibt im Koordinatensystem eine Gerade mit der Steigung m und dem y-Abschnitt c.

Gleichung bestimmen

(1) **Steigung m** $m = \frac{y_2 - y_1}{x_2 - x_1}$	$P_1(0|2)$; $P_2(3|4)$ $m = \frac{4-2}{3-0} = \frac{2}{3}$
(2) **y-Abschnitt c** $c = y_1$	$c = 2$
(3) **Gleichung** $y = mx + c$	$y = \frac{2}{3}x + 2$

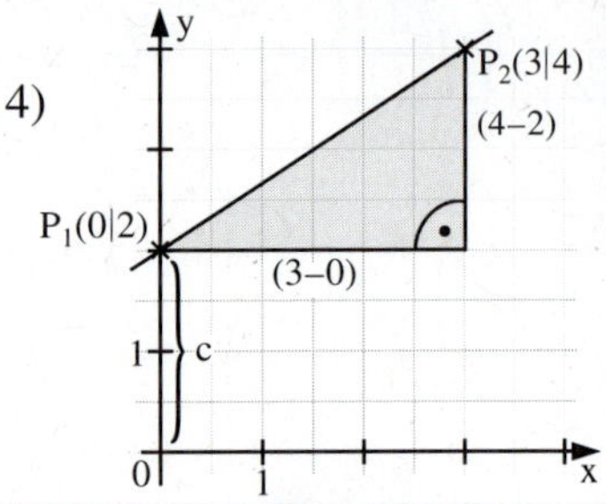

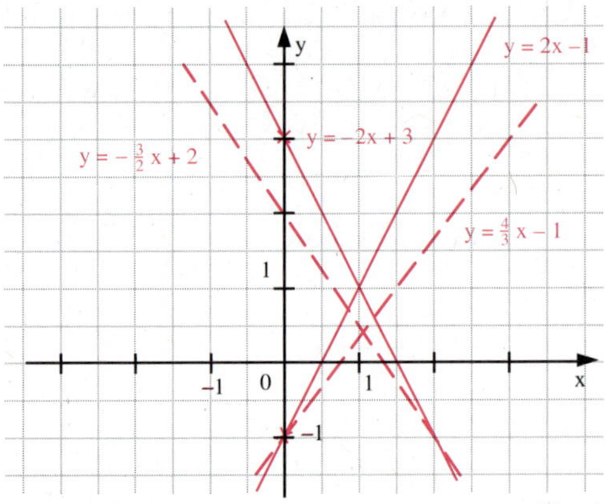

Fig. 1

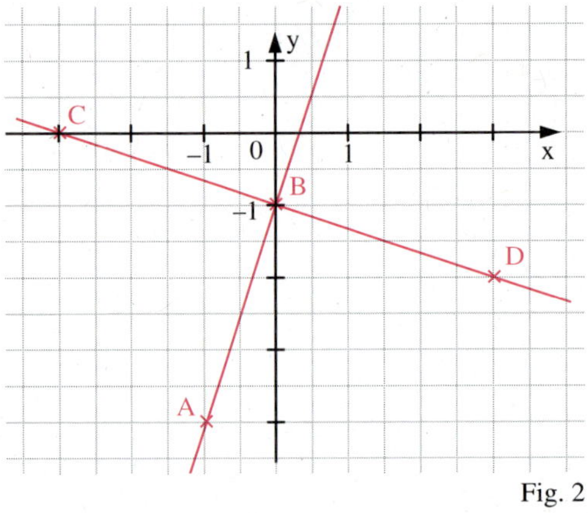

Fig. 2

Lineare Funktionen darstellen

$y = -\frac{3}{4}x + 2$

$m = -\frac{3}{4} = \frac{-3}{4}$; $c = 2$

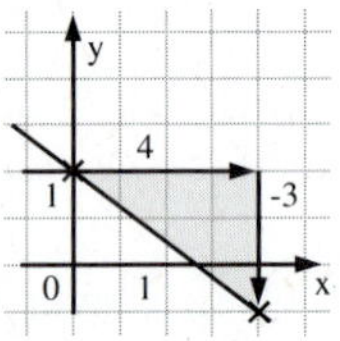

gleicher y-Abschnitt c

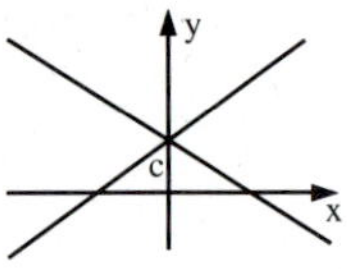

gleiche Steigung m

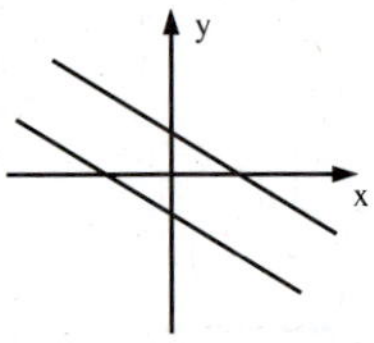

Bestimme die Funktionsgleichung und zeichne die Gerade.

1.1 a) $P_1(0|2)$; $P_2(1|4)$ b) $P_1(0|-3)$; $P_2(3|2)$
c) $P_1(0|1)$; $P_2(2|-4)$ d) $P_1(0|-2)$; $P_2(3|2)$

1.2 a) $P_1(0|3)$; $P_2(4|5)$ b) $P_1(0|-1)$; $P_2(5|0)$
c) $P_1(0|0{,}5)$; $P_2(3|-1{,}5)$ d) $P_1(0|-1{,}5)$; $P_2(4|1{,}5)$

1.3 a) $P_1(0|0)$; $P_2(3|4)$ b) $P_1(0|3)$; $P_2(-4|3)$
c) $P_1(0|-2)$; $P_2(-3|-2)$ d) $P_1(0|0)$; $P_2(4|0)$

Gib die Funktionsgleichung an und zeichne die Gerade.

2.1 a) $m = 2$; $c = -3$ b) $m = -2$; $c = 1$
c) $m = 1$; $c = 0$ d) $m = 0$; $c = 1$
e) $m = 1$; $c = 1$ f) $m = 0$; $c = 0$

2.2 a) $m = \frac{3}{4}$; $c = 2$ b) $m = -\frac{3}{4}$; $c = 2$
c) $m = \frac{3}{4}$; $c = -2$ d) $m = -\frac{3}{4}$; $c = -2$

2.3 a) $m = \frac{3}{5}$; $c = 0$ b) $m = 0$; $c = 1{,}5$
c) $m = 0$; $c = \frac{3}{5}$ d) $m = 1{,}5$; $c = 0$

Zeichne die Gerade durch die Punkte. Bestimme die Gleichung.

•3.1 a) $A(-4|2)$; $B(2|-2{,}5)$ b) $C(-3|-2{,}5)$; $D(1{,}5|3{,}5)$

•3.2 a) $A(-4|2)$; $B(3|-1{,}5)$ b) $C(-3|-2)$; $D(3|0)$

•3.3 a) $A(0|0)$; $B(-2|-3)$ b) $C(0|-1{,}5)$; $D(-4|-1{,}5)$
c) $E(0|0{,}5)$; $F(-5|0{,}5)$ d) $G(0|0)$; $H(2{,}5|0)$

4 Sachaufgaben mit Funktionen lösen

1 Eine Gemeinde will eine Kläranlage bauen. Dafür soll jeder Grundstückseigentümer einen einmaligen Betrag von 1500 € und 0,50 € für jeden m^2 Fläche zahlen.

a) Berechne die Abgaben für Grundstücksgrößen von 1200 m^2 bzw. 980 m^2.

(1) *Flächengröße x in m^2*

Abgabe y in €

(2) *$y = 0,5 \cdot x + 1500$*

(3) x = *1200* | *x = 980*

$y = 0,5 \cdot 1200 + 1500$ | *$y = 0,5 \cdot 980 + 1500$*

y = 2100 | *y = 1990*

(4) *Für 1200 m^2 sind 2100 €,*

für 980 m^2 sind 1990 € zu zahlen.

b) Zeichne die Gerade ein. Lies ab für

x = 1200 | x = 980

y ≈ *2100* | *y ≈ 2000*

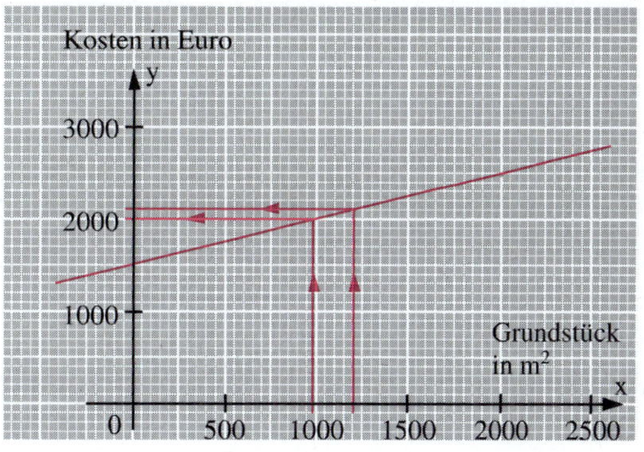

Eine Mietwagenfirma verleiht Kleintransporter zu folgenden Bedingungen: 50 € Grundgebühr und 0,60 € für jeden gefahrenen Kilometer. Berechne den Mietpreis für 400 km.

(1) **Bezeichnungen festlegen**
zurückgelegte Strecke x in km
Mietkosten y in €

(2) **Gleichung bestimmen**
$y = 0,6x + 50$

(3) **Werte einsetzen, berechnen**
$x = 400$
$y = 0,6 \cdot 400 + 50 = 290$

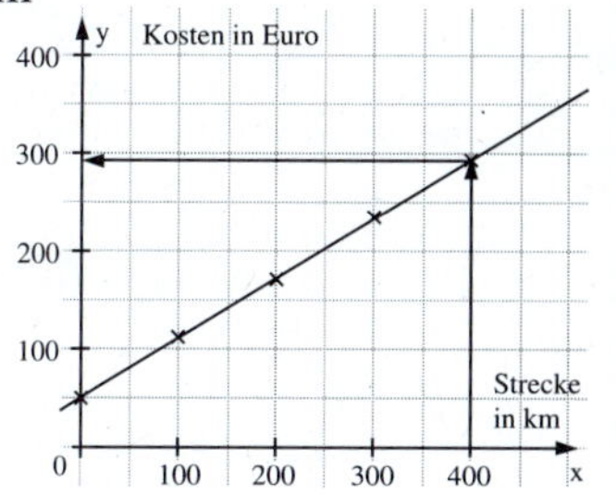

(4) **Antwort notieren** Für 400 km sind 290 € zu zahlen.

Funktionsgleichung bestimmen

Beispiel im Kasten

Streckenlänge	x	
Kosten ohne Grundgeb.	0,6x	· 0,6
Kosten mit Grundgeb.	0,6x + 50	+ 50

$y = 0,6x + 50$

•2 Berechne die Grundstücksgrößen, wenn 2200 € (bzw. 1875 €) zu zahlen sind.

a) Löse die Gleichung nach x auf:

$y =$ *0,5* $\cdot x + 1500$ | *−1500*

$0,5 \cdot x = y - 1500$ | *· 2*

$x =$ *$2 \cdot (y - 1500)$*

b) y = 2200

x = *$2 \cdot (y - 1500)$*

$x = 2 \cdot (2200 - 1500)$

x = 1400

c) y = 1875

$x = 2 \cdot (y - 1500)$

$x = 2 \cdot (1875 - 1500)$

x = 750

Die Grundstücke sind 1400 m^2 und 750 m^2 groß.

---

3 Bei einem PKW-Verleih zahlt man für die Miete eines Mittelklassewagens eine Grundgebühr von 60 € und 0,50 € für jeden gefahrenen Kilometer.
a) Berechne jeweils die Mietkosten für Fahrten von 360 km, 680 km und 1254 km Länge.
b) Zeichne die Gerade und lies die Mietkosten ab.

4 Ein E-Werk verschickt an seine Kunden die Stromrechnungen. Im City-Tarif zahlt man eine Grundgebühr von 12,00 € und 0,21 € für jede „verbrauchte" Kilowattstunde (kWh).
a) Berechne die Stromkosten für 3400 kWh und für 5380 kWh.
b) Zeichne die Gerade auf mm-Papier und lies die Stromkosten ab.

•*5* Bei einem Geldinstitut kann man einen Kleinkredit zu folgenden Bedingungen erhalten: 90% der Kreditsumme werden ausgezahlt; einmalige Bearbeitungsgebühr 250 €.
a) Wie viel Euro werden bei einer Kreditsumme von 10 000 €, 20 000 € bzw. 15 000 € ausgezahlt?
b) Zeichne die Gerade auf mm-Papier und lies die Auszahlungsbeträge ab.

•*6* Berechne mit den Angaben in Aufgabe 5:
a) Berechne die Kreditsummen, wenn 10 000 €, 20 000 € bzw. 15 000 € ausgezahlt werden sollen.
b) Bestimme diese Beträge mit der Geraden zu Aufgabe 5.

5 *Normalparabel $x \to x^2$*

1 a) Fig. 1 zeigt Punkte der Normalparabel. Spiegele die Punkte an der y-Achse.

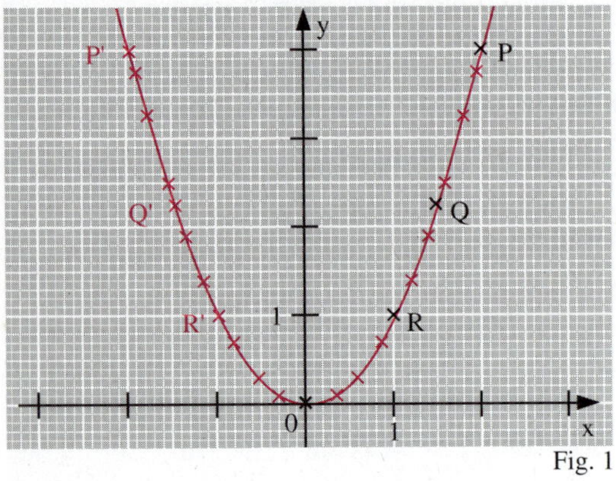

Fig. 1

Der Graph der quadratischen Funktion $x \to x^2$ heißt **Normalparabel**.

Sie ist **achsensymmetrisch** zur y-Achse.

Scheitelpunkt S(0 | 0)

Funktionsgleichung
$y = x^2$

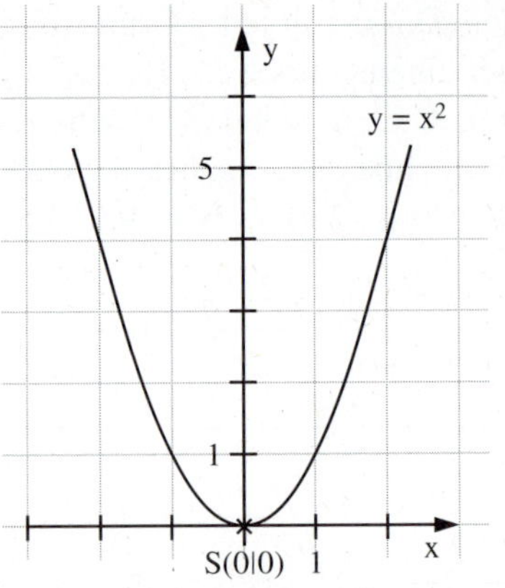

b) Notiere die Koordinaten von Punkt und Bildpunkt.

P(*2* | *4*)	Q *(1,5 | 2,25)*	R *(1 | 1)*
P' *(−2 | 4)*	Q' *(−1,5 | 2,25)*	R' *(−1 | 1)*

$(-2)^2 = (-2) \cdot (-2) = 4$

2 a) Fülle die Tabelle aus.

x	0,2	−0,2	0,4	−0,4	0,6	−0,6	0,8	−0,8	1,2	−1,2	1,4	...
x^2	*0,04*	*0,04*	*0,16*	*0,16*	*0,36*	*0,36*	*0,64*	*0,64*	*1,44*	*1,44*	*1,96*	

b) Trage die Punkte in Fig. 1 ein.
c) Bestimme weitere Punkte.
d) Zeichne die Normalparabel in Fig. 1.

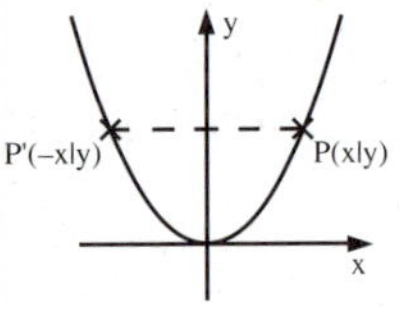

Normalparabel zeichnen
1. S(0 | 0) markieren
2. Punkte und Bildpunkte markieren
3. Normalparabel zeichnen

3 Welche Punkte liegen auf der Normalparabel? Trage sie in Fig. 2 ein.
A(2 | 4), B(−2 | 4), C(1,5 | 3), D(1,5 | 2,25), E(1 | 1), F(−1 | −1), G(−1 | 1), H(0 | 0).

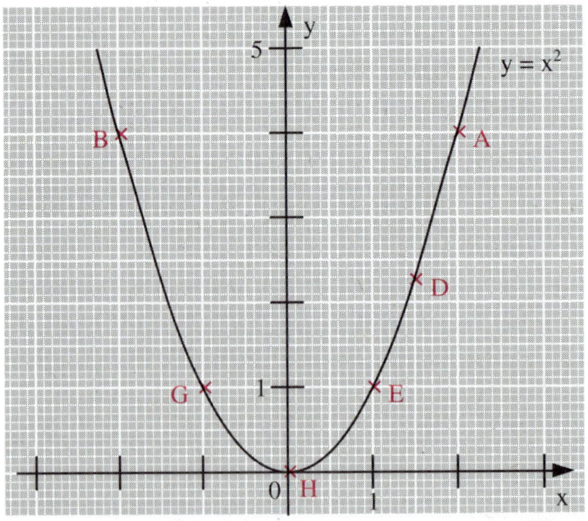

Fig. 2

4 Bestimme die Koordinaten der Punkte so, dass diese auf der Normalparabel liegen.

A(1,5 | *2,25*)	A'(−1,5 | *2,25*)
B(−3 | *9*)	B'(*3* | *9*)
C(0,9 | *0,81*)	*C'(−0,9 | 0,81)*

2.1 a) Übertrage die Tabelle ins Heft. Fülle sie aus.

x	0	0,5	−0,5	1	−1	1,5	−1,5	2	−2
x^2									

b) Markiere die Punkte in einem Koordinatensystem auf mm-Papier.
c) Ergänze weitere Punkte. d) Zeichne die Normalparabel.

2.2 Zeichne eine Normalparabel auf Karopapier. Bestimme zunächst die Punkte mit den x-Koordinaten 0; 0,5; −0,5; 1; −1; 1,5; −1,5; 2; −2. Achte beim Zeichnen auf die Rundung in der Nähe des Scheitelpunktes.

3.1 Notiere die Punkte, die auf der Normalparabel liegen.
a) A(0 | 0); B(1 | 1); C(1 | −1); D(−1 | 1); E(−1 | −1)
b) A(2 | 2); B(2 | 4); C(−2 | 4); D(2 | −4); E(−2 | −4)
c) A(−3 | 3); B(−3 | 6); C(−3 | 9); D(3 | 6); E(3 | 9)

4.1 Bestimme die Koordinaten der Punkte so, dass diese auf der Normalparabel liegen.
a) A(2 | y); A'(−2 | y)
b) B(−4 | y); B'(−4 | y)
c) C(0,5 | y); C'(−0,5 | y)
d) D(0,8 | y); D'(−0,8 | y)
e) E(−6 | y); E'(6 | y)
f) F(0,1 | y); F'(−0,1 | y)

6 Quadratische Funktionen $x \rightarrow ax^2$

1 a) Fülle die Wertetabelle aus.

x	0	1	−1	2	−2
① $y = x^2$	*0*	*1*	*1*	*4*	*4*
② $y = -x^2$	*0*	*−1*	*−1*	*−4*	*−4*

b) Trage die Punkte aus der Tabelle in Fig. 1 ein: $y = x^2$ (rot); $y = -x^2$ (grün)
c) Schneide aus Pappe eine Schablone für die Normalparabel $y = x^2$ aus und kennzeichne sie mit ① (Anleitung in der Randspalte).
d) Zeichne damit die Parabel ② $y = -x^2$.
e) Vergleiche: NP ① $y = x^2$ mit ② $y = -x^2$

Die NP wurde *gespiegelt.*

Die Graphen der quadratischen Funktionen $x \rightarrow ax^2$ sind **Parabeln.** Sie sind achsensymmetrisch zur y-Achse.

Die Parabeln $\mathbf{y = ax^2}$ können aus der Normalparabel (NP) entwickelt werden.

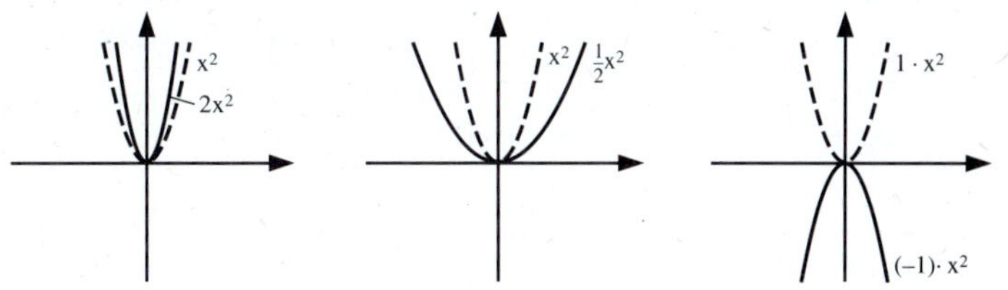

a > 1	0 < a < 1	a = −1
NP gestreckt	NP gestaucht	NP an x-Achse gespiegelt

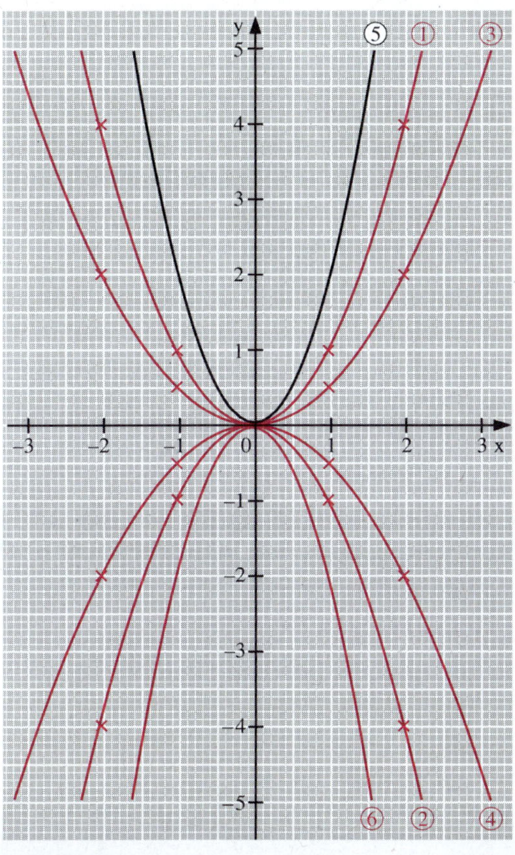

Fig. 1

2 a) Fülle die Wertetabelle aus.

x	0	1	−1	2	−2
① $y = x^2$	*0*	*1*	*1*	*4*	*4*
③ $y = \frac{1}{2}x^2$	*0*	$\frac{1}{2}$	$\frac{1}{2}$	*2*	*2*
④ $y = -\frac{1}{2}x^2$	*0*	$-\frac{1}{2}$	$-\frac{1}{2}$	*−2*	*−2*

b) Trage in Fig. 1 die Punkte der Tabelle ein: $y = \frac{1}{2}x^2$ (blau); $y = -\frac{1}{2}x^2$ (schwarz)
c) Schneide eine Schablone für ③ $y = \frac{1}{2}x^2$.
d) Zeichne damit die Parabel ④ $y = -\frac{1}{2}x^2$.
e) Vergleiche die NP ① $y = x^2$ mit ③ $y = \frac{1}{2}x^2$.

Die NP wurde *gestaucht.*

f) Vergleiche die NP ① $y = x^2$ mit ④ $y = -\frac{1}{2}x^2$.

Die NP wurde *gestaucht und gespiegelt.*

3 a) Schneide eine Schablone zu ⑤ aus.
b) Zeichne damit die Parabel ⑥, die man durch Spiegelung an der x-Achse erhält.
c) Gib die Funktionsgleichung der Parabeln an.

⑤ $y = 2x^2$ ⑥ $y = -2x^2$

$-x^2 = (-1) \cdot x^2$
$-2x^2 = (-1) \cdot 2x^2$

Schablonen herstellen
1. Parabel aus Fig. 1 auf Transparentpapier übertragen und ausschneiden
2. Vorlage auf Pappe kleben
3. Schablone ausschneiden

1.1 Zeichne mit einer Schablone die Parabeln $y = x^2$ und $y = -x^2$ auf mm-Papier.

2.1 Vergleiche die Normalparabel mit der folgenden Parabel.
a) $y = -x^2$ b) $y = 2x^2$ c) $y = -2x^2$ d) $y = -0{,}5x^2$

3.1 a) Zeichne mit Schablonen auf mm-Papier in ein Koordinatensystem: $y = x^2$; $y = -x^2$; $y = 2x^2$; $y = -2x^2$; $y = 0{,}5x^2$; $y = -0{,}5x^2$.
b) Zeichne die Parabeln auch auf Karopapier.

•4 Eine Parabel $y = ax^2$ verläuft durch den Punkt P. Bestimme die Gleichung der Parabel und vergleiche mit der NP.
a) P(1 | 3) b) P(−1 | −3) c) P(2 | 1) d) P(2 | −1)

7 *Quadratische Funktionen $x \to ax^2 + c$*

1 a) Fülle die Wertetabelle aus.

x	0	1	−1	2	−2
$y = x^2$	*0*	*1*	*1*	*4*	*4*
$y = \frac{1}{2}x^2$	*0*	*$\frac{1}{2}$*	*$\frac{1}{2}$*	*2*	*2*
$y = -\frac{1}{2}x^2$	*0*	*$-\frac{1}{2}$*	*$-\frac{1}{2}$*	*−2*	*−2*
$y = -\frac{1}{2}x^2 + 3$	*3*	*2,5*	*2,5*	*1*	*1*

b) Trage die Punkte aus der Tabelle in Fig. 1 ein: $y = x^2$ (rot); $y = \frac{1}{2}x^2$ (grün); $y = -\frac{1}{2}x^2$ (blau); $y = -\frac{1}{2}x^2 + 3$ (schwarz)

c) Zeichne die Funktionsgraphen.

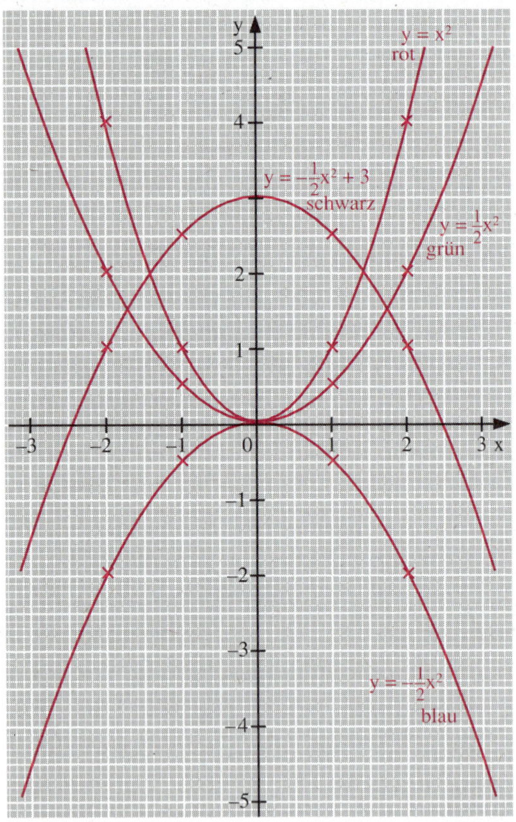

Fig. 1

Parabeln mit der Gleichung $y = ax^2 + c$ sind achsensymmetrisch zur y-Achse. Der Scheitelpunkt liegt in $S(0|c)$.

Parabel zeichnen	$y = \frac{1}{2}x^2 - 3$
(1) Scheitelpunkt $S(0\|c)$ markieren	$S = (0\|-3)$
(2) Form bestimmen	$a = \frac{1}{2}$ NP gestaucht
(3) Punkte bestimmen	$A(1\|-2{,}5)$; $A'(-1\|-2{,}5)$ $B(2\|-1)$; $B'(-2\|-1)$
(4) Parabel zeichnen	

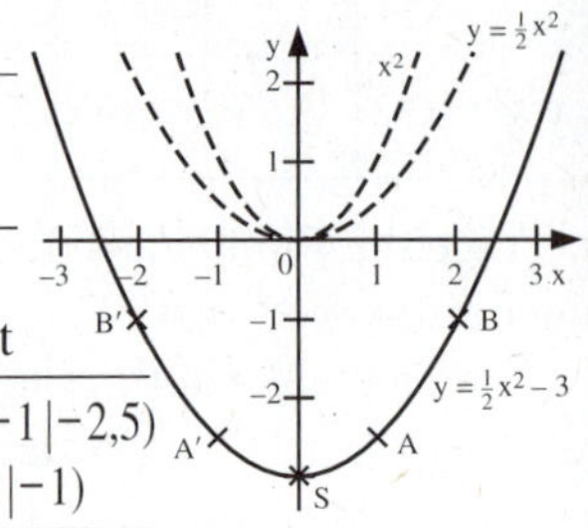

2 Zeichne die Parabeln in Fig. 2 ein.

a) $y = x^2 + 1$ b) $y = x^2 - 1$

c) $y = -x^2 + 1$ d) $y = -x^2 - 1$

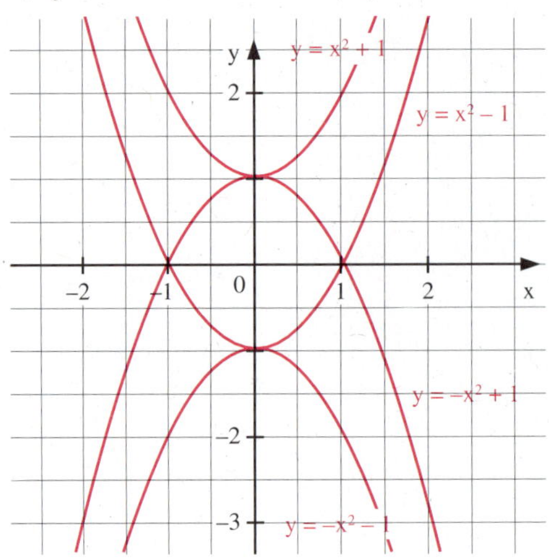

Fig. 2

3 Bestimme die y-Koordinaten für die Punkte der Parabel $y = -2x^2 + 4$.

a) $P(-2|y)$ b) $Q(2|y)$

$y = -2 \cdot (-2)^2 + 4$ $y =$ *$-2 \cdot 2^2 + 4$*

$y =$ *-4* *$y = -4$*

Parabeln mit der Gleichung **$y = ax^2 + c$**

a bestimmt die Form

$a = 1$	Normalparabel (NP)
$a > 1$	NP gestreckt
$0 < a < 1$	NP gestaucht
$a = -1$	NP gespiegelt
$-1 < a < 0$	NP gespiegelt gestaucht
$a < -1$	NP gespiegelt gestreckt

Der Achsenabschnitt c bestimmt die Lage

$c = 0$	$S(0\|0)$
$c > 0$	Scheitelpunkt liegt über der x-Achse
$c < 0$	Scheitelpunkt liegt unter der x-Achse

Lege Tabellen an. Zeichne die Parabeln mit Schablonen.

1.1 $y = x^2$; $y = -x^2$; $y = -x^2 + 2$; $y = -x^2 - 2$

1.2 $y = x^2$; $y = 2x^2$; $y = 2x^2 + 3$; $y = 2x^2 - 3$

1.3 $y = x^2$; $y = 2x^2$; $y = -2x^2$; $y = -2x^2 + 1$; $y = -2x^2 - 1$

1.4 $y = x^2$; $y = \frac{1}{2}x^2$; $y = \frac{1}{2}x^2 + 4$; $y = \frac{1}{2}x^2 - 4$

1.5 $y = x^2$; $y = \frac{1}{2}x^2$; $y = -\frac{1}{2}x^2$; $y = -\frac{1}{2}x^2 + 1$; $y = -\frac{1}{2}x^2 - 1$

Zeichne die Parabeln mit Schablonen auf Karopapier.

2.1 $y = 2x^2$; $y = 2x^2 - 3$; $y = -2x^2 + 3$; $y = -2x^2 - 3$

2.2 $y = \frac{1}{2}x^2 + 4$; $y = \frac{1}{2}x^2 - 4$; $y = -\frac{1}{2}x^2 + 4$; $y = -\frac{1}{2}x^2 - 4$

2.3 $y = x^2$; $y = -x^2$; $y = 2x^2$; $y = -2x^2$

3.1 Bestimme die y-Koordinaten der Punkte auf der Parabel.

a) $y = -x^2 + 3$; $P(0|y)$; $Q(2|y)$ b) $y = 2x^2 - 4$; $P(0|y)$; $Q(-2|y)$

c) $y = -3x^2 + 2$; $P(2|y)$; $Q(-2|y)$ d) $y = \frac{1}{2}x^2$; $P(0|y)$; $Q(5|y)$

4 Zeichne die Parabeln ohne Schablonen.

a) $y = -3x^2 + 2$; $y = -3x^2 - 2$ b) $y = \frac{1}{4}x^2 + 3$; $y = \frac{1}{4}x^2 - 3$

c) $y = 2x^2 - 3$; $y = -2x^2 - 3$ d) $y = 0{,}5x^2 - 1$; $y = -0{,}5x^2 - 1$

8 NT Parabeln auf dem Computer darstellen

1 Untersuche die Parabeln.

① $y = x^2 - 2x - 1$ ② $y = -x^2 + 2x + 1$

a) Fülle die Tabellen aus.

①

x	−1	0	1	2	3
y	2	*−1*	*−2*	*−1*	*2*

②

x	−1	0	1	2	3
y	*−2*	*1*	*2*	*1*	*−2*

b) Übertrage die Wertepaare ins Koordinatensystem und zeichne die Parabel (Fig. 1).

c) Bestimme die Scheitelpunkte.

S_1 (*1* | *−2*) S_2 *(1 | 2)*

Parabeln mit einem Computer-Programm darstellen

1. **Auswahl aus dem Menü**
   - quadratische Funktionen
   - allgemeine Parabelgleichung: $\mathbf{y = ax^2 + bx + c}$
2. **Eingaben**
   Parameter a, b und c
   z. B. $a = -\frac{1}{2}$; $b = -1$; $c = 1{,}5$
3. **Ausgaben**
   z. B. Parabelgleichung
   Graph der Parabeln
   Scheitelpunkt

Parabelgleichung
$y = -\frac{1}{2}x^2 - x + 1{,}5$

Graph

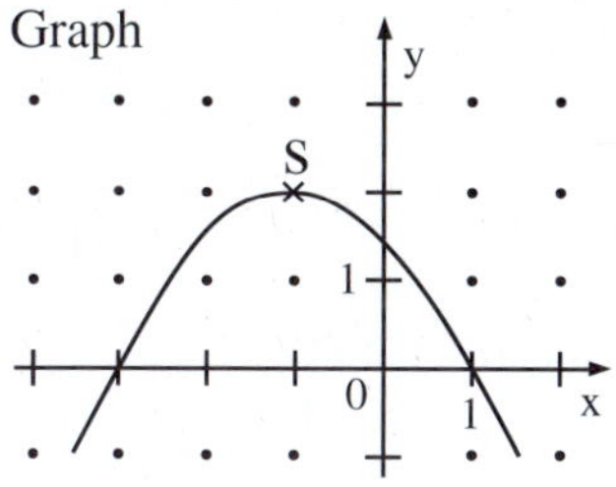

Scheitelpunkt S(−1 | 2)

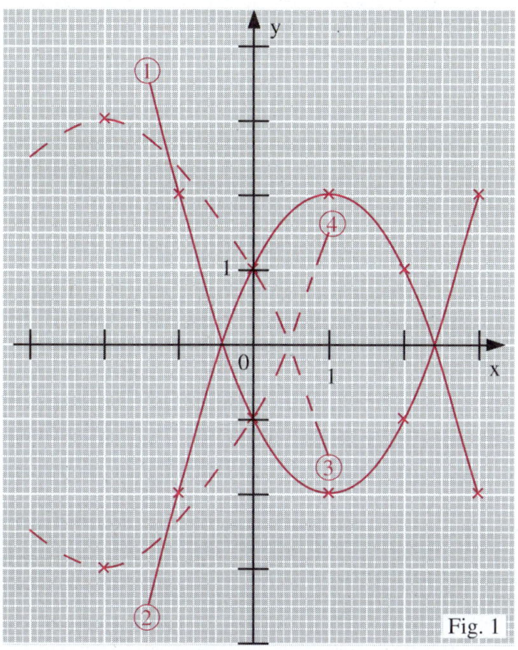

Fig. 1

2 Starte ein Programm für den Mathematikunterricht. Stelle die Parabeln aus Aufgabe 1 auf dem Bildschirm dar.

1. **Auswahl aus dem Menü**
   - quadratische Funktionen bzw. quadratische Gleichungen
   - allgemeine Parabelgleichung
2. **Eingabe** der Parameter

   ① a = 1 b = *−2* c = *−1*

   ② *a = −1* *b = 2* *c = 1*

3. **Ausgaben** auf dem Bildschirm/Drucker
   - Parabelgleichungen
   - Parabeln auf dem Bildschirm
   - Scheitelpunkt
   - Parabeln auf dem Drucker

$\mathbf{y = ax^2 + bx + c}$

a > 0
- Parabel nach oben geöffnet
- **Minimum** in S

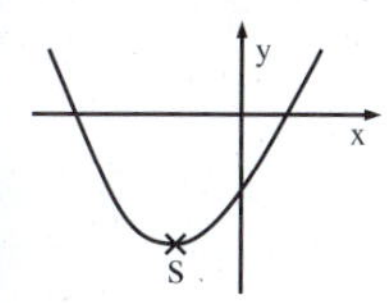

a < 0
- Parabel nach unten geöffnet
- **Maximum** in S

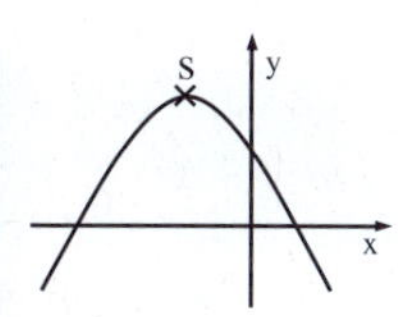

3 a) Untersuche wie in Aufgabe 2 die Parabeln. ③ $y = -\frac{1}{2}x^2 - 2x + 1$ ④ $y = \frac{1}{2}x^2 + 2x - 1$

b) Zeichne die Parabeln (Fig. 1).

1.1 Untersuche die Parabeln.

⑤ $y = 2x^2 + 12x + 20$ ⑥ $y = -2x^2 - 12x - 20$

a) Lege Tabellen an und fülle sie aus.

⑤

x	−5	−4	−3	−2	−1
y					

⑥

x	−5	−4	−3	−2	−1
y					

b) Zeichne die Parabeln mit verschiedenen Farben in ein Koordinatensystem.

c) Bestimme die Scheitelpunkte.

2.1 a) Bestimme für die Parabeln ⑤ und ⑥ die Parameter a, b und c.

b) Stelle die Parabeln auf dem Bildschirm dar.

c) Scheitelpunkt anzeigen d) Parabeln drucken

3.1 Untersuche die Parabeln.

a) ⑦ $y = 2x^2 - 12x + 20$ ⑧ $y = 2x^2 - 12x + 16$

b) ⑨ $y = -\frac{1}{2}x^2 - 2x - 1$ ⑩ $y = -\frac{1}{2}x^2 + 2x - 3$

4 a) Untersuche die Parabeln $y = ax^2 + 2$ für verschiedene a.
$y = 2x^2 + 2$; $y = -x^2 + 2$; $y = 3x^2 + 2$; $y = -3x^2 + 2$; $y = \frac{1}{4}x^2 + 2$

b) Was haben diese Parabeln gemeinsam?

c) Worin unterscheiden sich diese Parabeln?

5 a) Untersuche die Parabeln $y = -2x^2 + c$ für verschiedene c.
$y = -2x^2 + 3$; $y = -2x^2 - 3$; $y = -2x^2 + 0$; $y = -2x^2 + 1$; $y = -2x^2 - 1$

b) Was haben diese Parabeln gemeinsam?

c) Worin unterscheiden sich sie sich?

6 Flächensätze

1 Rechtwinklige Dreiecke konstruieren

1 Bezeichne das Dreieck wie im Kasten.

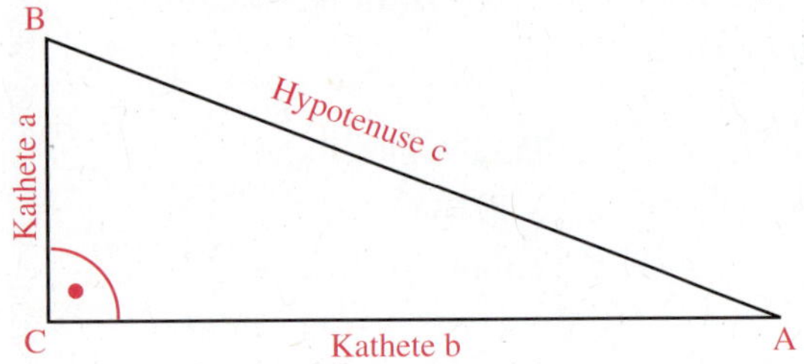

Bezeichnungen im **rechtwinkligen** Dreieck

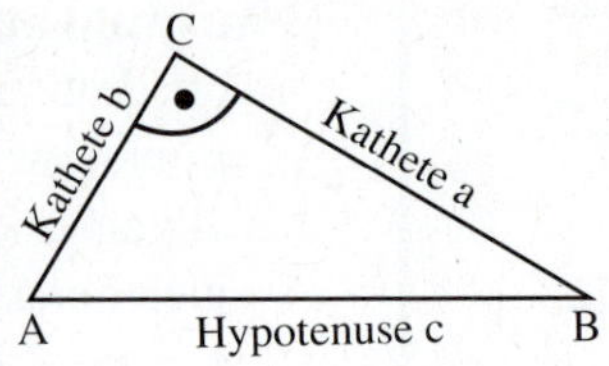

Die **Hypotenuse** c liegt dem rechten Winkel gegenüber.
Die **Hypotenuse** c ist die längste Dreiecksseite.
Die **Katheten** a und b liegen am rechten Winkel.

2 Konstruiere das rechtwinklige Dreieck.
Gegeben: Kathete a = 4,0 cm
Kathete b = 3,0 cm

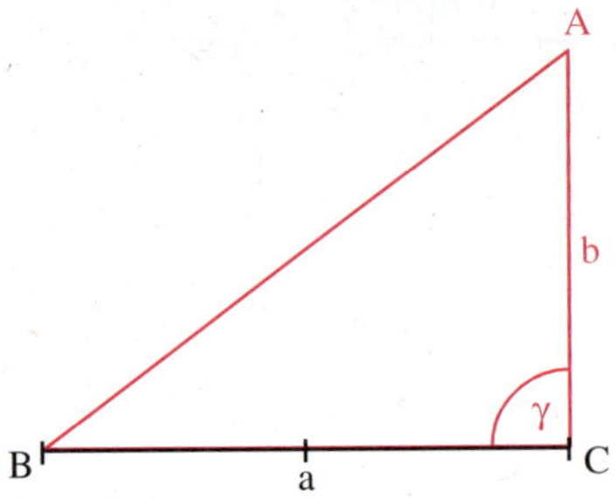

3 Konstruiere das rechtwinklige Dreieck mit dem Thaleskreis.
Gegeben: Hypotenuse c = 4,8 cm
Kathete b = 2,5 cm

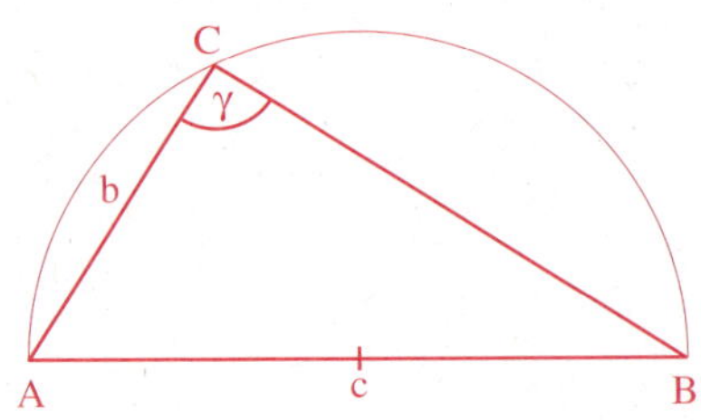

rechter Winkel

zu 3, 4 und 5

Konstruktion eines rechtwinkligen Dreiecks mit dem **Thaleskreis**

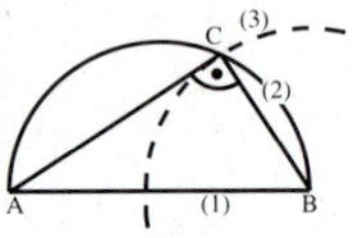

(1) Hypotenuse zeichnen und halbieren
(2) Thaleskreis zeichnen
(3) Fehlenden Punkt konstruieren

4 Konstruiere das rechtwinklige Dreieck.
Gegeben: Hypotenuse a = 3,8 cm
Kathete b = 2,7 cm

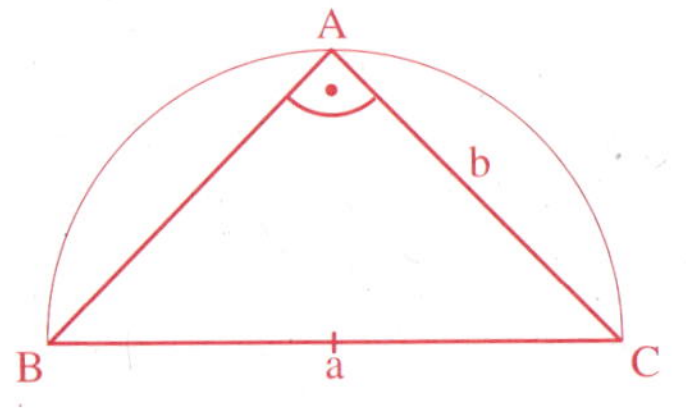

5 Zeichne ein Rechteck mit der Diagonalen d = 6,0 cm und der Seite a = 3,4 cm.

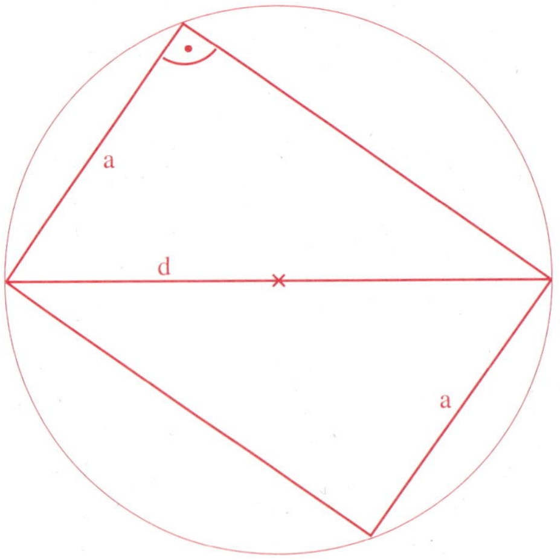

zu 5

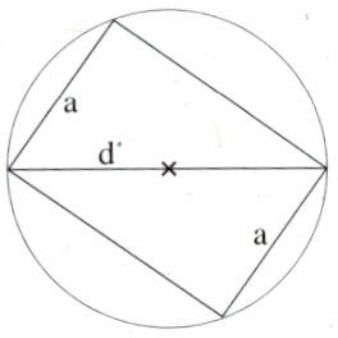

2.1 Konstruiere das rechtwinklige Dreieck.
a) Kathete a = 4,7 cm
Kathete b = 3,8 cm
b) Kathete a = 6,1 cm
Kathete b = 7,2 cm

3.1 Konstruiere das rechtwinklige Dreieck mit dem Thaleskreis.
a) Hypotenuse c = 4,5 cm
Kathete b = 3,9 cm
b) Kathete b = 3,6 cm
Hypotenuse c = 5,2 cm
c) Hypotenuse c = 8,2 cm
Kathete a = 3,5 cm
d) Kathete b = 2,5 cm
Hypotenuse c = 6,8 cm

4.1 Konstruiere das rechtwinklige Dreieck.
a) Hypotenuse a = 7,5 cm
Kathete b = 4,8 cm
b) Kathete a = 5,5 cm
Hypotenuse b = 8,2 cm

5.1 Zeichne ein Rechteck mit der Diagonalen d = 8,5 cm und der Seite a = 5,8 cm.

•5.2 Zeichne ein gleichschenkliges Dreieck mit der Höhe h = 4,0 cm und dem Schenkel s = 5,2 cm.

2 *Satz des Pythagoras*

1 Berechne die Hypotenuse c.

(1) gegeben: Kathete $a = 12$ cm
Kathete $b = 15$ cm
gesucht: Hypothenuse c

(2) $a^2 + b^2 = c^2$ $\quad c = \sqrt{a^2 + b^2}$

(3) $c = \sqrt{12^2 + 15^2}$

$= \sqrt{144 + 225} = \sqrt{369} \approx 19{,}2$

(4) $c = 19{,}2$ cm

$a^2 + b^2 = c^2$

Summe der Kathetenquadrate — gleich — Hypotenusenquadrat

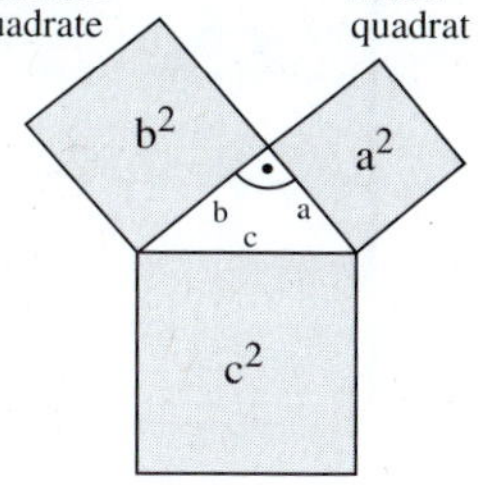

Hypotenuse c berechnen

(1)	gegeben:	Kathete $a = 5$ cm Kathete $b = 8$ cm
	gesucht:	Hypotenuse c
(2)	Formel notieren, umstellen	$a^2 + b^2 = c^2$ $c = \sqrt{a^2 + b^2}$
(3)	Zahlenwerte einsetzen	$c = \sqrt{(5^2) + (8^2)}$
	berechnen,	TR $= \sqrt{25 + 64}$
	Wurzel ziehen	TR $= \sqrt{89} \approx 9{,}4$
(4)	Ergebnis notieren	$c = 9{,}4$ cm

⚠ Wurzeln ziehen mit dem Taschenrechner TR

2 Berechne die fehlende Kathete.

a) (1) gegeben: Kathete $a = 8{,}2$ cm
Hypotenuse $c = 14{,}5$ cm
gesucht: Kathete b

(2) $b = \sqrt{c^2 - a^2}$

(3) $b = \sqrt{14{,}5^2 - 8{,}2^2}$

$= \sqrt{210{,}25 - 67{,}24} = \sqrt{143{,}01} \approx 12{,}0$

(4) $b = 12{,}0$ cm

b) (1) gegeben: Kathete $b = 12{,}5$ cm
Hypotenuse $c = 15{,}8$ cm
gesucht: Kathete a

(2) $a = \sqrt{c^2 - b^2}$

(3) $a = \sqrt{15{,}8^2 - 12{,}5^2}$

$= \sqrt{249{,}64 - 156{,}25} = \sqrt{93{,}39} \approx 9{,}7$

(4) $a = 9{,}7$ cm

zu 2

Kathete berechnen

(1) gegeben:
Kathete
$a = 5{,}0$ cm
Hypotenuse
$c = 8{,}0$ cm
gesucht:
Kathete b

(2) $a^2 + b^2 = c^2$
$b = \sqrt{c^2 - a^2}$

(3) $b = \sqrt{8^2 - 5^2}$
$= \sqrt{64 - 25}$
$= \sqrt{39}$
$\approx 6{,}2$

(4) $b = 6{,}2$ cm

3 Bezeichne die Seiten der Dreiecke und berechne die Länge der fehlenden Seite.

a) (1) Kathete $a = 10$ cm
Kathete $b = 15$ cm
gesucht: Hypotenuse c

(2) $c = \sqrt{a^2 + b^2}$

(3) $c = \sqrt{10^2 + 15^2}$

$= \sqrt{100 + 225} \approx 18{,}0$

(4) $c = 18{,}0$ cm

b) (1) Kathete $b = 9$ cm
Hypotenuse $c = 12$ cm
gesucht: Kathete a

(2) $a = \sqrt{c^2 - b^2}$

(3) $a = \sqrt{12^2 - 9^2}$

$= \sqrt{144 - 81} \approx 7{,}9$

(4) $a = 7{,}9$ cm

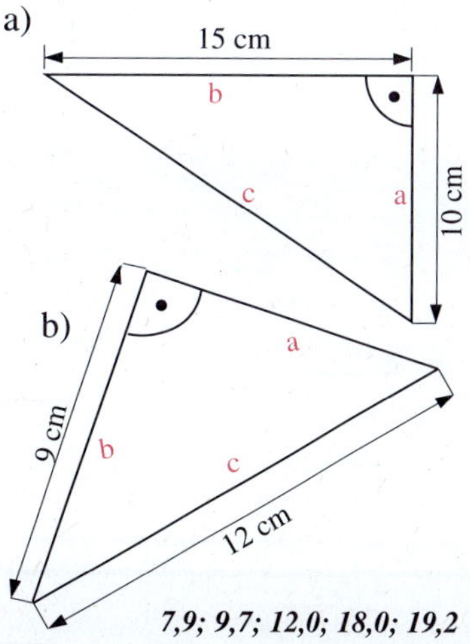

7,9; 9,7; 12,0; 18,0; 19,2

✓ zu 1 bis 3

1.1 Berechne die Hypotenuse c.
a) Kathete $a = 7$ cm; Kathete $b = 10$ cm
b) Kathete $a = 5{,}3$ cm; Kathete $b = 9{,}2$ cm
c) Kathete $a = 0{,}73$ m; Kathete $b = 0{,}55$ m

1.2 Lege eine Skizze an und berechne die Hypotenuse.
a) Kathete $b = 1{,}25$ m; Kathete $a = 2{,}05$ m
b) Kathete $a = 50$ cm; Kathete $b = 0{,}35$ m

2.1 Berechne die fehlende Kathete.
a) Kathete $a = 8$ cm; Hypotenuse $c = 12{,}5$ cm
b) Kathete $b = 12$ cm; Hypotenuse $c = 14$ cm
c) Kathete $b = 4{,}5$ cm; Hypotenuse $c = 8{,}5$ cm

2.2 Lege eine Skizze an und berechne die fehlende Kathete.
a) Kathete $a = 0{,}85$ m; Hypotenuse $c = 95$ cm
b) Kathete $a = 2{,}55$ m; Hypotenuse $c = 3{,}25$ m

3 *Satz des Pythagoras anwenden*

1 Berechne die Aufgabe im Kasten.

(1)

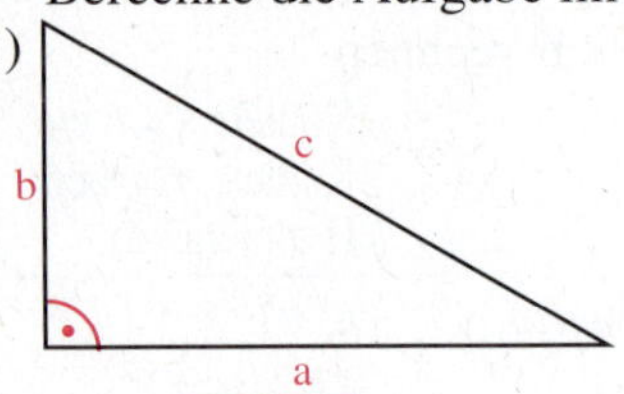

(2) $c = \sqrt{a^2 + b^2}$

(3) $c = \sqrt{67^2 + 45^2} \approx 80{,}71$

(4) $c = 80{,}71$ m

Eine Brücke wird von Stahlseilen gehalten. Berechne die Länge des längsten Seiles.

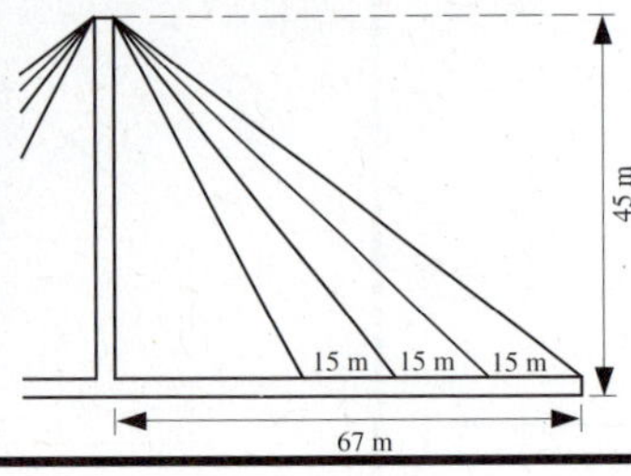

(1) Skizze/Planfigur anlegen, rechten Winkel markieren, die Katheten und die Hypotenuse bezeichnen

(2) Formel notieren/umstellen

(3) Gegebene Zahlenwerte einsetzen, berechnen

(4) Ergebnis notieren

2 Eine 6,20 m lange Leiter wird an eine 8,00 m hohe Mauer gestellt. Die Leiter steht unten 1,80 m von der Mauer entfernt. Wie hoch reicht die Leiter?

(1) Skizze

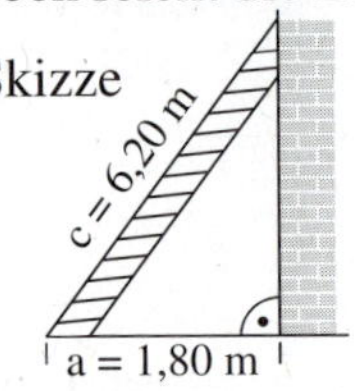

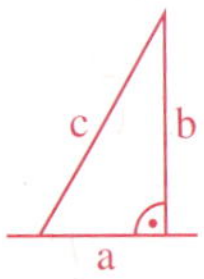

(2) $b = \sqrt{c^2 - a^2}$

(3) $b = \sqrt{6{,}20^2 - 1{,}80^2} \approx 5{,}93$

(4) *Die Leiter reicht 5,93 m hoch.*

3 Die Giebelwand soll mit Holzlatten verkleidet werden. Wie lang muss die längste Latte sein?

Skizze

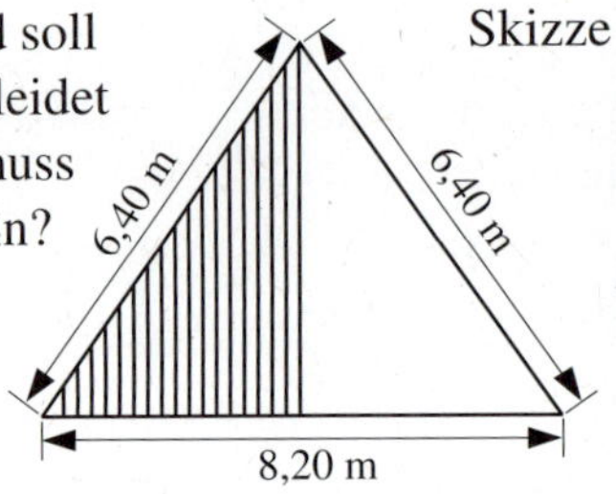

(1)

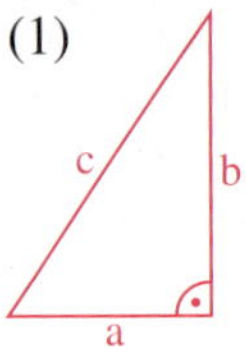

(2) $b = \sqrt{c^2 - a^2}$

(3) $b = \sqrt{6{,}40^2 - 4{,}10^2} \approx 4{,}91$

(4) *Die längste Latte ist 4,91 m.*

4 Der Bildschirm eines Fernsehers hat annähernd die Form eines Rechtecks. Bei einem „51er Bildschirm" ist die Diagonale 51 cm lang. Wie hoch ist das Bild, wenn es 39 cm breit ist?

(1)

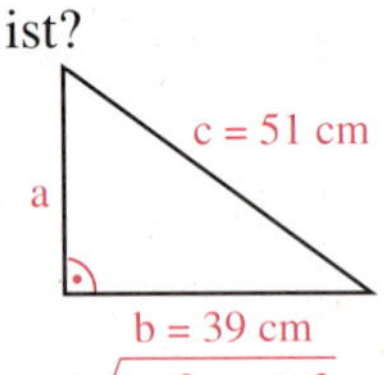

(2) $a = \sqrt{c^2 - b^2}$

(3) $a = \sqrt{51^2 - 39^2} \approx 32{,}9$ cm

(4) *Das Bild ist ungefähr 33 cm hoch.*

5 Prüfe durch Rechnung, ob das Dreieck mit den angegebenen Seitenlängen (a; b; c) rechtwinklig ist.

a) (5; 12; 13)

$5^2 + 12^2 = 13^2$ *ist wahr*

b) (8; 15; 16)

$8^2 + 15^2 = 16^2$ *falsch*; $8^2 + 15^2 = 17^2$

c) (10; 12; 15)

$10^2 + 12^2 = 15^2$ *falsch*; $10^2 + 12^2 = 244$

zu 5

Wenn in einem Dreieck gilt $a^2 + b^2 = c^2$, dann ist es rechtwinklig.

(a; b; c) bedeutet
Kathete a
Kathete b
Hypotenuse c

Beispiel
Ist das Dreieck (3; 4; 5) rechtwinklig?

$3^2 + 4^2 = 5^2$ ist wahr, das Dreieck ist rechtwinklig.

1.1 Berechne die Länge der drei anderen Seile.

2.1 Eine 4,50 m lange Leiter wird an eine 6,70 m hohe Mauer gestellt. Die Leiter steht unten 1,10 m von der Mauer entfernt. Wie hoch reicht die Leiter?

2.2 Wie lang muss eine Leiter sein, wenn sie bei einem Abstand von 1,50 m von einer Wand 6,50 hoch sein soll?

3.1 Die Giebelwand ist 5,60 m breit, in der Schrägen 4,80 m lang. Wie lang muss die längste Latte sein?

4.1 Ein Fernseher hat einen „69er Bildschirm". Wie breit ist das Bild, wenn es 40 cm hoch ist?

4.2 Der Bildschirm eines Monitors ist 27 cm breit und 19 cm hoch. Welche Bildschirm-Diagonale hat er?

5.1 Prüfe durch Rechnung, ob die Dreiecke mit den angegebenen Seitenlängen rechtwinklig sind.

a) (6; 24; 25) b) (9; 40; 41) c) (10; 11; 15)
d) (0,15; 0,36; 0,39) e) (199; 19 800; 19 801)

4 *Kathetensatz*

1 Berechne im rechtwinkligen Dreieck den Hypotenusenabschnitt.

(1) gegeben: a = 6 cm; c = 9 cm
gesucht: Hypotenusenabschnitt p

(2) $p = \frac{a^2}{c}$

(3) $p = \frac{6^2}{9}$

$= \frac{36}{9} = 4$

(4) p = 4 cm

a^2 = $c \cdot p$

Katheten-quadrat gleich Rechteck aus der Hypotenuse und dem anliegenden Hypotenusenabschnitt

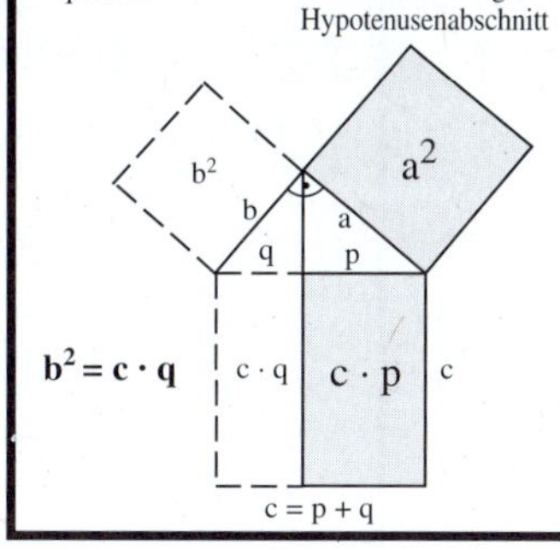

Hypotenusenabschnitt berechnen	
(1) gegeben:	a = 6 cm c = 10 cm
gesucht:	p
(2) Formel notieren, umstellen	$a^2 = c \cdot p$ $p = \frac{a^2}{c}$
(3) Zahlenwerte einsetzen, berechnen	$p = \frac{6^2}{10}$ $p = \frac{36}{10} = 3{,}6$
(4) Ergebnis notieren	p = 3,6 cm

2 Berechne die fehlenden Größen für die rechtwinkligen Dreiecke.

	a)	b)	c)	• d)	• e)
Kathete a	8,0 cm	*9,6 cm*	3,2 cm	*6,8 cm*	*5,7 cm*
Kathete b	*6,0 cm*	8,5 cm	*2,6 cm*	*7,3 cm*	*10,0 cm*
Hypotenuse c	10,0 cm	12,8 cm	*4,1 cm*	*10,0 cm*	11,5 cm
Hypotenusenabschnitt p	*6,4 cm*	*7,2 cm*	2,5 cm	4,6 cm	2,8 cm
Hypotenusenabschnitt q	*3,6 cm*	*5,6 cm*	*1,6 cm*	5,4 cm	*8,7 cm*

zu 3

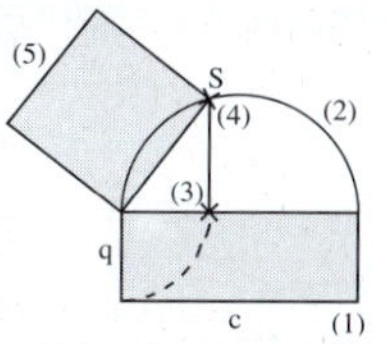

(1) Rechteck zeichnen

(2) Thaleskreis über längerer Rechteckseite zeichnen

(3) Abschnitt auf der Hypotenuse abtragen

(4) Senkrechte bis zum Schnittpunkt S mit dem Halbkreis zeichnen

(5) Kathete und das Quadrat über der Kathete zeichnen

3 Zeichne ein Rechteck mit a = 3,6 cm und b = 1,8 cm. Konstruiere mit dem Kathetensatz ein flächengleiches Quadrat.

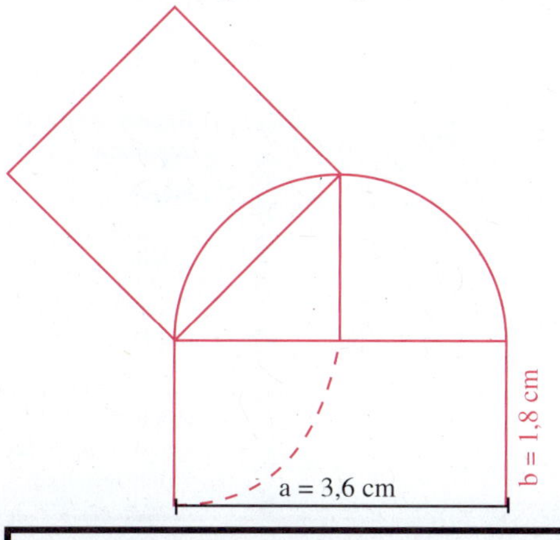

4 Konstruiere ein Quadrat mit dem Flächeninhalt 6 cm². Zeichne zunächst ein flächengleiches Rechteck.

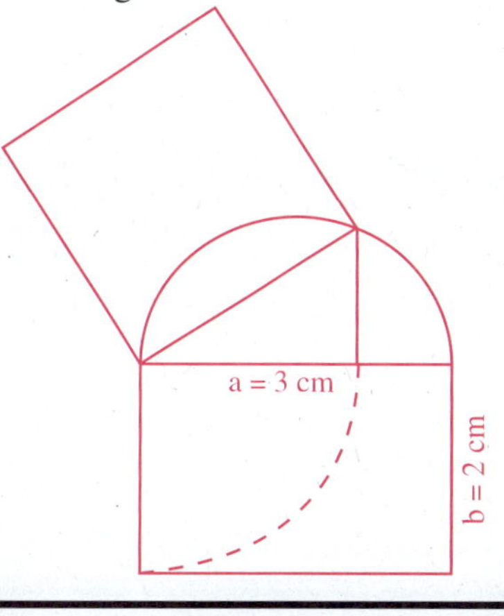

1.1 Berechne den Hypotenusenabschnitt. Gegeben:
a) a = 7 cm; c = 12 cm b) a = 4,5 cm; c = 6,2 cm
c) b = 9 cm; c = 15 cm d) b = 6,6 cm; c = 8,5 cm

2.1 Berechne die fehlenden Größen für die rechtwinkligen Dreiecke. Gegeben:
a) Kathete a = 4 cm; Hypotenusenabschnitt p = 3 cm
b) Kathete b = 5,2 cm; Hypotenusenabschnitt q = 3,8 cm
c) Hypotenuse c = 8 cm; Hypotenusenabschnitt p = 3,5 cm
d) Hypotenuse c = 12 cm; Hypotenusenabschnitt q = 7,6 cm

3.1 Zeichne ein Rechteck mit a = 6 cm und b = 8,5 cm. Konstruiere ein flächengleiches Quadrat.

3.2 Zeichne ein Rechteck mit dem Flächeninhalt 40 cm², eine Seite ist a = 5 cm. Konstruiere ein flächengleiches Quadrat.

4.1 Zeichne ein Quadrat mit dem Flächeninhalt
a) 24 cm², b) 30 cm², c) 21 cm², d) 32 cm².
Zeichne zunächst ein flächengleiches Rechteck.

5 *Höhensatz*

1 Berechne im rechtwinkligen Dreieck die Höhe.

(1) gegeben: $p = 4$ cm; $q = 7$ cm
gesucht: Höhe h

(2) *$h = \sqrt{p \cdot q}$*

(3) *$h = \sqrt{4 \cdot 7} = \sqrt{28} \approx 5{,}3$*

(4) *$h = 5{,}3$ cm*

$$h^2 = p \cdot q$$

Höhenquadrat gleich Rechteck aus den beiden Hypotenusenabschnitten

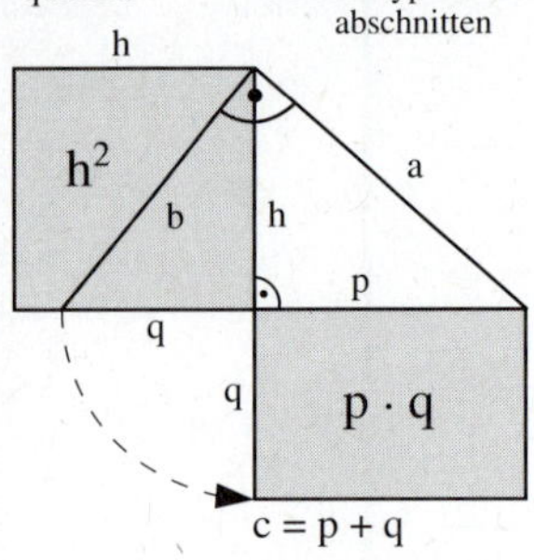

Höhe berechnen

(1)	gegeben:	$p = 3$ cm $q = 5$ cm
	gesucht:	h
(2)	Formel notieren, umstellen	$h^2 = p \cdot q$ $h = \sqrt{p \cdot q}$
(3)	Zahlenwerte einsetzen, berechnen	$h = \sqrt{3 \cdot 5}$ $h = \sqrt{15} \approx 3{,}9$
(4)	Ergebnis notieren	$h = 3{,}9$ cm

2 Berechne die fehlenden Größen für die rechtwinkligen Dreiecke.

	a)	b)	c)	• d)	• e)
Kathete a	*4,9 cm*	*6,5 cm*	*14,1 cm*	*5,5 cm*	3,2 cm
Kathete b	*6,3 cm*	*15,6 cm*	*9,7 cm*	*4,3 cm*	*6,8 cm*
Hypotenuse c	*8,0 cm*	*16,9 cm*	*17,1 cm*	7,0 cm	7,5 cm
Hypotenusenabschnitt p	3,0 cm	2,5 cm	*11,6 cm*	4,4 cm	*1,4 cm*
Hypotenusenabschnitt q	5,0 cm	*14,4 cm*	5,5 cm	*2,6 cm*	*6,1 cm*
Höhe h	*3,9 cm*	6,0 cm	8,0 cm	*3,4 cm*	*2,9 cm*

zu 2d

Kathetensatz anwenden

$a^2 = c \cdot p$
$b^2 = c \cdot q$

3 Zeichne ein Rechteck mit $p = 2{,}7$ cm und $q = 2{,}2$ cm. Konstruiere mit dem Höhensatz ein flächengleiches Quadrat.

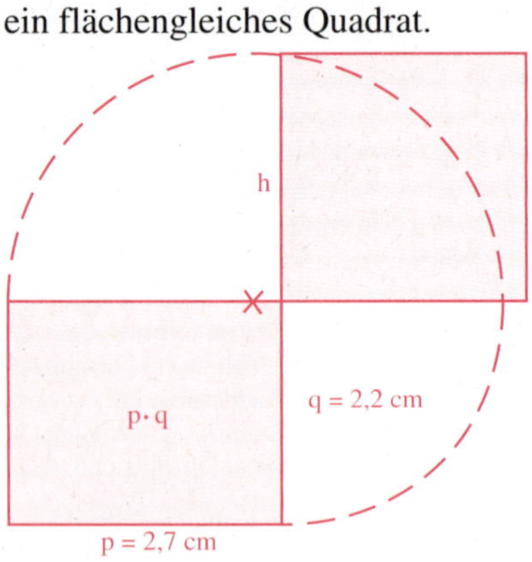

•4 Konstruiere mit dem Höhensatz eine Strecke der Länge von $\sqrt{8}$ cm.

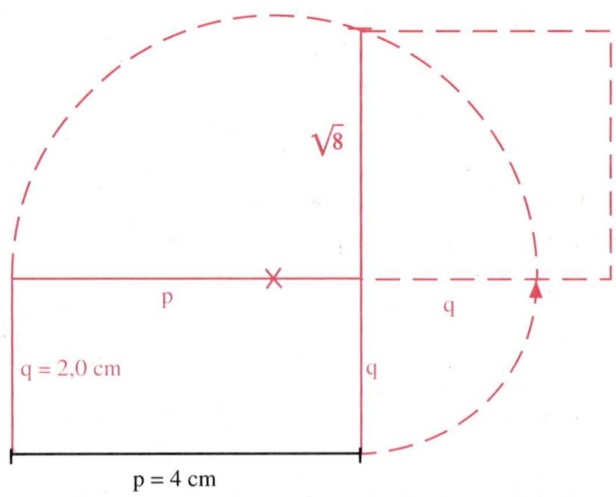

zu 3

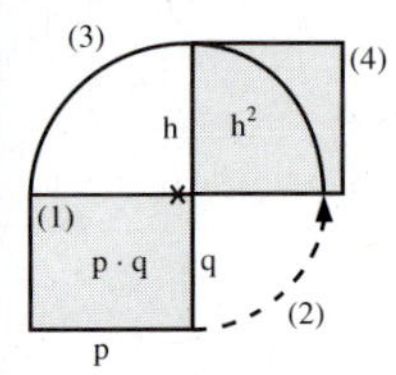

(1) Rechteck $(p \cdot q)$ zeichnen

(2) Hypotenuse c $(c = p + q)$ zeichnen

(3) Thaleskreis über der Hypotenuse zeichnen

(4) Höhe h und das Quadrat über der Höhe zeichnen

1.1 Berechne die Höhe. Gegeben:
a) $p = 3$ cm; $q = 6$ cm b) $p = 2{,}5$ cm; $q = 4{,}5$ cm
c) $p = 13$ cm; $q = 7$ cm d) $p = 75$ cm; $q = 90$ cm

2.1 Berechne die fehlenden Größen für die rechtwinkligen Dreiecke.
a) Hypotenusenabschnitt $p = 3$ cm; Höhe $h = 4$ cm
b) Hypotenusenabschnitt $q = 7$ cm; Höhe $h = 6{,}5$ cm
c) Hypotenuse $c = 8{,}3$ cm; Hypotenusenabschnitt $p = 4{,}9$ cm
d) Hypotenuse $c = 12$ cm; Hypotenusenabschnitt $q = 8{,}8$ cm

3.1 Zeichne ein Rechteck mit $p = 7$ cm und $q = 4{,}5$ cm. Konstruiere mit dem Höhensatz ein flächengleiches Quadrat.

3.2 Zeichne ein Rechteck mit dem Flächeninhalt 35 cm^2, eine Seite $a = 5$ cm. Konstruiere ein flächengleiches Quadrat.

•4.1 Konstruiere eine Strecke mit der Länge
a) $\sqrt{12}$ cm, b) $\sqrt{18}$ cm, c) $\sqrt{30}$ cm, d) $\sqrt{40}$ cm,
e) $\sqrt{50}$ cm, f) $\sqrt{20}$ cm, g) $\sqrt{24}$ cm, h) $\sqrt{27}$ cm.

DIPLOM

1

Stern: Berechne die Hypotenuse c.
Gegeben: Kathete a = 4 cm
Kathete b = 7 cm

$c = \sqrt{a^2 + b^2}$

$c = 8{,}1$ cm

Mond: Berechne die fehlende Kathete.
Gegeben: Kathete b = 13,5 cm
Hypotenuse c = 17,2 cm

$a = \sqrt{c^2 - b^2}$

$a = 10{,}7$ cm

Sonne: Berechne die fehlende Seite.

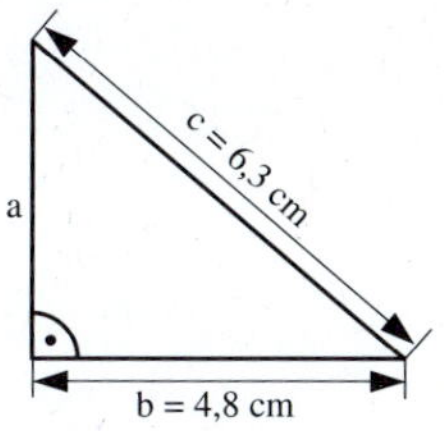

$a = \sqrt{c^2 - b^2}$

$a = 4{,}1$ cm

2

Stern: Berechne die fehlende Kathete.
Gegeben: Kathete a = 6
Hypotenuse c = 11 cm

$b = \sqrt{c^2 - a^2}$

$b = 9{,}2$ cm

Mond: Berechne die Höhe h im Dreieck.

Skizze

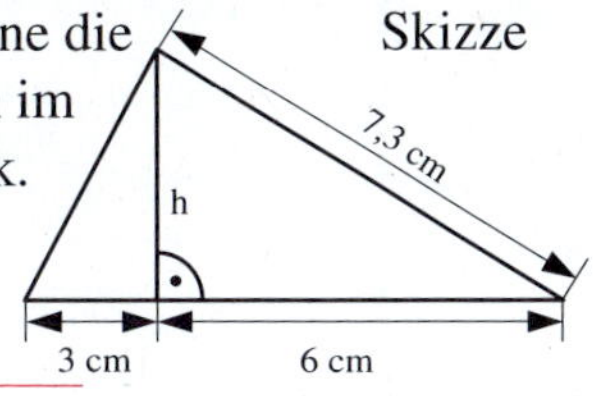

$h = \sqrt{p \cdot q}$

$h = 4{,}2$ cm

Sonne: Berechne die Höhe h im gleichseitigen Dreieck.

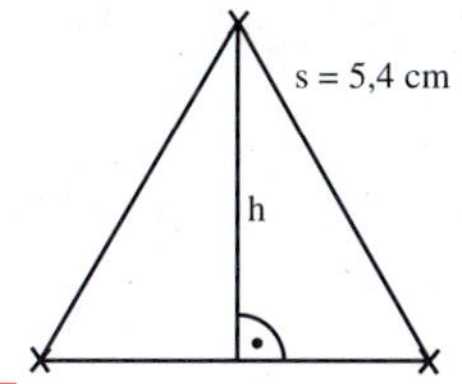

$h = \sqrt{s^2 - (\frac{s}{2})^2}$

$h = 4{,}7$ cm

3

Stern: Eine 5,00 m lange Leiter wird an eine Mauer gestellt. Sie steht unten 1,20 m von der Mauer entfernt. Wie hoch reicht die Leiter?

$a = \sqrt{c^2 - b^2}$

$a = 4{,}85$ m

Mond: Ein Fernseher hat eine 59er Bilddiagonale. Wie breit ist das Bild, wenn es 34,1 cm hoch ist?

$a = \sqrt{c^2 - b^2}$

$a = 48{,}1$ cm

Sonne: Prüfe, welche Dreiecke rechtwinklig sind.
a) (8; 15; 17)
b) (7; 24; 25)
c) (10; 24; 26)

$8^2 + 15^2 = 17^2$ rechtwinklig

$7^2 + 24^2 = 25^2$ rechtwinklig

$10^2 + 24^2 = 26^2$ rechtwinklig

4

Stern: Berechne den Hypotenusenabschnitt p mit dem Kathetensatz $a^2 = c \cdot p$.
Kathete
a = 5 cm
Hypotenuse
c = 8 cm

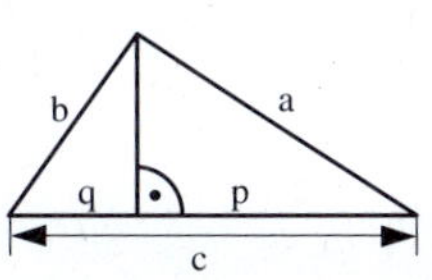

$p = \frac{a^2}{c}$

$p = 3{,}1$ cm

Mond: Gegeben: Kathete a = 4 cm, Hypotenusenabschnitt p = 3,5 cm. Berechne die Kathete b und die Hypotenuse c.

$c = \frac{a^2}{p} = 4{,}6$ cm

$b = \sqrt{c^2 - a^2}$

$b = \sqrt{4{,}6^2 - 4^2}$

$b = \sqrt{5{,}16} \approx 2{,}3$ cm

Sonne: Zeichne ein Rechteck mit a = 3 cm und b = 1,5 cm. Konstruiere ein flächengleiches Quadrat.

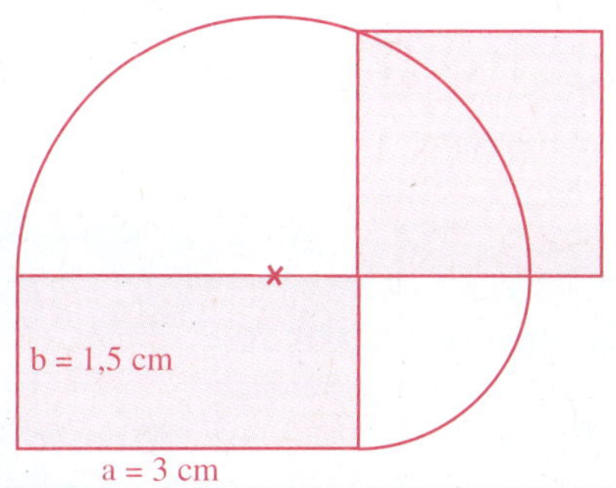

5

Stern: Berechne die Höhe h mit dem Höhensatz $h^2 = p \cdot q$.
Abschnitte
p = 5 cm,
q = 8 cm.

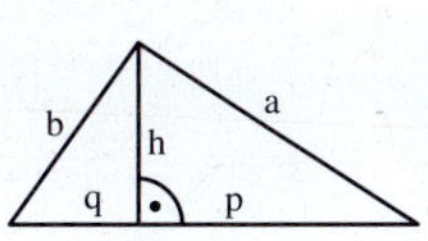

$h = \sqrt{p \cdot q}$

$h = 6{,}3$ cm

Mond: Gegeben: Hypotenuse c = 8 cm, Hypotenusenabschnitt p = 4,5 cm. Berechne die Höhe h.

$q = c - p \quad q = 3{,}5$ cm

$h = \sqrt{p \cdot q}$

$h = 4{,}0$ cm

Sonne: Konstruiere mit dem Höhensatz eine Strecke der Länge $\sqrt{3}$ cm.

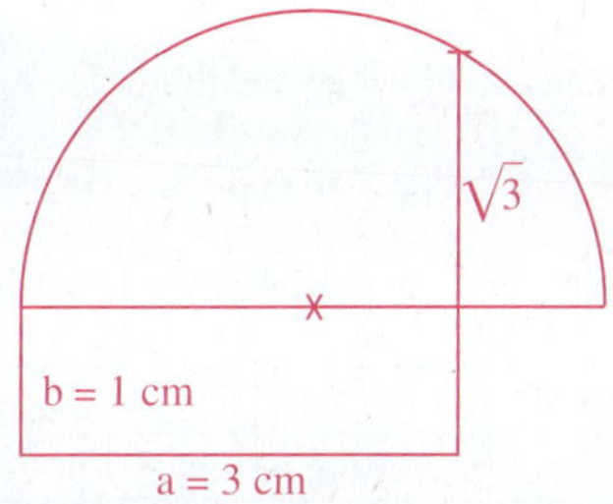

Bronze: 4 Sterne | Silber: 3 Monde, 2 Sterne | Gold: 3 Sonnen, 2 Monde

7 Zentrische Streckung

1 Kongruenzabbildungen durchführen

1 Führe eine Verschiebung durch.

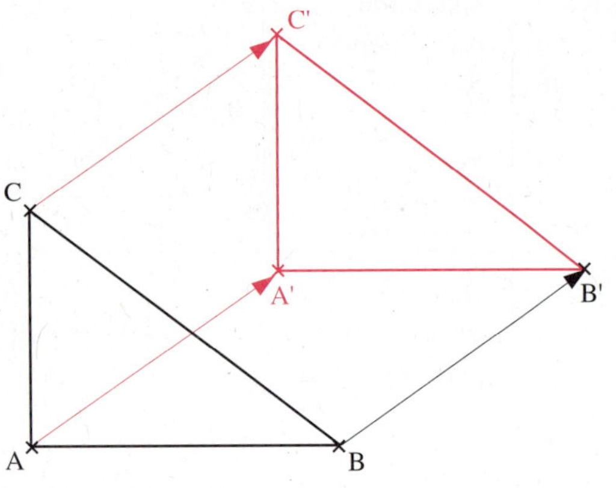

Verschiebung	**Achsenspiegelung**	**Halbdrehung** (Punktspiegelung)
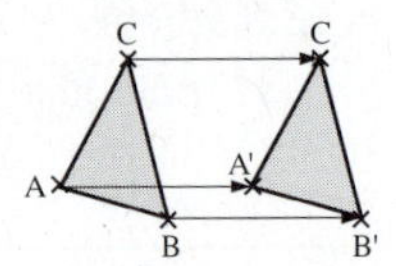	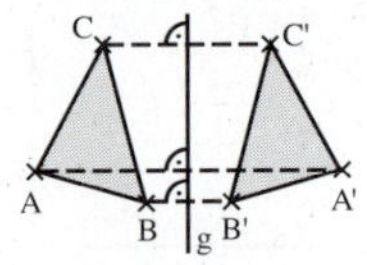	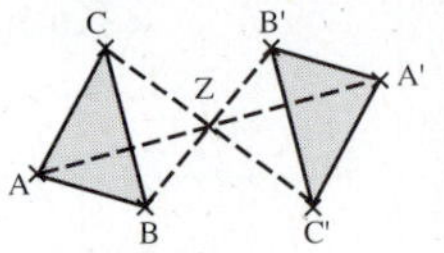
(1) Länge des Verschiebungspfeils messen (2) Durch alle Eckpunkte der Figur Parallelen gleicher Länge zeichnen (3) Bildpunkte kennzeichnen, Bildfigur zeichnen	(1) Durch die Eckpunkte der Figur Senkrechte zur Spiegelachse g zeichnen (2) Den Abstand von jedem Eckpunkt zur Achse g messen (3) Diesen Abstand auf der anderen Seite der Achse abtragen	(1) Jeden Eckpunkt der Figur mit dem Drehzentrum Z verbinden (2) Diese Strecken messen (3) Die geraden Linien über Z hinaus um die gemessene Strecke verlängern

2 Führe eine Achsenspiegelung an g durch.

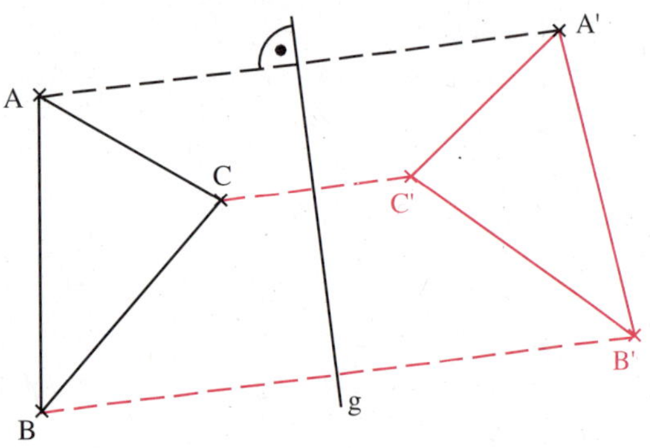

3 Führe eine Halbdrehung um Z durch.

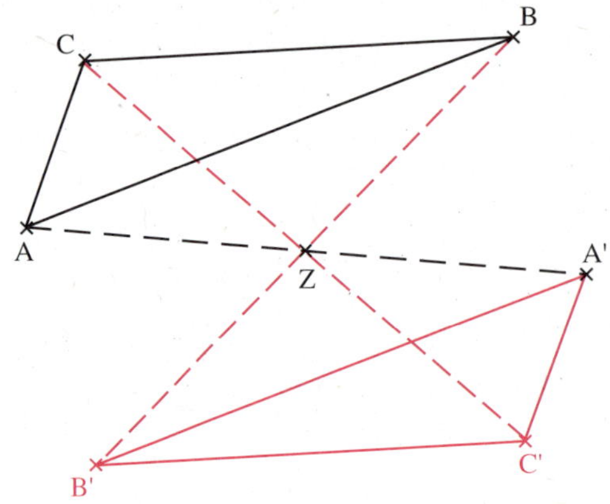

Durch Spiegelung, Verschiebung und Drehung entstehen zueinander kongruente (deckungsgleiche) Figuren.

Für Kongruenzabbildungen gilt
- Strecken und Bildstrecken sind gleich lang
- Winkel und Bildwinkel sind gleich groß

zu 4
Maßstab = $\frac{\text{Bildstrecke}}{\text{Strecke}}$

zu 5
Gleichungen lösen

$\frac{x}{3} = \frac{4}{6}$ $\quad | \cdot 3$

$x = \frac{4 \cdot 3}{6}$

$x = 2$

zu 4 und 5

4 Berechne für den Maßstab 1:25 die fehlende Größe.

	a)	b)	c)
Bildstrecke	20 mm	*2 cm*	150 m
Strecke	*500 mm*	50 cm	*3750 m*

5 Löse die Gleichung durch Äquivalenzumformungen.

a) $\frac{x}{15} = \frac{3}{5} \quad | \cdot 15$

$x = \frac{3 \cdot 15}{5}$

$x = 9$

b) $\frac{x}{7} = \frac{15}{42} \quad | \cdot 7$

$x = \frac{15 \cdot 7}{42}$

$x = 2,5$

2; 2,5; 9; 500; 3750

1.1 Zeichne Fig. 1 ab und führe eine Verschiebung durch.

2.1 Zeichne Fig. 2 ab und führe eine Achsenspiegelung an g durch.

3.1 Zeichne Fig. 3 ab und führe eine Halbdrehung um Z durch.

4.1 Berechne für den Maßstab 1:100 die fehlende Größe.

	a)	b)	c)	d)
Bildstrecke			4,5 cm	81 mm
Strecke	2500 m	30 000 m		

5.1 Berechne. a) $\frac{x}{24} = \frac{7}{96}$ b) $\frac{x}{45} = \frac{5}{18}$ c) $\frac{2}{75} = \frac{x}{25}$

Fig. 1

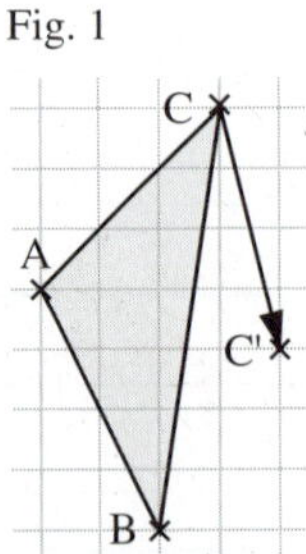

Fig. 2

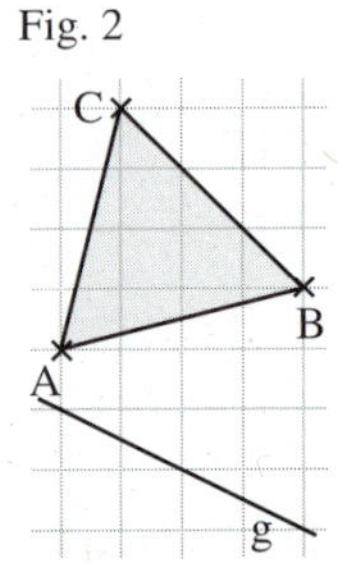

Fig. 3

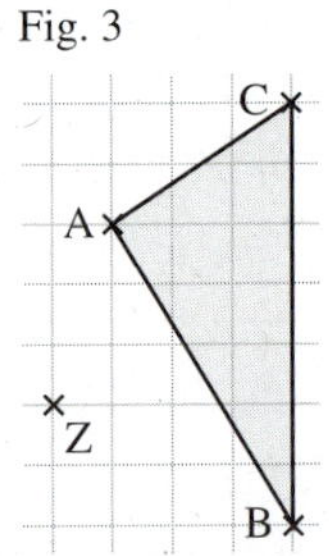

2 Figuren verkleinern und vergrößern

1 a) Übertrage die Figur ins große Karomuster.

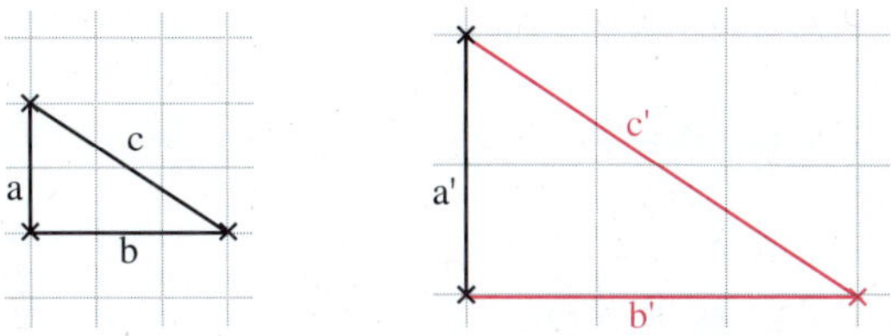

b) Miss die Seitenlängen von Figur und Bildfigur, trage sie in die Tabellen ein und bestimme den Maßstab.

a'	a
2,0 cm	*1,0 cm*

2:1

b'	b
3,0 cm	*1,5 cm*

3:1,5 = 2:1

c'	c
3,6 cm	*1,8 cm*

3,6:1,8 = 2:1

Verkleinern

Verkleinere die Figur im Maßstab 1:2.

Figur Bildfigur

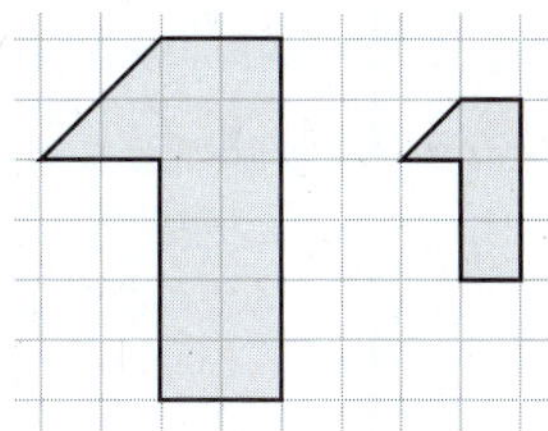

Jede Seite der Bildfigur wird um die Hälfte verkürzt gezeichnet.

Vergrößern

Vergrößere die Figur im Maßstab 2:1.

Figur Bildfigur

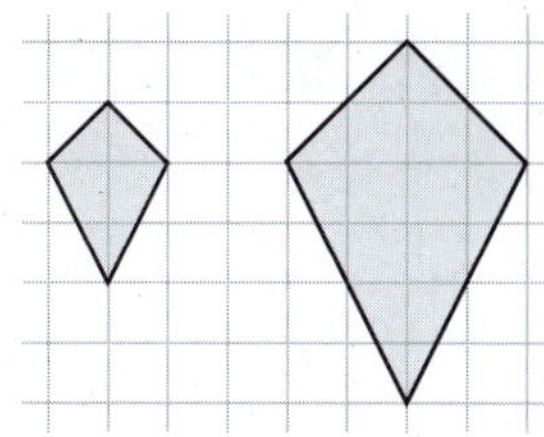

Jede Seite der Bildfigur wird um das 2fache vergrößert gezeichnet.

2 Verkleinere die Figur im Maßstab 1:2.

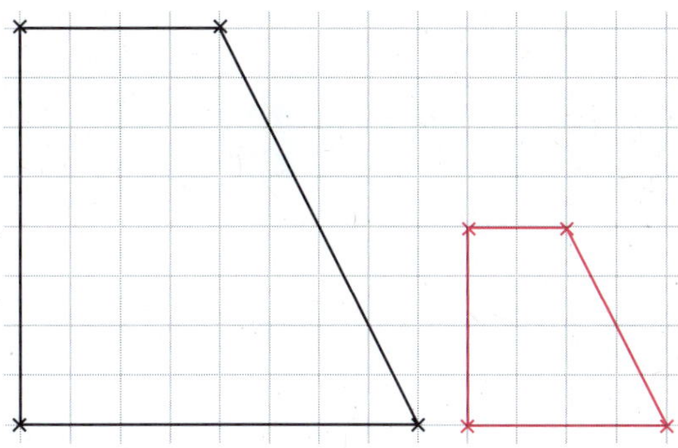

3 Vergrößere die Figur im Maßstab 3:1.

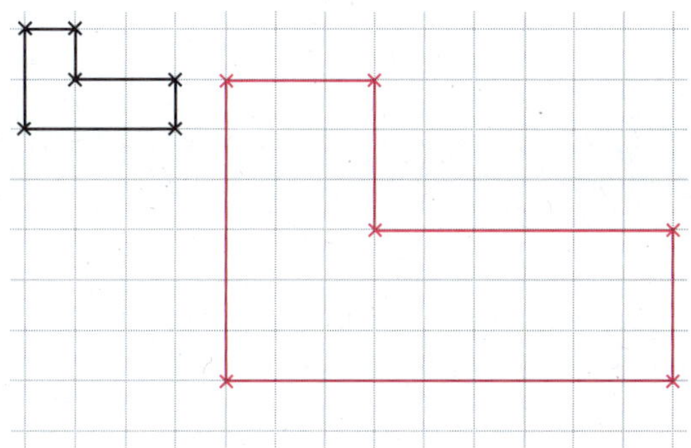

Maßstab = $\frac{\text{Bildstrecke}}{\text{Strecke}}$

1:2 $= \frac{1}{2}$

lies „1 zu 2"

4 Figur 1 soll vergrößert werden.

a) Notiere die Länge der Strecken $\overline{A'B'}$ und $\overline{AB}$.

$\overline{A'B'}$ = *6,0 cm* $\overline{AB}$ = *2,5 cm*

b) Bestimme den Maßstab.

6,0 : 2,5 = 2,4 = 2,4 : 1

c) Zeichne die Vergrößerung von Figur 1 zu Ende.

Fig. 1

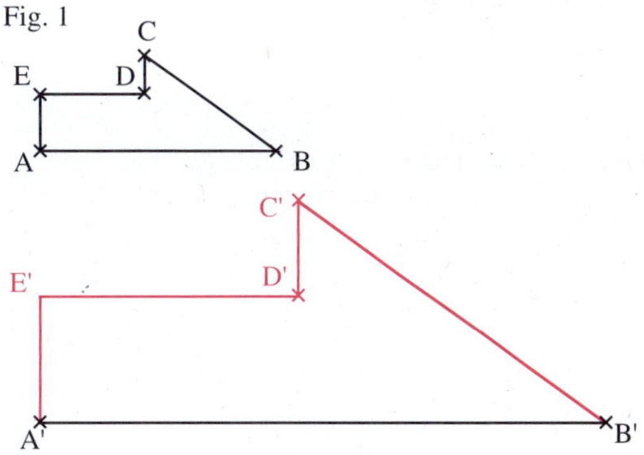

2.1 Verkleinere die Figur 2 im Maßstab 1:2.

3.1 Vergrößere die Figur 2 im Maßstab 4:1.

4.1 Figur 3 soll vergrößert werden.
a) Zeichne Figur 3 ab.
b) Notiere die Längen der Strecken $\overline{D'E'}$ und $\overline{DE}$.
c) Bestimme den Maßstab.
d) Zeichne die Vergrößerung von Fig. 3 zu Ende.

Fig. 2

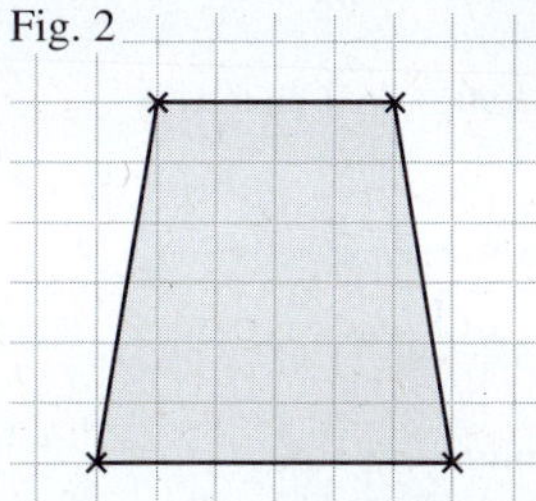

Fig. 3

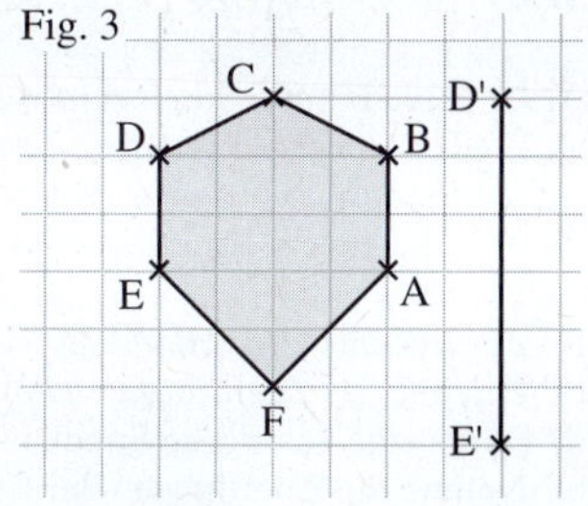

3 Zentrische Streckungen durchführen

1 Bilde die Figur durch zentrische Streckung von Z mit k = 2 ab.

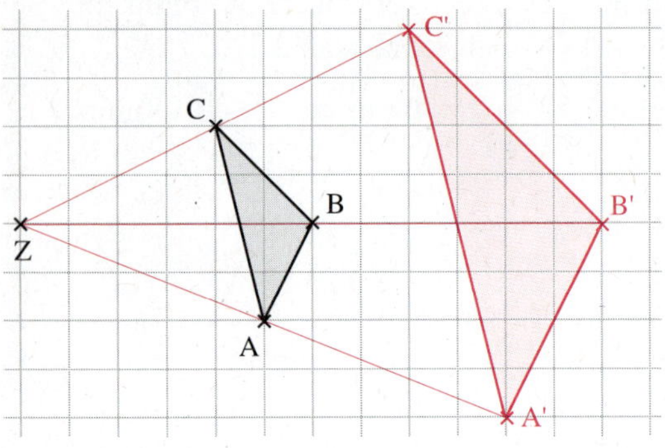

Bilde die Figur durch **zentrische Streckung** mit k = 2 ab.

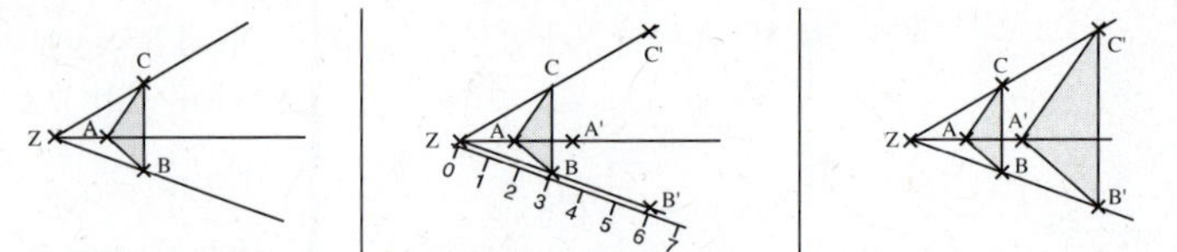

(1) Von Z aus Halbgeraden durch die Punkte A, B, C zeichnen

(2) Den Abstand jedes Punktes vom Zentrum Z messen und mit k = 2 multiplizieren

(3) Diesen Abstand von Z aus abtragen und die Bildpunkte markieren

(4) Bildfigur zeichnen

2 Bilde die Figur durch zentrische Streckung von Z mit k = 3 ab.

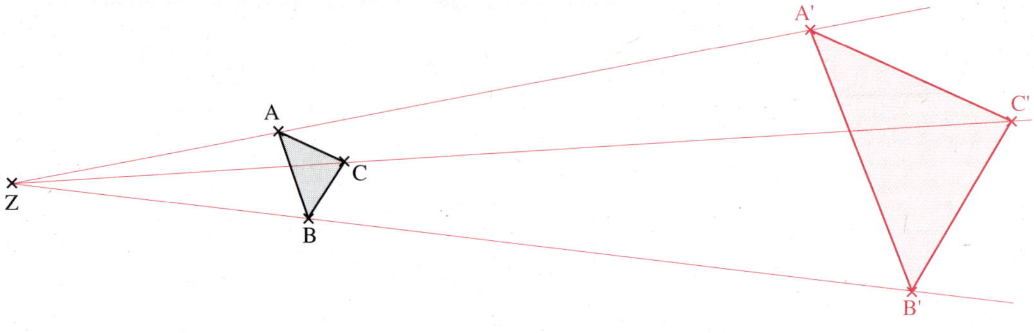

Streckfaktor k

k > 1
Vergrößerung

0 < k < 1
Verkleinerung

3 Bilde die Figur ABCD durch zentrische Streckung von Z ab.

a) k = 2,5 b) k = −1,5

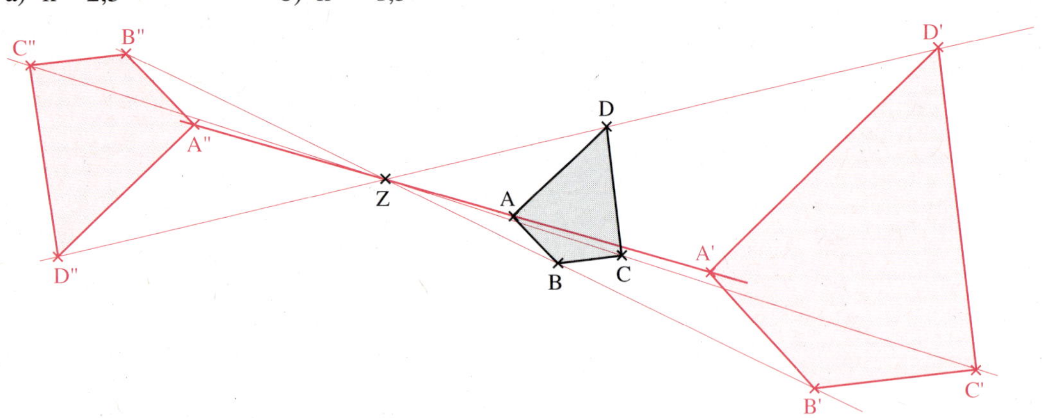

Zentrische Streckung mit negativem Streckfaktor k = −1

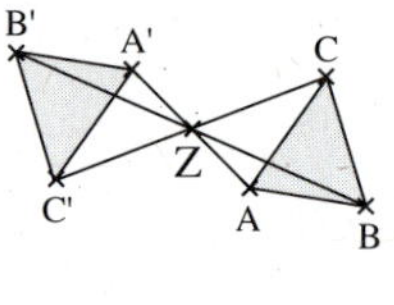

1.1 Bilde Figur 1 durch zentrische Streckung von Z ab mit
a) k = 2 b) k = 2,5 c) k = 3 d) k = 3,5

3.1 Bilde Figur 2 durch zentrische Streckung von Z ab mit
a) k = 0,5 b) k = 1,5 c) k = −1,5 d) $k = -\frac{1}{2}$

4 a) Zeichne ein Koordinatensystem, die Achsen jeweils von −8 bis +8.
b) Zeichne das Dreieck mit A(−4,5 | 0,5), B(−4 | −1), C(−3 | 1,5).
c) Zeichne das Zentrum Z(−8 | 0).
d) Führe eine zentrische Streckung von Z mit k = 3 aus.
e) Notiere die Koordinaten der Bildpunkte A', B' und C'.

Fig. 1

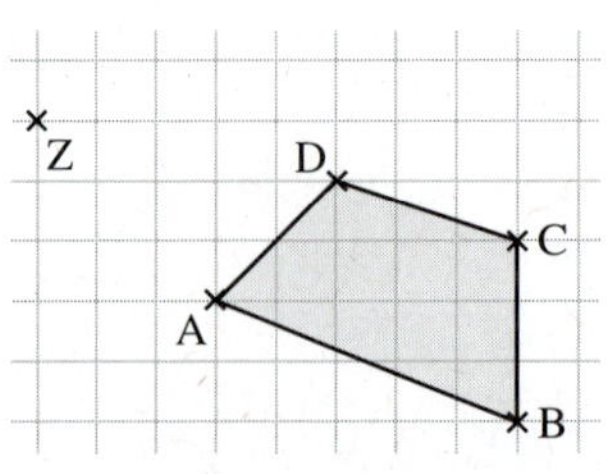

Fig. 2

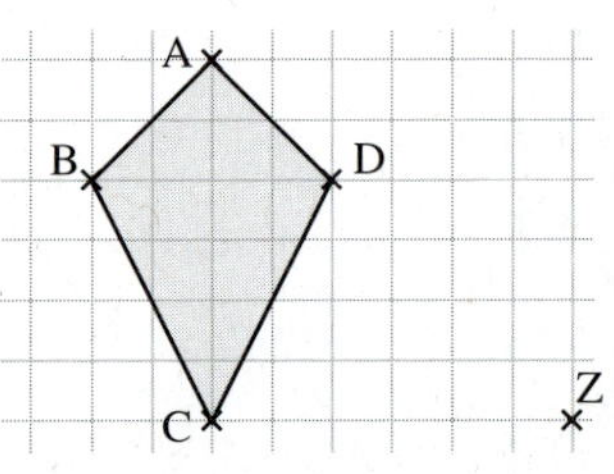

4 Eigenschaften von zentrischen Streckungen

1 Konstruiere das Bilddreieck der zentrischen Streckung, zeichne nur die entsprechenden parallelen Dreiecksseiten.

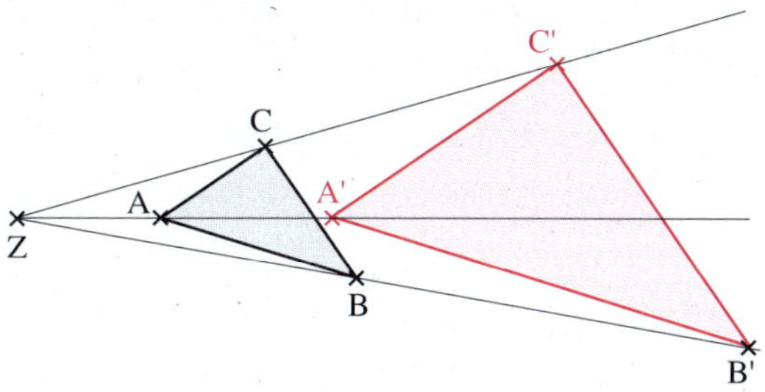

Eigenschaften von zentrischen Streckungen

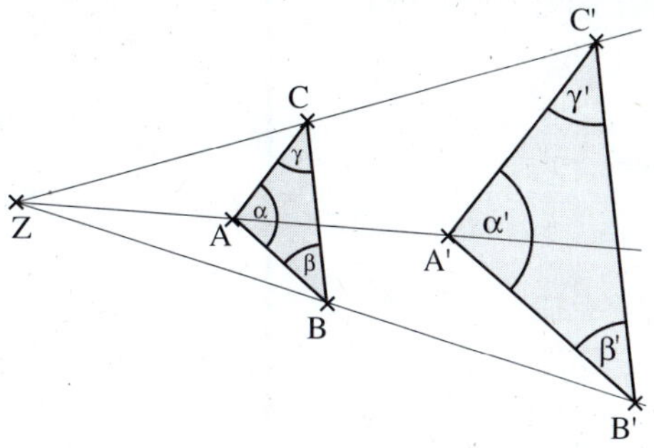

Strecke und Bildstrecke sind zueinander parallel.

Winkel und Bildwinkel sind gleich groß.

Streckenlängen werden mit k multipliziert

z. B. $\overline{ZA} \cdot k = \overline{ZA'}$

$\overline{AB} \cdot k = \overline{A'B'}$

Denke an die Eigenschaften der zentrischen Streckung.

2 Konstruiere das Bilddreieck der zentrischen Streckung nur durch Zeichnen der entsprechenden gleich großen Winkel.

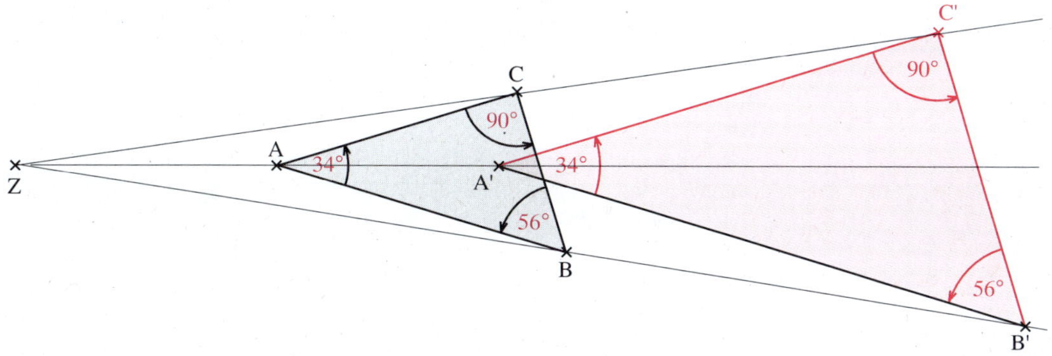

3 Konstruiere die Bildfigur der zentrischen Streckung mit dem Streckfaktor k = 2,1.

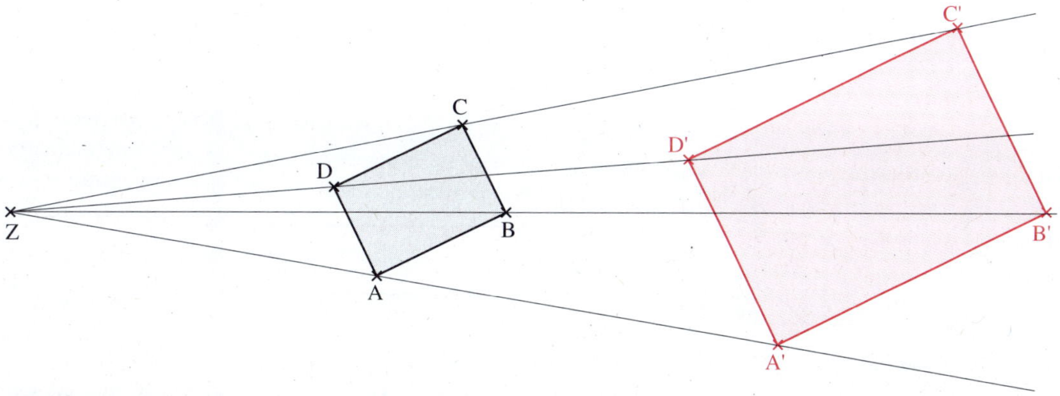

1.1 Übertrage die Figuren 1 und 2 auf Karopapier und konstruiere die Bildfiguren der zentrischen Streckung. Zeichne nur die entsprechenden parallelen Seiten.

2.1 Übertrage die Figuren 1 und 2 auf Karopapier und konstruiere die Bildfiguren der zentrischen Streckung. Zeichne nur die entsprechenden gleich großen Winkel.

3.1 Übertrage die Figuren 1 und 2 auf Karopapier und konstruiere die Bildfiguren der zentrischen Streckung mit k = 2,5.

Fig. 1

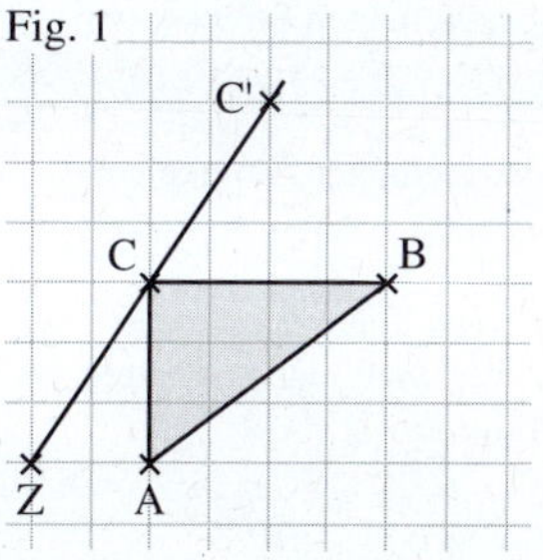

Fig. 2

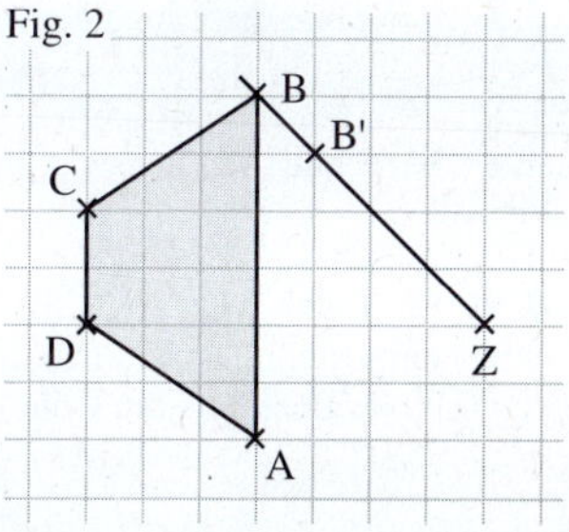

5 *Erster Strahlensatz*

1 Notiere die fehlende Strecke.

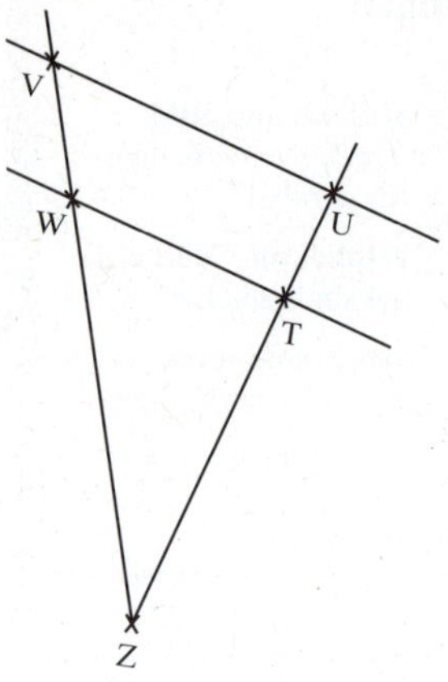

a) $\frac{\overline{ZV}}{\overline{ZW}} = \frac{\overline{ZU}}{\overline{ZT}}$

b) $\frac{\overline{ZU}}{\overline{ZT}} = \frac{\overline{ZV}}{\overline{ZW}}$

c) $\frac{\overline{ZW}}{\overline{ZV}} = \frac{\overline{ZT}}{\overline{ZU}}$

d) $\frac{\overline{ZT}}{\overline{ZU}} = \frac{\overline{ZW}}{\overline{ZV}}$

Erster Strahlensatz

Das Streckenverhältnis auf dem einen Strahl ist genau so groß wie das Streckenverhältnis auf dem anderen Strahl.

Skizze

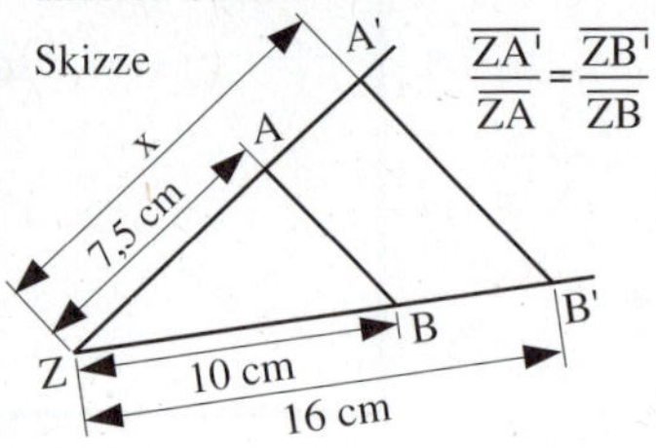

$\frac{\overline{ZA'}}{\overline{ZA}} = \frac{\overline{ZB'}}{\overline{ZB}}$

Berechne die Länge der mit x bezeichneten Strecke.

(1) Verhältnisgleichung notieren $\frac{x}{7,5} = \frac{16}{10}$

(2) Gleichung umformen und berechnen $x = \frac{16}{10} \cdot 7,5$

(3) Antwort notieren $x = 12$ cm

2 Berechne die Länge der mit x bezeichneten Strecke.

a) Skizze

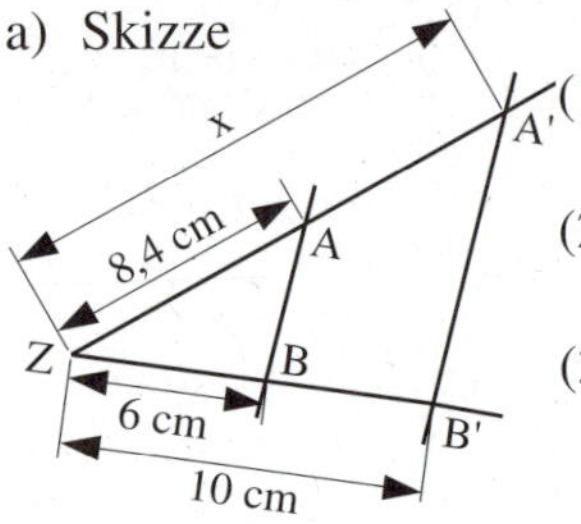

(1) $\frac{x}{8,4} = \frac{10}{6}$

(2) $x = \frac{10 \cdot 8,4}{6}$

(3) $x = 14$ cm

b) Skizze

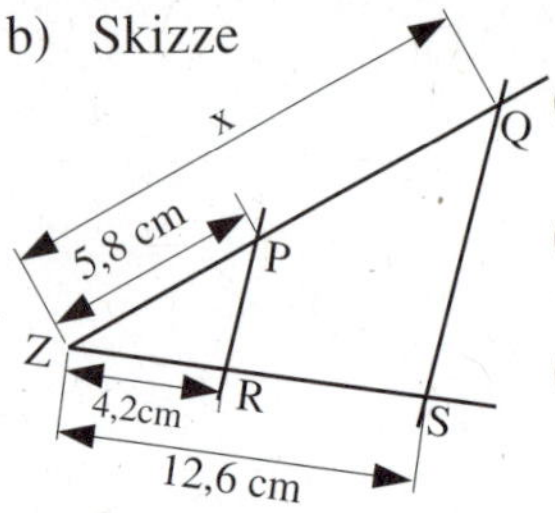

(1) $\frac{x}{5,8} = \frac{12,6}{4,2}$

(2) $x = \frac{12,6 \cdot 5,8}{4,2}$

(3) $x = 17,4$ cm

3 Berechne die Länge der mit x bezeichneten Strecke.

a) Skizze

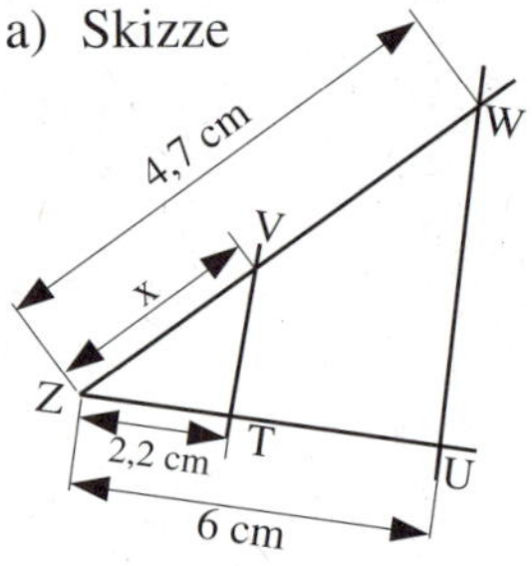

(1) $\frac{x}{4,7} = \frac{2,2}{6}$

(2) $x = \frac{2,2 \cdot 4,7}{6}$

(3) $x \approx 1,7$ cm

b) Skizze

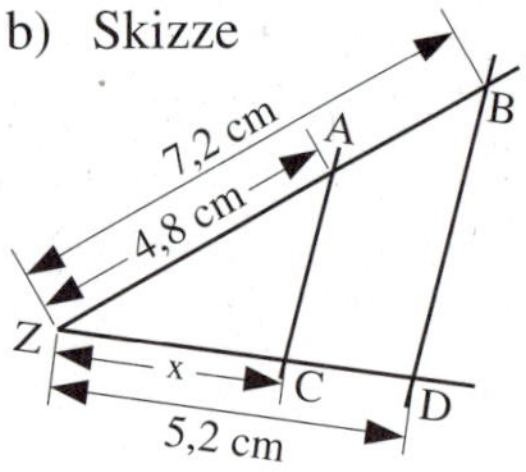

(1) $\frac{x}{5,2} = \frac{4,8}{7,2}$

(2) $x = \frac{4,8 \cdot 5,2}{7,2}$

(3) $x \approx 3,5$ cm

zu 3

Runde sinnvoll!

4 Ein Baum wirft einen 6 m langen Schatten. Eine daneben aufgestellte 3 m lange Holzlatte wirft einen Schatten von 1,25 m. Berechne die Höhe des Baumes.

Skizze

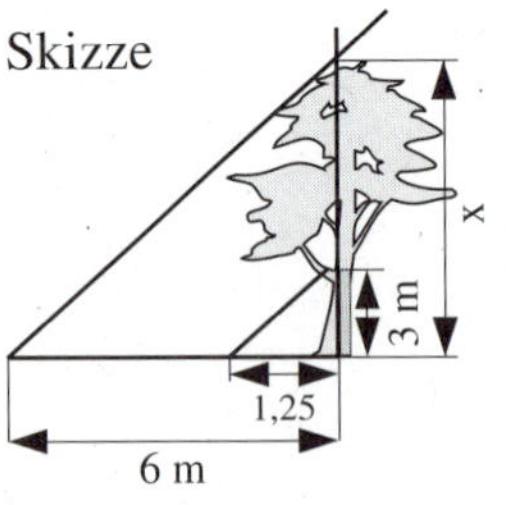

(1) $\frac{x}{3} = \frac{6}{1,25}$

(2) $x = \frac{6 \cdot 3}{1,25}$

(3) $x = 14,4$ m

1,7; 3,5; 14; 14,4; 17,4

zu 2 bis 4

2.1 Berechne die Länge der mit x bezeichneten Strecke von Figur 1.

3.1 Berechne die Länge der mit x bezeichneten Strecke von Figur 2.

4.1 Ein Baum wirft einen 6,45 m langen Schatten. Eine daneben aufgestellte 2,50 m lange Holzlatte wirft einen Schatten von 0,90 m. Berechne die Höhe des Baumes.

Fig. 1 Skizze

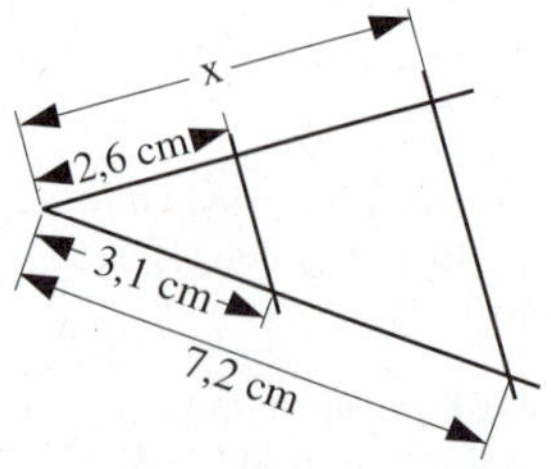

Fig. 2 Skizze

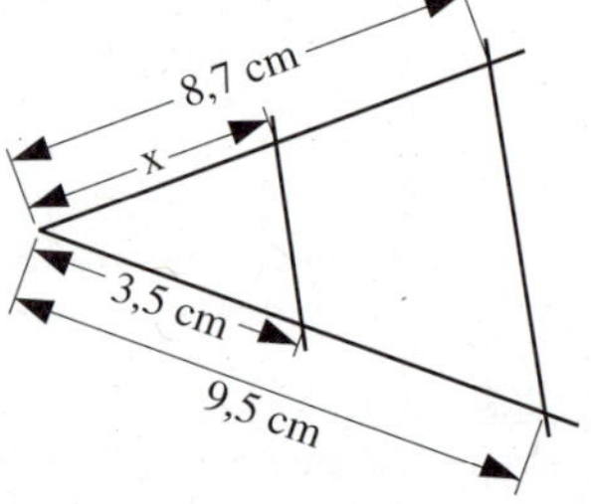

6 Zweiter Strahlensatz

1 Notiere die fehlende Strecke.

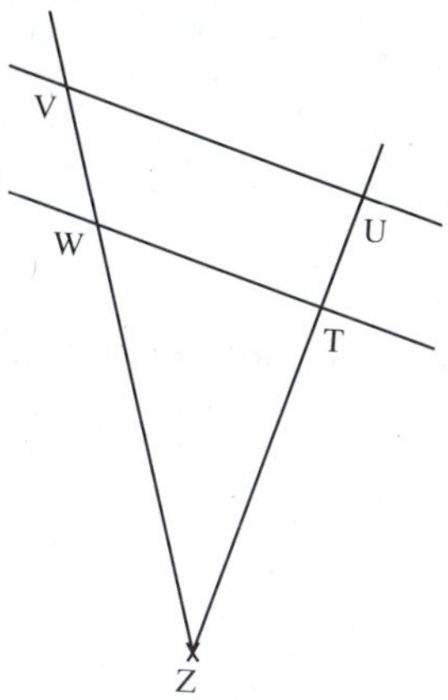

a) $\frac{\overline{ZU}}{\overline{ZT}} = \frac{\overline{UV}}{\overline{TW}}$

b) $\frac{\overline{ZV}}{\overline{ZW}} = \frac{\overline{UV}}{\overline{TW}}$

c) $\frac{\overline{TW}}{\overline{UV}} = \frac{\overline{ZT}}{\overline{ZU}}$

d) $\frac{\overline{ZW}}{\overline{ZV}} = \frac{\overline{TW}}{\overline{UV}}$

Zweiter Strahlensatz

Das Streckenverhältnis auf dem einen Strahl ist genau so groß wie das Streckenverhältnis der beiden Parallelen zueinander.

Skizze

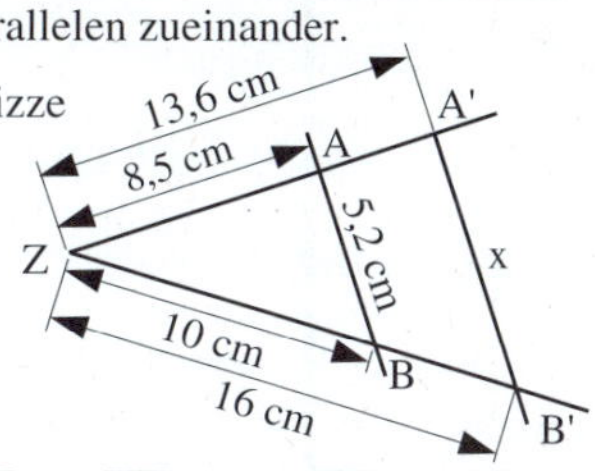

$\frac{\overline{ZA'}}{\overline{ZA}} = \frac{\overline{A'B'}}{\overline{AB}}$ und $\frac{\overline{ZB'}}{\overline{ZB}} = \frac{\overline{A'B'}}{\overline{AB}}$

Berechne die Länge der mit x bezeichneten Strecke.

(1) Verhältnisgleichung notieren $\frac{x}{5,2} = \frac{13,6}{8,5}$

(2) Gleichung umformen und berechnen $x = \frac{13,6}{8,5} \cdot 5,2$

(3) Antwort notieren $x \approx 8,3$ cm

2 Berechne die Länge der mit x bezeichneten Strecke.

a) Skizze

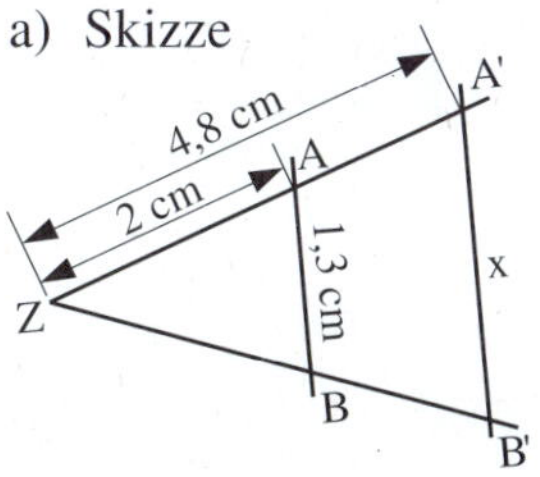

(1) $\frac{x}{1,3} = \frac{4,8}{2}$

(2) $x = \frac{4,8 \cdot 1,3}{2}$

(3) $x \approx 3,1$ cm

b) Skizze

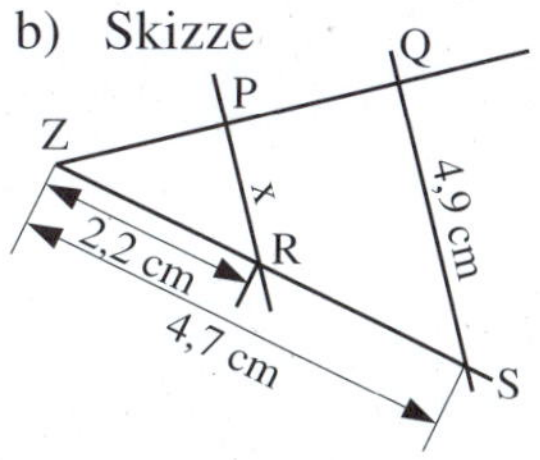

(1) $\frac{x}{4,9} = \frac{2,2}{4,7}$

(2) $x = \frac{2,2 \cdot 4,9}{4,7}$

(3) $x \approx 2,3$ cm

Runde sinnvoll!

3 Berechne die Länge der mit x bezeichneten Strecke.

a) Skizze

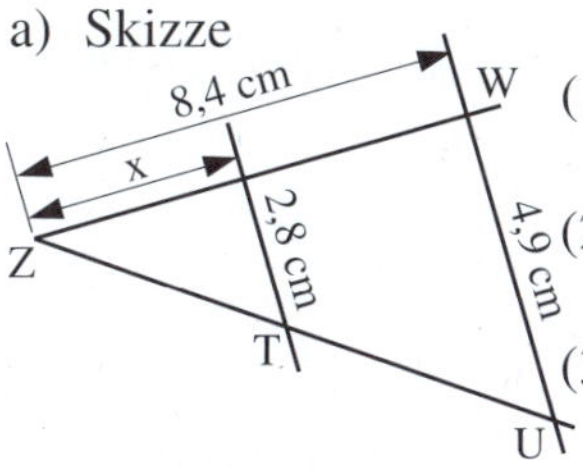

(1) $\frac{x}{8,4} = \frac{2,8}{4,9}$

(2) $x = \frac{2,8 \cdot 8,4}{4,9}$

(3) $x = 4,8$ cm

b) Skizze

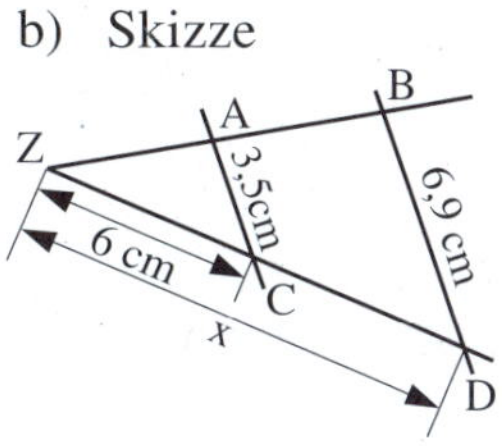

(1) $\frac{x}{6} = \frac{6,9}{3,5}$

(2) $x = \frac{6,9 \cdot 6}{3,5}$

(3) $x \approx 11,8$ cm

4 Eine Rampe wird gebaut. Bei einer Länge der Schrägen von 50 m wird eine Höhe von 6 m erreicht. Welche Höhe h hat die Rampe nach 15 m?

Skizze

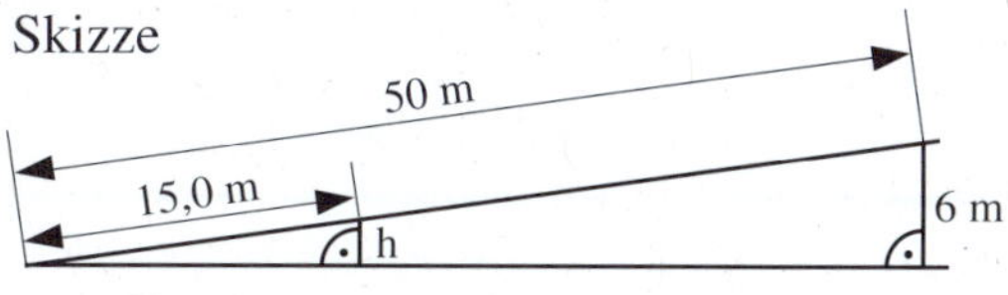

(1) $\frac{h}{6} = \frac{15}{50}$

(2) $h = \frac{15 \cdot 6}{50}$

(3) $h = 1,80$ m

1,8; 2,3; 3,1; 4,8; 11,8

zu 2 bis 4

2.1 Berechne die Länge der mit x bezeichneten Strecke von Figur 1.

3.1 Berechne die Länge der mit x bezeichneten Strecke von Figur 2.

4.1 Eine Rampe wird gebaut. Bei einer Länge der Schrägen von 45,00 m wird eine Höhe von 5,50 m erreicht. Welche Höhe h hat die Rampe nach 13,00 m?

Fig. 1 Skizze

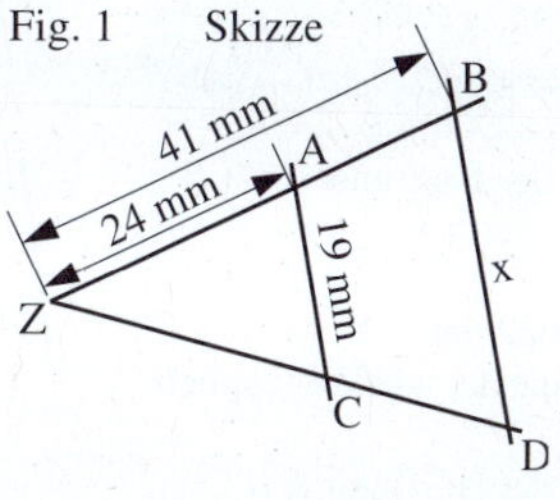

Fig. 2 Skizze

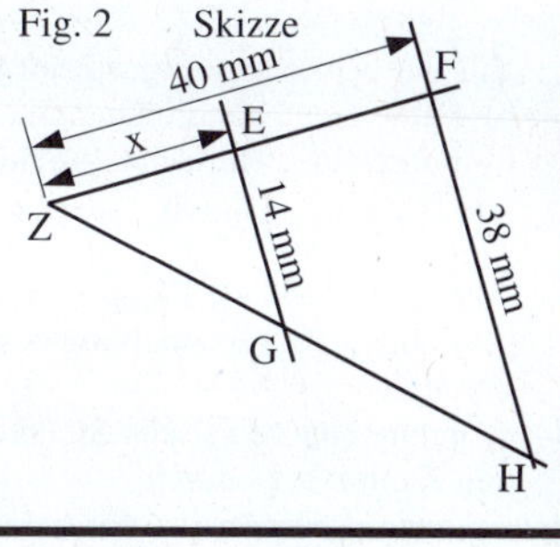

7 *Ähnlichkeitsabbildungen durchführen*

1 a) Spiegele das Dreieck ABC an der Geraden g.

b) Führe eine zentrische Streckung des Dreiecks A'B'C' von Z mit k = 2 durch.

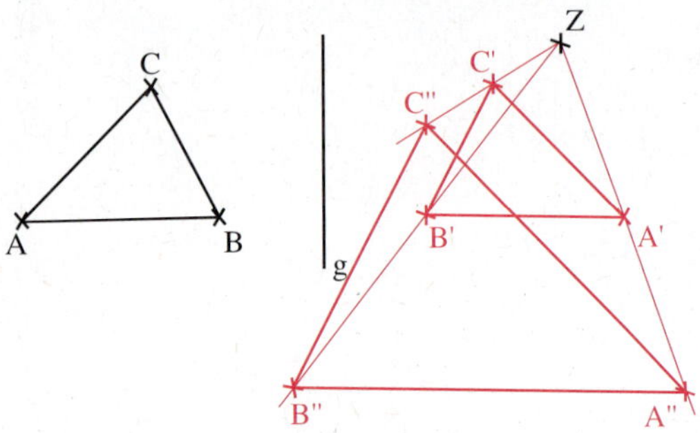

Werden eine Kongruenzabbildung (Spiegelung, Drehung, Verschiebung) und eine zentrische Streckung nacheinander ausgeführt, nennt man sie **Ähnlichkeitsabbildung**.

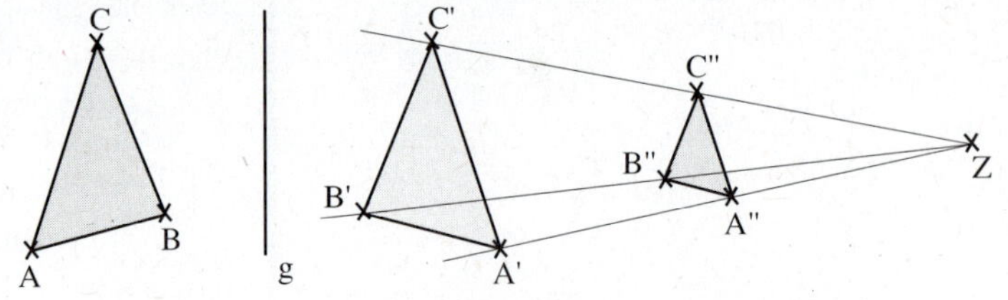

(1) Spiegele die Figur ABC an der Geraden g

(2) Führe eine zentrische Streckung der Figur A'B'C' von Z mit dem Streckfaktor $k = \frac{1}{2}$ durch

2 a) Führe eine Halbdrehung des Dreiecks ABC um A durch.
b) Führe eine zentrische Streckung des Dreiecks A'B'C' von Z mit k = 1,3 durch.

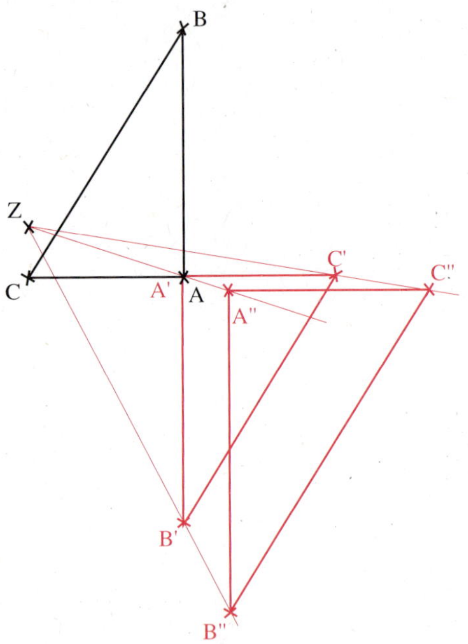

3 a) Führe eine Verschiebung des Quadrates ABCD durch.
b) Führe eine zentrische Streckung des Quadrates A'B'C'D' von D mit k = 1,5 durch.

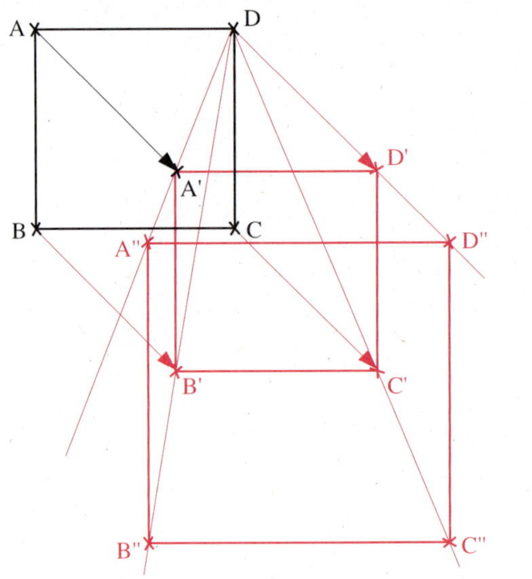

Kongruenzabbildungen
- Spiegelung
- Verschiebung
- Drehung

zu 2

Halbdrehung
Drehung um 180°

Figuren, die **kongruent** zueinander sind, sind **deckungsgleich.**

1.1 a) Übertrage Figur 1 auf Karopapier.
b) Spiegele das Dreieck an der Geraden g.
c) Führe eine zentrische Streckung der Bildfigur A'B'C' von Z mit k = 2,5 durch.

2.1 a) Übertrage Figur 2 auf Karopapier.
b) Führe eine Halbdrehung des Dreiecks um B durch.
c) Führe eine zentrische Streckung der Bildfigur A'B'C' von A mit k = 3 durch.

3.1 a) Übertrage Figur 3 auf Karopapier.
b) Führe eine Verschiebung des Dreiecks wie vorgegeben durch.
c) Führe eine zentrische Streckung der Bildfigur A'B'C' von Z mit $k = 1\frac{1}{2}$ durch.

Fig. 1

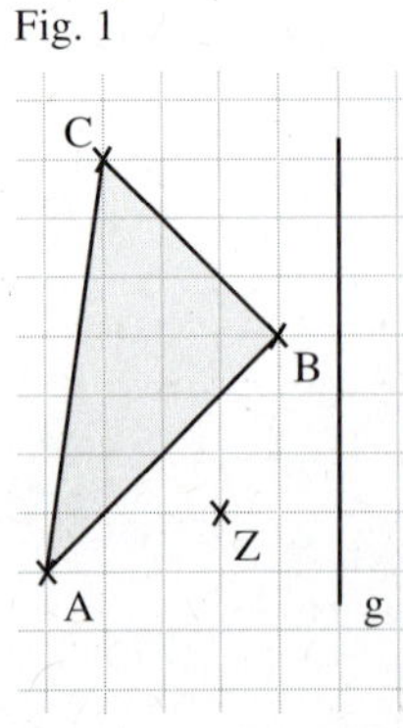

Fig. 2

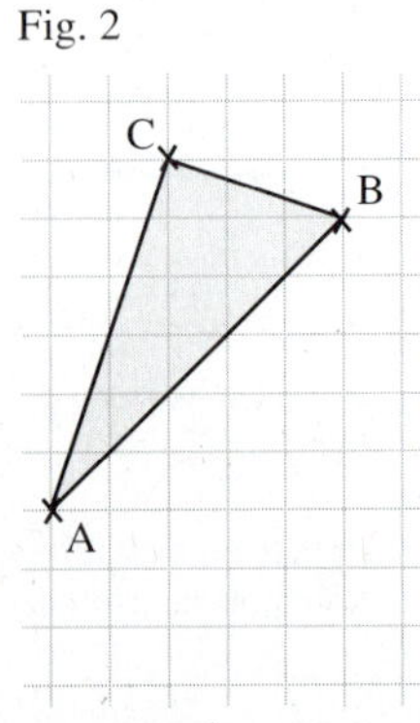

Fig. 3

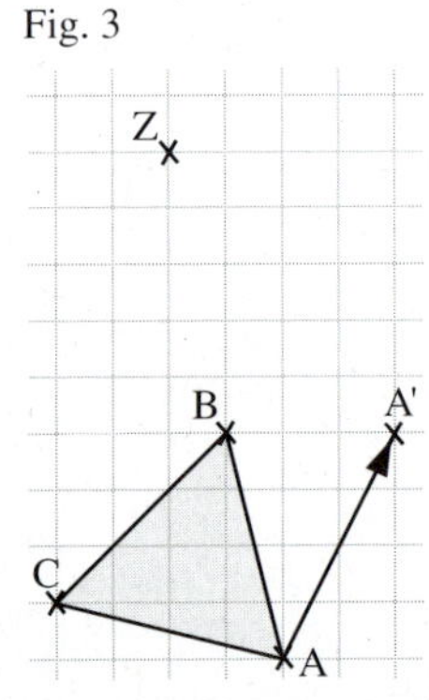

8 Ähnliche Figuren konstruieren

1 Konstruiere zum Dreieck ABC eine ähnliche Figur nur durch Zeichnen der entsprechenden gleich großen Winkel.

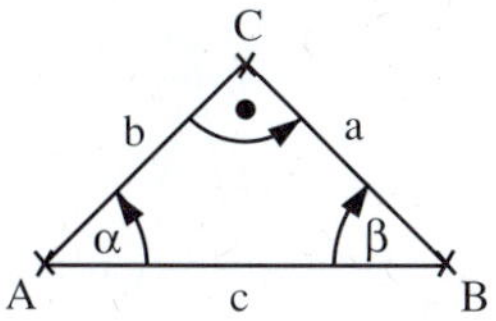

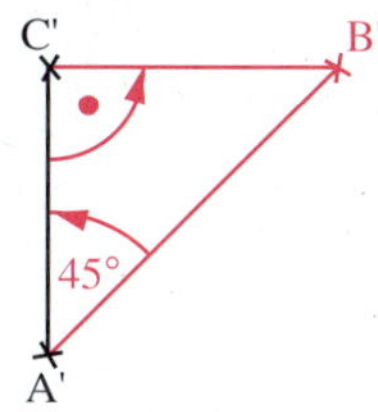

Ähnliche Figuren

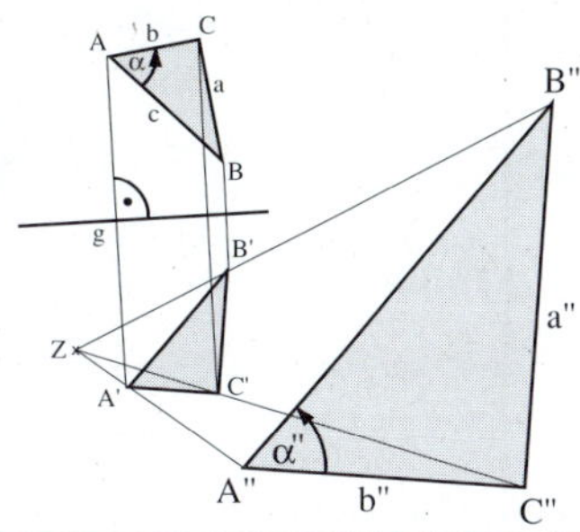

Figuren sind zueinander ähnlich, wenn

- entsprechende **Winkel** gleich groß sind
  z. B.: $\alpha = \alpha''$, $\beta = \beta''$, $\gamma = \gamma''$.
- entsprechende **Längenverhältnisse** gleich sind
  z. B. $\frac{a}{b} = \frac{a''}{b''}$ $\frac{a}{c} = \frac{a''}{c''}$ $\frac{b}{c} = \frac{b''}{c''}$

Dreieck ABC ist zu A"B"C" **ähnlich**.

2 Konstruiere zum Viereck ABCD eine ähnliche Figur nur durch Zeichnen der entsprechenden Seitenlängen.

a) Miss die gegebenen Seitenlängen.

b) Berechne die Länge der Seite b'.

$\frac{b'}{c'} = \frac{b}{c}$

$b' = \frac{b \cdot c'}{c} = \frac{1,9 \cdot 2,3}{1,5}$

$b' \approx 2,9$ cm

c) Berechne die Länge der Seite a'.

$\frac{a'}{c'} = \frac{a}{c}$

$a' = \frac{a \cdot c'}{c} = \frac{2,6 \cdot 2,3}{1,5}$

$a' \approx 4,0$ cm

d) Zeichne eine ähnliche Figur.

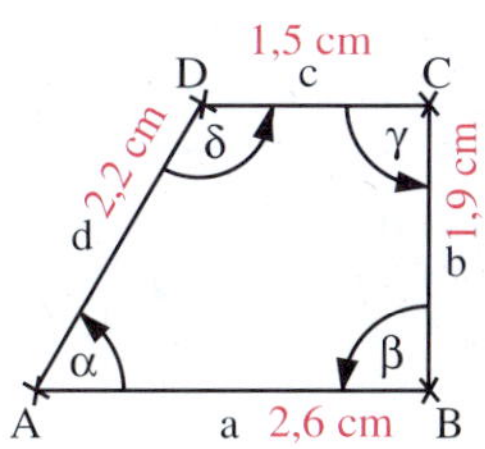

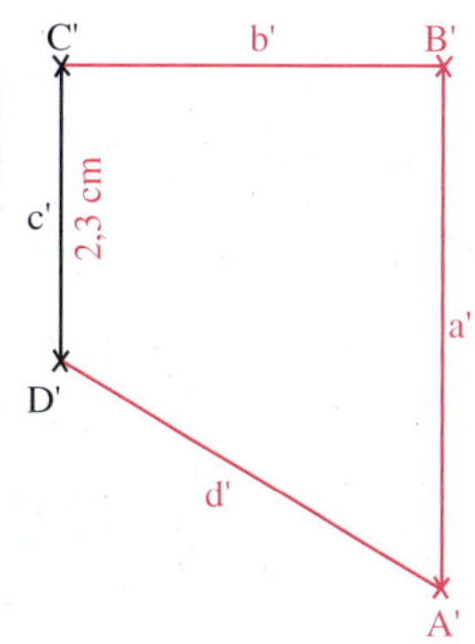

3 Welche Dreiecke sind ähnlich zueinander? Fülle die Tabellen aus.

a) Miss in jedem Dreieck die Seitenlängen und berechne alle Längenverhältnisse.

b) Miss die Größe der Winkel.

Dreieck I

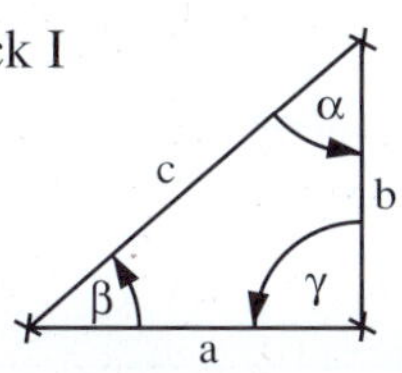

$\frac{a}{b}$	$\frac{a}{c}$	$\frac{b}{c}$
≈ 1,2	*≈ 0,8*	*≈ 0,6*
α	β	γ
49°	*41°*	*90°*

Dreieck II

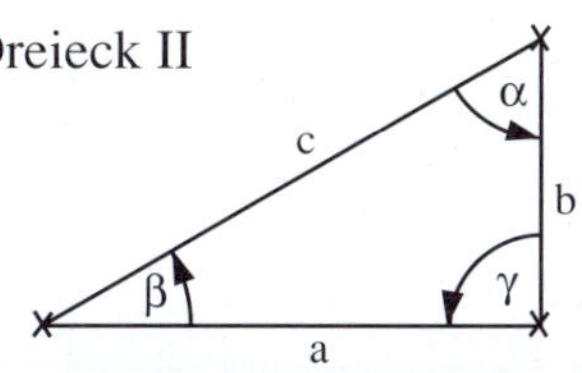

$\frac{a}{b}$	$\frac{a}{c}$	$\frac{b}{c}$
≈ 1,7	*≈ 0,9*	*≈ 0,5*
α	β	γ
60°	*30°*	*90°*

Dreieck III

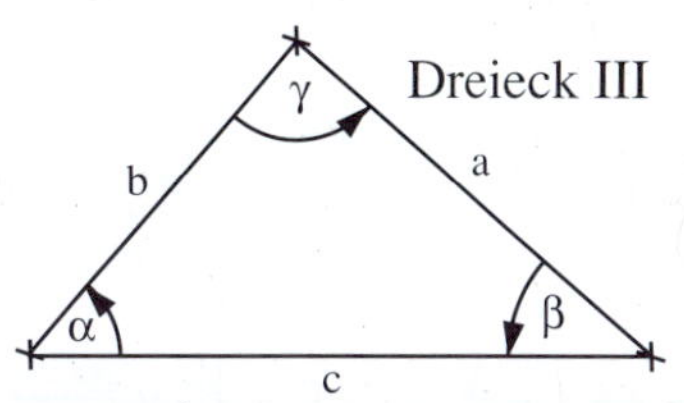

$\frac{a}{b}$	$\frac{a}{c}$	$\frac{b}{c}$
≈ 1,2	*≈ 0,8*	*≈ 0,6*
α	β	γ
49°	*41°*	*90°*

Zum Winkelmessen die Schenkel verlängern.

Runde die Längenverhältnisse.

c) Notiere, welche Dreiecke zueinander ähnlich sind.

Die Dreiecke *I* und *III* sind zueinander ähnlich.

1.1 Konstruiere zum Dreieck ABC (Fig. 1) ein ähnliches Dreieck nur durch Zeichnen der entsprechenden gleich großen Winkel.

2.1 Konstruiere zum Dreieck ABC (Fig. 2) ein ähnliches Dreieck nur durch Zeichnen der entsprechenden Seitenlängen.
a) Miss die gegebenen Seitenlängen und berechne die Länge der Seiten a' und c'.
b) Konstruiere eine ähnliche Figur.

Fig. 1

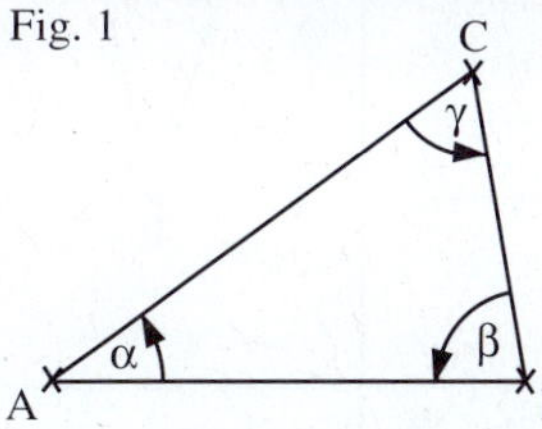

Fig. 2

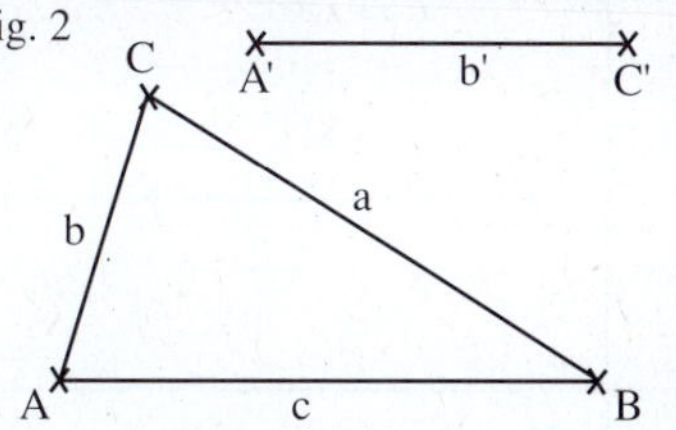

DIPLOM

	☆	☾	☀

1

Bilde die Figur durch zentrische Streckung mit k = 2 ab.

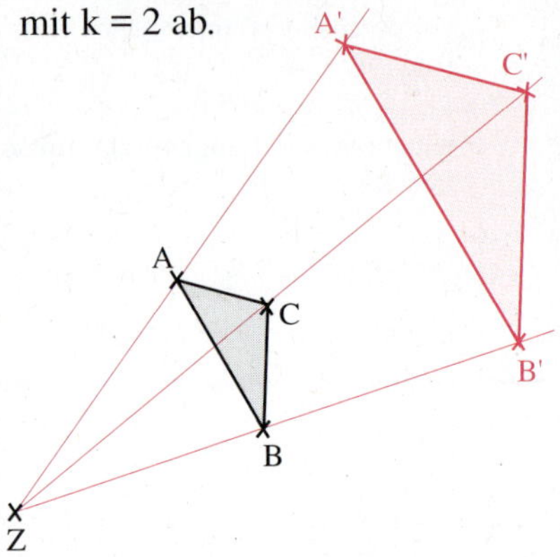

Bilde die Figur durch zentrische Streckung mit k = 0,75 ab.

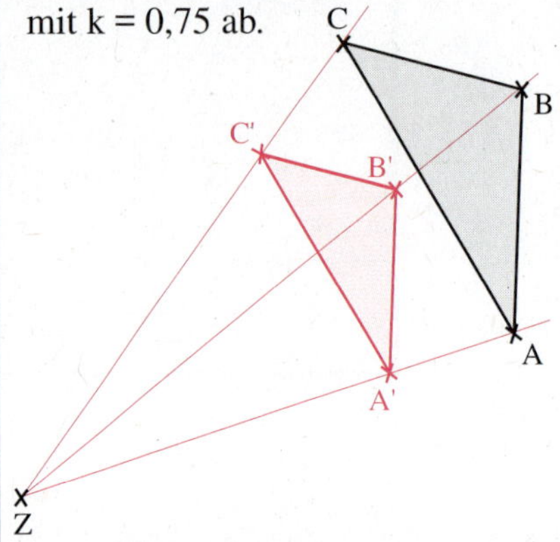

Bilde die Figur durch zentrische Streckung mit k = − 1,5 ab.

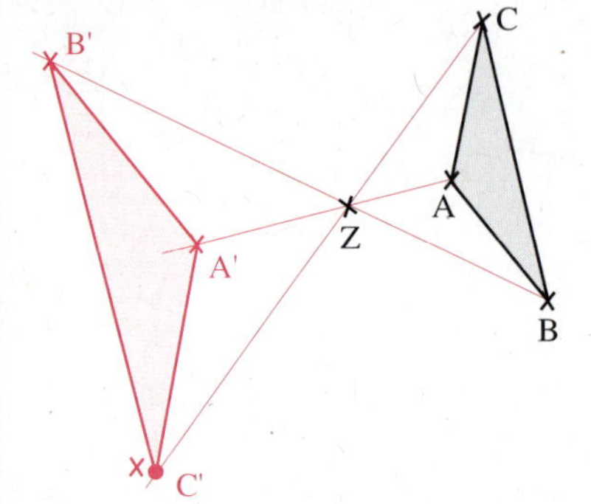

2

Notiere die fehlende Strecke.

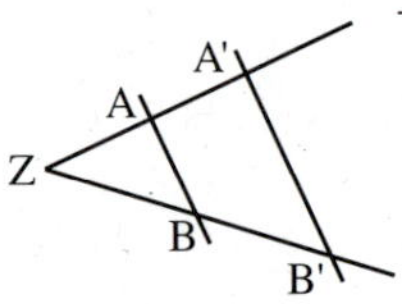

$$\frac{\overline{ZA'}}{\overline{ZA}} = \frac{\overline{ZB'}}{\overline{ZB}}$$

Berechne x.

Skizze

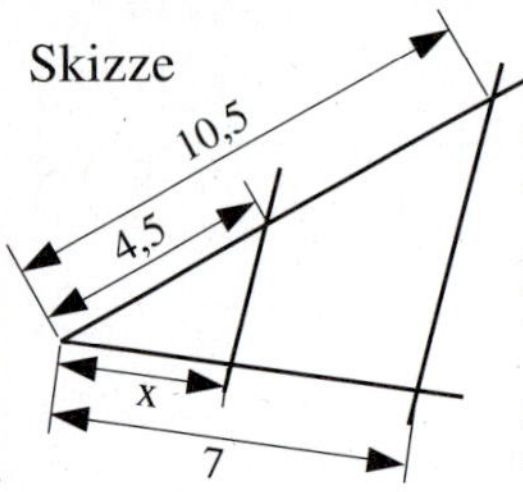

$\frac{x}{7} = \frac{4,5}{10,5}$

$x = \frac{4,5 \cdot 7}{10,5}$

$x = 3$

Berechne die Seillänge l.

Skizze

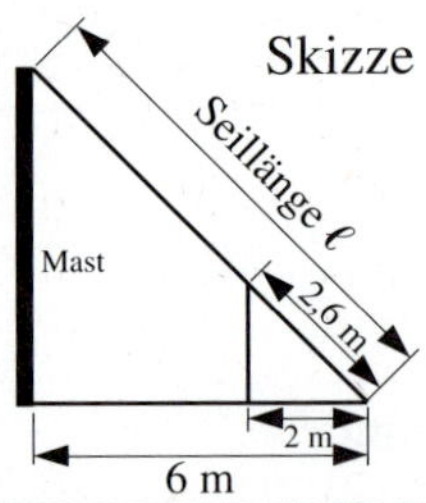

$\frac{l}{2,60} = \frac{6}{2}$

$l = \frac{6 \cdot 2,60}{2}$

$l = 7,80$ m

3

Notiere die fehlende Strecke.

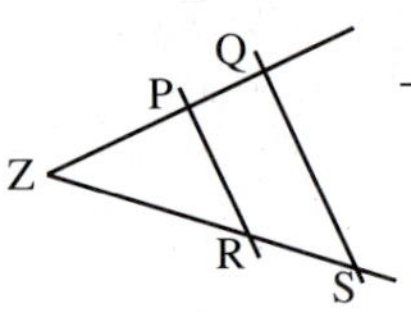

$$\frac{\overline{PR}}{\overline{QS}} = \frac{\overline{ZR}}{\overline{ZS}}$$

Berechne x.

Skizze

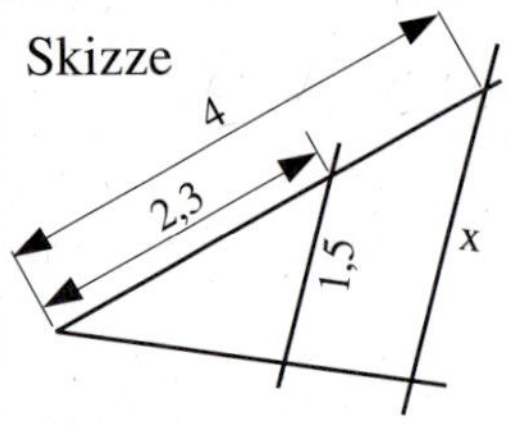

$\frac{x}{1,5} = \frac{4}{2,3}$

$x = \frac{4 \cdot 1,5}{2,3}$

$x \approx 2,6$

Berechne die Höhe h der Rampe.

Skizze

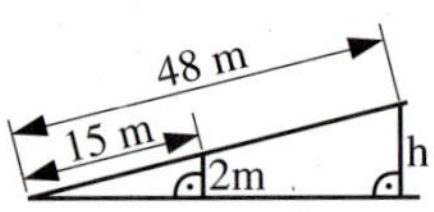

$\frac{h}{2} = \frac{48}{15}$

$h = \frac{48 \cdot 2}{15}$

$h = 6,40$ m

4

Zeichne zum Dreieck ABC eine ähnliche Figur.

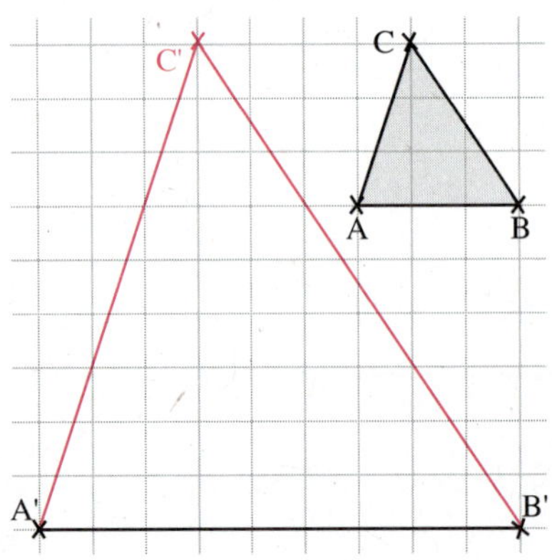

Zeichne zum Dreieck ABC eine ähnliche Figur.

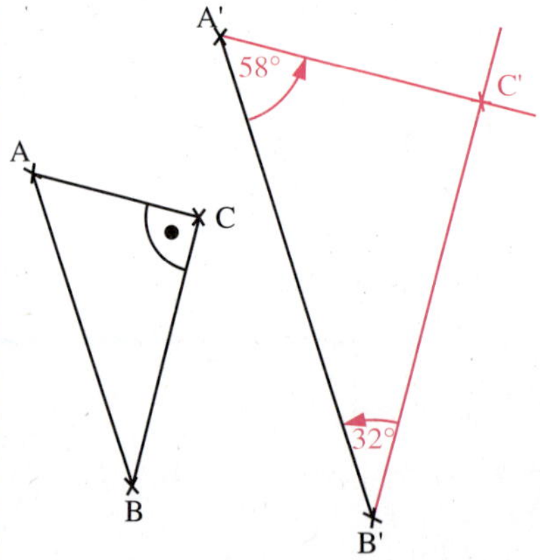

Prüfe rechnerisch, ob die Figuren ähnlich sind.

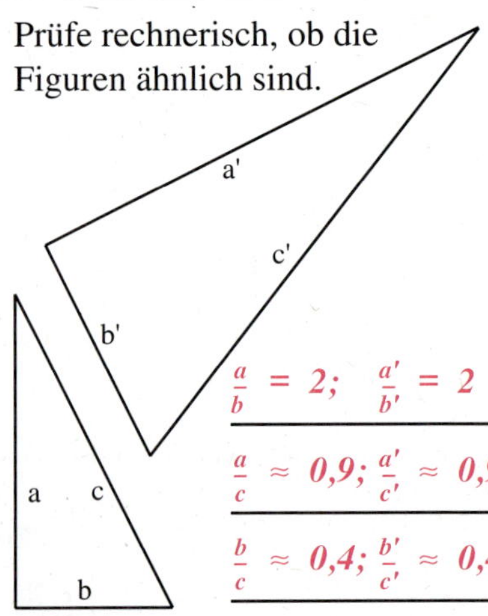

$\frac{a}{b} = 2; \quad \frac{a'}{b'} = 2$

$\frac{a}{c} \approx 0,9; \quad \frac{a'}{c'} \approx 0,9$

$\frac{b}{c} \approx 0,4; \quad \frac{b'}{c'} \approx 0,4$

Die Dreiecke sind *ähnlich zueinander.*

Bronze: ☆ ☆ ☆ | Silber: ☾ ☾ ☆ ☆ | Gold: ☀ ☀ ☾ ☾

8 Quadratische Gleichungen

1 Äquivalenzumformungen

1 Löse die Gleichung.

a) $3x = 75 \quad |:3$

$x = 25$

$L = \{25\}$

b) $\frac{1}{3}x = 4 \quad |\cdot 3$

$x = 12$

$L = \{12\}$

c) $2x + 5 = 12 \quad |-5$

$2x = 7 \quad |:2$

$x = \frac{7}{2} = 3\frac{1}{2}$

$L = \{3\frac{1}{2}\}$

d) $4x - 5 = 3 \quad |+5$

$4x = 8 \quad |:4$

$x = 2$

$L = \{2\}$

Äquivalenzumformungen

Bei Äquivalenzumformungen bleibt die Lösungsmenge gleich.

(1) **beidseitige Addition**

$x - 7 = 9 \quad |+7$

$x - 7 + 7 = 9 + 7$

$x = 16$

(2) **beidseitige Subtraktion**

$x + 15 = 3 \quad |-15$

$x + 15 - 15 = 3 - 15$

$x = -12$

(3) **beidseitige Multiplikation** ungleich Null

$\frac{1}{3}x = 4 \quad |\cdot 3$

$\frac{1}{3} \cdot 3 \cdot x = 4 \cdot 3$

$x = 12$

(4) **beidseitige Division** ungleich Null

$-4x = 12 \quad |:(-4)$

$(-4):(-4) \cdot x = 12:(-4)$

$x = -3$

2 a) $\frac{2}{5}x + 4 = 2 \quad |-4$

$\frac{2}{5}x = -2 \quad |\cdot 5$

$2x = -10 \quad |:2$

$x = -5$

$L = \{-5\}$

b) $-4x - 15 = 15 - 6x \quad |+15$

$-4x = 30 - 6x \quad |+6x$

$2x = 30 \quad |:2$

$x = 15$

$L = \{15\}$

3 Löse zunächst die Klammern auf und fasse zusammen, bevor du weiter vereinfachst.

a) $9(x + 5) + 2x = 7x - 3$

$9x + 45 + 2x = 7x - 3$

$11x + 45 = 7x - 3 \quad |-45$

$11x = 7x - 48 \quad |-7x$

$4x = -48 \quad |:4$

$x = -12$

$L = \{-12\}$

b) $-(x - 5) = 9 - (x - 4)$

$-x + 5 = 9 - x + 4$

$-x + 5 = -x + 13 \quad |+x$

$5 = 13$

$L = \{\ \}$

$\{\ \}; \{-12\}; \{-5\}; \{2\}; \{3\frac{1}{2}\}; \{12\}; \{15\}; \{25\}$

Lösungsmenge L
Menge aller Lösungen einer Gleichung oder Ungleichung

zu 2

$\frac{2}{5}x = 16 \quad |\cdot\frac{5}{2}$

$x = \frac{16 \cdot 5}{2}$

$x = 40$

zu 3

Klammern auflösen

$9(x + 5)$
$= 9x + 45$

$(+) \cdot (+) \rightarrow (+)$
$(-) \cdot (-) \rightarrow (+)$
$(+) \cdot (-) \rightarrow (-)$
$(-) \cdot (+) \rightarrow (-)$

✓ zu 1 bis 3

1.1 a) $11x = 77$ b) $\frac{1}{8}x = 3$ c) $7x = 21$ d) $\frac{1}{9}x = 12$ e) $12x = 96$ f) $\frac{1}{5}x = -5$ g) $7x = 36$ h) $-\frac{1}{5}x = -6$ i) $-4x = 12$ j) $-\frac{1}{15}x = -\frac{2}{25}$ k) $-9x = 15$

1.2 a) $x - 12 = 2$ b) $3 + 2x = 7$ c) $x + 5 = 13$ d) $x - 8 = 3$ e) $x - 3 = -12$ f) $4x = 3x + 4$ g) $-7x = 13 + 8x$ h) $0 = -3 - x$ i) $x - \frac{5}{8} = 1$ j) $x + \frac{3}{8} = \frac{5}{8}$ k) $x + \frac{7}{9} = \frac{3}{5}$

2.1 a) $\frac{1}{2}x + 2 = 7$ b) $-2x + 3 = -8x + 15$ c) $3x + 2 = 4$ d) $-4x + 2 = 1$ e) $\frac{3}{8}x - 4 = 17$ f) $3x - 5 = 16$ g) $\frac{2}{5}x + 8 = 5$ h) $\frac{4}{9}x - 15 = 11$ i) $-7x = 15x - 8$ j) $-\frac{3}{8}x + 1 = -13$ k) $-7x = -15x - 8$

3.1 a) $2(x - 5) + 4x = 26$ b) $4(x - 3) + 2 = 3x$ c) $3 + (4x + 2) = 2x + 1$ d) $4 - 3(2x + 2) + 5x = 2x$ e) $17 - 4(3x + 12) - 9 = -5x$ f) $5(3 + x) = 7 - 6(x - 7)$ g) $9x - 3(4x + 3) = -7(9x - 10)$

2 Quadratische Gleichungen $ax^2 + c = 0$ lösen

1 Löse die Gleichungen im Kopf.

a) $x^2 = 36$

$x_1 = 6$; $x_2 = -6$

$L = \{6; -6\}$

b) $x^2 = 16$

$x_1 = 4$; $x_2 = -4$

$L = \{4; -4\}$

c) $x^2 = 7$

$x_1 = \sqrt{7}$; $x_2 = -\sqrt{7}$

$L = \{\sqrt{7}; -\sqrt{7}\}$

d) $x^2 = 12$

$x_1 = \sqrt{12}$; $x_2 = -\sqrt{12}$

$L = \{\sqrt{12}; -\sqrt{12}\}$

Reinquadratische Gleichungen lösen

	$5x^2 - 9 = 2x^2 - 3 + x^2$	
(1) Ordnen, zusammenfassen	$5x^2 - 9 = 3x^2 - 3$	$\mid -3x^2$
(2) Äquivalenzumformungen durchführen	$2x^2 - 9 = -3$ $2x^2 = 6$ $x^2 = 3$	$\mid +9$ $\mid :2$
(3) Lösungen notieren	$x_1 = \sqrt{3}$; $x_2 = -\sqrt{3}$ $L = \{\sqrt{3}; -\sqrt{3}\}$	

2 Löse die Gleichung.

a) $x^2 - 81 = 0$ $\quad\mid +81$

$x^2 = 81$

$x_1 = 9$; $x_2 = -9$

$L = \{9; -9\}$

b) $x^2 - \frac{4}{9} = 0$ $\quad\mid +\frac{4}{9}$

$x^2 = \frac{4}{9}$

$x_1 = \frac{2}{3}$; $x_2 = -\frac{2}{3}$

$L = \{\frac{2}{3}; -\frac{2}{3}\}$

c) $8x^2 - 75 = 3x^2 + 5$ $\quad\mid -3x^2$

$5x^2 - 75 = 5$ $\quad\mid +75$

$5x^2 = 80$ $\quad\mid :5$

$x^2 = 16$

$x_1 = 4$; $x_2 = -4$

$L = \{4; -4\}$

d) $4x^2 + 20 + 6x^2 = 56 + 6x^2$ $\quad\mid -6x^2$

$4x^2 + 20 = 56$ $\quad\mid -20$

$4x^2 = 36$ $\quad\mid :4$

$x^2 = 9$

$x_1 = 3$; $x_2 = -3$

$L = \{3; -3\}$

3 Bestimme zunächst die Anzahl der Lösungen. Gib dann die Lösungsmenge an.

a) $x^2 - 3 = 0$
Anzahl der Lösungen: 2
$x^2 = 3$
$L = \{\sqrt{3}; -\sqrt{3}\}$

b) $x^2 + 3 = 0$
Anzahl der Lösungen: 0
$x^2 = -3$
$L = \{\}$

c) $x^2 = 0$
Anzahl der Lösungen: 1
$x^2 = 0$
$L = \{0\}$

{ }; {0}; $\{\frac{2}{3}; -\frac{2}{3}\}$; $\{\sqrt{3}; -\sqrt{3}\}$; $\{\sqrt{7}; -\sqrt{7}\}$; {3; −3}; $\{\sqrt{12}; -\sqrt{12}\}$; {4; −4}; {4; −4}; {6; −6}; {9; −9}

zum Kasten

$x^2 = 3$
$x^2 - 3 = 0$

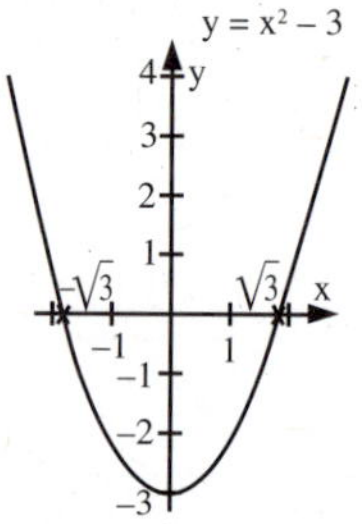

Anzahl der Lösungen
$x^2 + 2 = 0$ keine Lösung
$x^2 = 0$ eine Lösung
$x^2 - 2 = 0$ zwei Lösungen

$x^2 = c$
$c > 0$ zwei Lösungen
$c = 0$ eine Lösung
$c < 0$ keine Lösung

✓ zu 1 bis 3

1.1 Löse die Gleichung im Kopf.
a) $x^2 = 100$ b) $x^2 = 64$ c) $x^2 = 9$ d) $x^2 = 49$
e) $x^2 = 1$ f) $x^2 = 25$ g) $x^2 = 0$ h) $x^2 = 81$

1.2 Gib die Lösungen als Wurzel an.
a) $x^2 = 15$ b) $x^2 = 22$ c) $x^2 = 10$ d) $x^2 = 43$

1.3 Gib die Lösungen auf eine Dezimalstelle gerundet an.
a) $x^2 = 2$ b) $x^2 = 6$ c) $x^2 = 8$ d) $x^2 = 5$

2.1 a) $x^2 - 121 = 0$ b) $4 - x^2 = 0$
c) $x^2 + 1 = 0$ d) $x^2 + 5 = 9$ e) $x^2 - 9 = 16$

2.2 a) $2x^2 + 9 = 17$ b) $8x^2 + 7 = 519$
c) $5x^2 - 22 = -2$ d) $3x^2 - 140 = 7$ e) $5x^2 + 12 = 92$

3.1 Bestimme zunächst die Anzahl der Lösungen. Gib dann die Lösungsmenge an.
a) $x^2 - 2 = 0$ b) $x^2 + 5 = 7$ c) $2x^2 + 10 = 5$

3 *Quadratische Gleichungen $ax^2 + bx = 0$ lösen*

Verwandle in ein Produkt und löse die Gleichung.

1

a) $x^2 - 9x = 0$
(1) $x(x - 9) = 0$
(2) $x_1 = 0$; $x_2 - 9 = 0$
(3) $x_1 = 0$; $x_2 = 9$
(4) $L = \{0; 9\}$

b) $x^2 + 16x = 0$
$x(x + 16) = 0$
$x_1 = 0$; $x_2 + 16 = 0$
$x_1 = 0$; $x_2 = -16$
$L = \{0; -16\}$

Quadratische Gleichungen der Form $ax^2 + bx = 0$ lösen

	$x^2 - 2x = 0$
(1) In ein Produkt verwandeln	$x \cdot (x - 2) = 0$
(2) Die Faktoren gleich Null setzen	$x_1 = 0$; $x_2 - 2 = 0$
(3) Beide Gleichungen lösen	$x_1 = 0$; $x_2 = 2$
(4) Lösungsmenge notieren	$L = \{0; 2\}$

2

a) $10x^2 - 25x = 0$
(1) $5x(2x - 5) = 0$
(2) $5x = 0$; $2x - 5 = 0$
(3) $x_1 = 0$; $2x_2 = 5$
$x_2 = \frac{5}{2} = 2\frac{1}{2}$
$x_1 = 0$; $x_2 = 2\frac{1}{2}$
(4) $L = \{0; 2\frac{1}{2}\}$

b) $18x^2 + 27x = 0$
(1) $9x(2x + 3) = 0$
(2) $9x = 0$ $2x + 3 = 0$
(3) $x_1 = 0$; $2x_2 = -3$
$x_2 = -\frac{3}{2} = -1\frac{1}{2}$
$x_1 = 0$; $x_2 = -1\frac{1}{2}$
(4) $L = \{0; -1\frac{1}{2}\}$

c) $-5x^2 - 30x = 0$
(1) $-5x(x + 6) = 0$
(2) $-5x = 0$ $x + 6 = 0$
(3) $x_1 = 0$; $x_2 = -6$
$x_1 = 0$; $x_2 = -6$
(4) $L = \{0; -6\}$

Aus $a \cdot b = 0$ folgt $a = 0$ oder $b = 0$

Gemeinsamen Teiler ausklammern
Beispiel:
$10x^2 - 25x$
gemeinsamer Teiler ist $5x$,
also
$5x(2x - 5)$

3

a) $12x^2 = 24x \mid -24x$
$12x^2 - 24x = 0$
(1) $12x(x - 2) = 0$
(2) $12x_1 = 0$; $x_2 - 2 = 0$
(3) $x_1 = 0$; $x_2 = 2$
(4) $L = \{0; 2\}$

b) $7x^2 = 21x \mid -21x$
$7x^2 - 21x = 0$
(1) $7x(x - 3) = 0$
(2) $7x_1 = 0$; $x_2 - 3 = 0$
(3) $x_1 = 0$; $x_2 = 3$
(4) $L = \{0; 3\}$

c) $21x^2 = -63x \mid +63x$
$21x^2 + 63x = 0$
(1) $21x(x + 3) = 0$
(2) $21x_1 = 0$; $x_2 + 3 = 0$
(3) $x_1 = 0$; $x_2 = -3$
(4) $L = \{0; -3\}$

zu 3
Zunächst in eine Gleichung der Form $ax^2 + bx = 0$ bringen.

Auf keinen Fall auf beiden Seiten durch x dividieren!!!

{0; −16}; {0; −6}; {0; −3}; {0; −1,5}; {0; 2}; {0; 2,5}; {0; 3}; {0; 9}

zu 1 bis 3

1.1
a) $x^2 - 4x = 0$ b) $x^2 + x = 0$
c) $x^2 - 16x = 0$ d) $x^2 + 9x = 0$ e) $x^2 - 25x = 0$
f) $x^2 + 7x = 0$ g) $x^2 - 3x = 0$ h) $x^2 - 0{,}7x = 0$

2.1
a) $8x^2 - 4x = 0$ b) $20x^2 + 5x = 0$
c) $24x^2 - 8x = 0$ d) $-9x^2 + 27x = 0$ e) $-18x^2 - 72x = 0$
f) $6x^2 - 3x = 0$ g) $144x^2 - 72x = 0$ h) $1{,}5x^2 + 12x = 0$

2.2
a) $9x^2 - 12x = 0$ b) $15x^2 + 10x = 0$
c) $8x^2 - 6x = 0$ d) $-12x^2 + 16x = 0$ e) $15x^2 + 27x = 0$
f) $-24x^2 + 36x = 0$ g) $3x^2 - 4{,}5x = 0$ h) $3{,}6x^2 + 6x = 0$
i) $45x - 60x^2 = 0$ j) $-4{,}8x^2 - 12x = 0$ k) $121x - 66x^2 = 0$

3.1
a) $3x^2 = 12x$ b) $7x^2 = -21x$
c) $5x^2 = 15x$ d) $32x = 6x^2$ e) $x^2 = -4x$
f) $7x^2 = -49x$ g) $13x = 143x^2$ h) $-2{,}1x^2 = 6{,}3x$

3.2
a) $15x^2 = 20x$ b) $-12x^2 = -15x$
c) $63x^2 = -27x$ d) $32x = -24x^2$ e) $-72x^2 = -66x$
f) $3{,}2x^2 = -3x$ g) $2{,}7x^2 = 4{,}5x$ h) $-9{,}9x = 5{,}5x^2$

•3.3
a) $23x^2 - 5x = 13x + 15x$
b) $9x^2 + 5x + 6x^2 = 18x^2 - 7x$ c) $12x^2 + 3x + 7x^2 = -9x + 23x$
d) $14x - 12x^2 = 23x + 25x - 40x$ e) $57 + 14x^2 - 12 - 13x - 8x^2 = 5x + 45$
f) $40x^2 - 13x = 3x^2 + 34x^2 + 5x$ g) $5x^2 + 5{,}3x = 13{,}4x^2 - 1{,}6x - 6{,}1x^2$

4 Quadratische Gleichungen $x^2 + bx + c = 0$ lösen

1 Ergänze nach den binomischen Formeln.

a) $(x+3)^2 = x^2 + 6x + \mathit{9}$

b) $(x-7)^2 = x^2 - 14x + \mathit{49}$

c) $(x+14)^2 = x^2 + 28x + 196$

d) $(x-\frac{7}{2})^2 = x^2 - 7x + \frac{49}{4}$

e) $(x+\frac{9}{2})^2 = x^2 + 9x + \frac{81}{4}$

f) $(x-\frac{3}{2})^2 = x^2 - 3x + \frac{9}{4}$

$x^2 + bx + c$ mit quadratischer Ergänzung lösen

	$x^2 - 6x + 1 \quad = 0 \quad \vert -1$
(1) Gleichung umformen	$x^2 - 6x \quad = -1$
(2) Quadratische Ergänzung auf beiden Seiten addieren	$x^2 - 6x + (\frac{6}{2})^2 = (\frac{6}{2})^2 - 1$
(3) Linke Seite zum Quadrat umformen, rechte Seite ausrechnen	$(x-3)^2 \quad = 8$
(4) Auf beiden Seiten die Wurzel ziehen (2 Möglichkeiten)	$x_1 - 3 = \sqrt{8};\ x_2 - 3 = -\sqrt{8}$
(5) Lösungen berechnen und notieren	$x_1 = 3 + \sqrt{8};\ x_2 = 3 - \sqrt{8}$ $L = \{3 + \sqrt{8};\ 3 - \sqrt{8}\}$

2 Bestimme die quadratische Ergänzung und forme in ein Quadrat um.

a) $x^2 - 4x + (\frac{4}{2})^2 = (x-2)^2$

b) $x^2 + 2x + (\frac{2}{2})^2 = (x+1)^2$

c) $x^2 + 6x + (\frac{6}{2})^2 = (x+3)^2$

d) $x^2 - 3x + (\frac{3}{2})^2 = (x-\frac{3}{2})^2$

e) $x^2 + 5x + (\frac{5}{2})^2 = (x+\frac{5}{2})^2$

3 Bestimme die Lösungsmenge mithilfe der quadratischen Ergänzung.

$x^2 + 4x = 12 \quad \vert + (\frac{4}{2})^2$

(2) $x^2 + 4x + (\frac{4}{2})^2 = 12 + 4$

(3) $(x+2)^2 = 16$

(4) $x_1 + 2 = 4;\quad x_2 + 2 = -4$

(5) $x_1 = 2;\quad x_2 = -6$

(6) $L = \{2;\ -6\}$

4 Forme die Gleichung zunächst um. Löse dann mithilfe der quadratischen Ergänzung.

a) $x^2 - 8x + 12 = 0$

(1) $x^2 - 8x = -12$

(2) $x^2 - 8x + (\frac{8}{2})^2 = -12 + (\frac{8}{2})^2$

(3) $(x-4)^2 = 4$

(4) $x_1 - 4 = 2;\quad x_2 - 4 = -2$

(5) $x_1 = 6;\quad x_2 = 2$

$L = \{2;\ 6\}$

b) $x^2 + 10x + 9 = 0$

(1) $x^2 + 10x = -9$

(2) $x^2 + 10x + 5^2 = -9 + 25$

(3) $(x+5)^2 = 16$

(4) $x_1 + 5 = 4;\quad x_2 + 5 = -4$

(5) $x_1 = -1;\quad x_2 = -9$

$L = \{-1;\ -9\}$

Binomische Formeln
$a^2 + 2ab + b^2 = (a+b)^2$
$a^2 - 2ab + b^2 = (a-b)^2$

Quadratische Ergänzung bestimmen

$x^2 - 6x + ■ = ■ - 1$

(1) Koeffizienten des x-Gliedes bestimmen $\quad 6$

(2) durch 2 teilen und quadrieren $\quad (\frac{6}{2})^2$

(3) einsetzen für ■

$(\sqrt{27})^2 = 27$

zu 3 und 4
$\{-1;\ -9\};\ \{2;\ -6\};\ \{2;\ 6\}$

2.1 Bestimme die quadratische Ergänzung und forme in ein Quadrat um.
a) $x^2 + 18x + ■$ b) $x^2 - 14x + ■$ c) $x^2 - 28x + ■$
d) $x^2 + x + ■$ e) $x^2 + 15x + ■$ f) $x^2 - 35x + ■$
g) $x^2 + 43x + ■$ h) $x^2 - 200x + ■$ i) $x^2 - 13x + ■$

2.2 a) $x^2 + 0{,}6x + ■$ b) $x^2 + 0{,}8x + ■$
c) $x^2 - 1{,}8x + ■$ d) $x^2 + 0{,}3x + ■$ e) $x^2 - 1{,}1x + ■$
f) $x^2 - 3{,}7x + ■$ g) $x^2 - 1{,}2x + ■$ h) $x^2 + 3{,}9x + ■$

3.1 Bestimme die Lösungsmenge mithilfe der quadratischen Ergänzung.
a) $x^2 + 10x = -9$ b) $x^2 + 6x = -9$ c) $x^2 + 4x = 12$
d) $x^2 + 3x = 28$ e) $x^2 + 8x = -15$ f) $x^2 + x = 30$

4.1 Forme die Gleichung zunächst um. Löse dann mithilfe der quadratischen Ergänzung.
a) $x^2 - 3x + 2 = 0$ b) $x^2 - 2x - 3 = 0$ c) $x^2 - 5x + 4 = 0$
d) $x^2 + 4x - 32 = 0$ e) $x^2 + 6x - 27 = 0$ f) $x^2 - 3x - 10 = 0$

5 *Diskriminante*

1 Bestimme jeweils die Koeffizienten p und q der Gleichung $x^2 + px + q = 0$.

a) $x^2 + 3x + 2 = 0$ p = *3;* q = *2*

b) $x^2 + 4x - 5 = 0$ *p = 4;* *q = −5*

c) $x^2 - 2x + 7 = 0$ *p = −2;* *q = 7*

d) $x^2 - 2x - 5 = 0$ *p = −2;* *q = −5*

e) $x^2 - 5x + 6 = 0$ *p = −5;* *q = 6*

f) $x^2 - \frac{2}{3}x + \frac{5}{9} = 0$ *p = $-\frac{2}{3}$;* *q = $\frac{5}{9}$*

Anzahl der Lösungen mithilfe der Diskriminanten bestimmen

(1) Gleichung in die Normalform bringen $x^2 + px + q = 0$	$x^2 - 6x - 9 = 0$
(2) p und q bestimmen	$p = -6;\ q = -9$
(3) p und q in die Formel für die Diskriminante einsetzen	$D = (\frac{p}{2})^2 - q$ $D = (\frac{-6}{2})^2 - (-9)$ $= 9 + 9 = 18$
(4) Anzahl der Lösungen bestimmen	$D = 18$, somit $D > 0$ also gibt es 2 Lösungen

2 Bestimme p und q. Setze p und q in die Formel für die Diskriminante ein und berechne.

a) $x^2 + 4x + 7 = 0$ p = *4* q = *7*

$D = (\frac{4}{2})^2 - 7 =$ *4 − 7 = −3*

b) $x^2 + 10x + 2 = 0$ p = *10* q = *2*

D = *5^2 − 2 = 23*

c) $x^2 - 12x + 3 = 0$ p = *−12* q = *3*

D = *36 − 3 = 33*

d) $x^2 + 8x - 5 = 0$ p = *8* q = *−5*

D = *16 + 5 = 21*

e) $x^2 - 5x - 2 = 0$ p = *−5* q = *−2*

D = *$\frac{25}{4} + \frac{8}{4} = \frac{33}{4}$*

f) $x^2 + 18x + 81 = 0$ p = *18* q = *81*

D = *81 − 81 = 0*

3 Wie viele Lösungen hat die quadratische Gleichung für die angegebene Diskriminante?

a) D = 4 — *2 Lösungen*

b) D = 2086 — *2 Lösungen*

c) D = 0 — *1 Lösung*

d) D = −27 — *keine Lösung*

4 Bestimme p und q. Berechne die Diskriminante D. Gib die Anzahl der Lösungen an.

a) $x^2 + 6x + 9 = 0$ p = *6* q = *9*

D = *9 − 9 = 0*

Anzahl der Lösungen: *1 Lösung*

b) $x^2 - 10x - 31 = 0$ p = *−10* q = *−31*

D = *25 + 31 = 56* *D > 0*

Anzahl der Lösungen: *2 Lösungen*

Diskriminante

Durch Umformen aus der Normalform

$x^2 + px + q = 0$

erhält man

$(x + \frac{p}{2})^2 = \underbrace{(\frac{p}{2})^2 - q}_{\text{Diskriminante}}$

Mit der Diskriminanten

$\mathbf{D = (\frac{p}{2})^2 - q}$

kann die Anzahl der Lösungen bestimmt werden.

D > 0 zwei Lösungen
D = 0 eine Lösung
D < 0 keine Lösung

$\frac{\frac{3}{5}}{2} = \frac{3}{5} : 2 = \frac{3}{10}$

1.1 Bestimme jeweils die Koeffizienten p und q der Gleichung $x^2 + px + q = 0$.

a) $x^2 + 5x - 3 = 0$ b) $x^2 - 7x - 3 = 0$
c) $x^2 + 1{,}5x + 3 = 0$ d) $x^2 - 34x - 3 = 0$
e) $x^2 - 0{,}18x - 3{,}4 = 0$ f) $x^2 + 5{,}7x - 30{,}6 = 0$

•1.2

a) $x^2 + \frac{2}{7}x + \frac{5}{6} = 0$
b) $x^2 - \frac{3}{5}x + \frac{7}{10} = 0$ c) $x^2 + \frac{3}{4}x - \frac{19}{23} = 0$
d) $x^2 - 1\frac{3}{8}x + 12\frac{3}{5} = 0$ e) $x^2 + 12\frac{3}{11}x + \frac{35}{48} = 0$
f) $x^2 + 13\frac{11}{32} = 0$ g) $x^2 - 8\frac{23}{44}x = 0$

4.1 Bestimme p und q. Setze p und q in die Formel für D ein und berechne. Bestimme die Anzahl der Lösungen.

a) $x^2 + 12x - 7 = 0$ b) $x^2 - 8x + 34 = 0$ c) $x^2 - 13x - 9 = 0$
d) $x^2 - 4x + 9 = 0$ e) $x^2 + 14x + 49 = 0$ f) $x^2 + 2x + 16 = 0$
g) $x^2 - 5{,}1x - 5 = 0$ h) $x^2 - 0{,}1x = 0$ i) $x^2 - 9 = 0$

•4.2

a) $x^2 + 8x + \frac{1}{5} = 0$ b) $x^2 - \frac{4}{5}x - 1 = 0$
c) $x^2 + \frac{2}{3}x - \frac{5}{9} = 0$ d) $x^2 - \frac{1}{5}x - \frac{7}{10} = 0$ e) $x^2 + \frac{3}{4}x + \frac{5}{8} = 0$
f) $x^2 - \frac{3}{5}x + 5 = 0$ g) $x^2 + 3x - \frac{7}{9} = 0$ h) $x^2 - \frac{6}{11}x + \frac{4}{7} = 0$
i) $x^2 + \frac{8}{3}x - \frac{5}{6} = 0$ j) $x^2 - \frac{3}{16}x + \frac{8}{3} = 0$ k) $x^2 - 2\frac{1}{3}x - \frac{3}{4} = 0$

6 *Quadratische Gleichungen lösen*

Bestimme die Lösungen der quadratischen Gleichung mit der Formel.

1 $x^2 + 20x + 19 = 0$

(2) $p = 20$ $q = 19$

(3) $x_1 = -\frac{20}{2} + \sqrt{(\frac{20}{2})^2 - 19}$

$= -10 + \sqrt{81} = -10 + 9 = -1$

$x_2 = -10 - 9 = -19$

(4) $L = \{-1; -19\}$

Quadratische Gleichungen lösen

	$-2x^2 + 8x + 10 = 0 \quad \|:(-2)$
(1) In die Normalform $x^2 + px + q = 0$ umformen	$x^2 - 4x - 5 = 0$
(2) p und q bestimmen	$p = -4; \quad q = -5$
(3) p und q in die Lösungsformel (s. Randspalte) einsetzen Lösungen bestimmen	$x_1 = -\frac{-4}{2} + \sqrt{(\frac{-4}{2})^2 - (-5)}$ $= 2 + \sqrt{9} = 5$ $x_2 = 2 - \sqrt{9} = -1$
(4) Lösungsmenge notieren	$L = \{5; -1\}$

Lösungsformel für quadratische Gleichungen in der Normalform

$x_1 = -\frac{p}{2} + \sqrt{(\frac{p}{2})^2 - q}$

$x_2 = -\frac{p}{2} - \sqrt{(\frac{p}{2})^2 - q}$

2 $x^2 - 2x - 8 = 0$

(2) $p = -2; q = -8$

(3) $x_1 = 1 + \sqrt{1 + 8}$

$= 1 + \sqrt{9} = 1 + 3 = 4;$

$x_2 = 1 - 3 = -2$

(4) $L = \{4; -2\}$

3 $x^2 + \frac{4}{5}x - \frac{12}{25} = 0$

(2) $p = \frac{4}{5}; q = -\frac{12}{25}$

(3) $x_1 = \frac{2}{5} + \sqrt{\frac{4}{25} + \frac{12}{25}}$

$= -\frac{2}{5} + \sqrt{\frac{16}{25}} = -\frac{2}{5} + \frac{4}{5} = \frac{2}{5};$

$x_2 = -\frac{2}{5} - \frac{4}{5} = -\frac{6}{5} = -1\frac{1}{5}$

(4) $L = \{\frac{2}{5}; -1\frac{1}{5}\}$

4 Forme zunächst um in die Normalform. Bestimme dann die Lösungen.

zu 4

Eine Summe durch eine Zahl dividieren

$(2x^2 + 40x + 72) : 2$
$= x^2 + 20x + 36$

a) $2x^2 + 40x + 72 = 0 \quad |:2$

(1) $x^2 + 20x + 36$

(2) $p = 20$ $q = 36$

(3) $x_1 = -10 + \sqrt{100 - 36}$

(4) $= -10 + \sqrt{64} = -10 + 8 = -2;$

$x_2 = -10 - 8 = -18$

(4) $L = \{-2; -18\}$

b) $5x^2 - 2x - 1 = 0 \quad |:5$

(1) $x^2 - \frac{2}{5}x - \frac{1}{5} = 0$

(2) $p = -\frac{2}{5}$ $q = -\frac{1}{5}$

(3) $x_1 = \frac{1}{5} + \sqrt{\frac{1}{25} + \frac{5}{25}}$

$= \frac{1}{5} + \sqrt{\frac{6}{25}} = \frac{1}{5} + \frac{1}{5}\sqrt{6} \approx 0{,}69;$

$x_2 = \frac{1}{5} - \frac{1}{5}\sqrt{6} \approx -0{,}29$

(4) $L = \{0{,}69; -0{,}29\}$

zu 1 bis 4

$\{-1; -19\}$, $\{-2; -18\}$, $\{\frac{2}{5}; -1\frac{1}{5}\}$, $\{0{,}69; -0{,}29\}$, $\{4; -2\}$

1.1 Löse mit der Lösungsformel.
a) $x^2 + 2x - 24 = 0$ b) $x^2 - 12x + 27 = 0$ c) $x^2 - 4x - 12 = 0$
d) $x^2 + 6x - 55 = 0$ e) $x^2 - 8x - 33 = 0$ f) $x^2 - 10x + 9 = 0$

2.1
a) $x^2 + 2x - 6 = 0$ b) $x^2 + x + 8 = 0$
c) $x^2 + 3x - 10 = 0$ d) $x^2 - 11x + 24 = 0$ e) $x^2 - 19x + 90 = 0$
f) $x^2 - 5x - 6 = 0$ g) $x^2 - 9x + 8 = 0$ h) $x^2 - 13x + 42 = 0$

•3.1
a) $x^2 - \frac{4}{5}x + \frac{3}{25} = 0$ b) $x^2 + \frac{1}{6}x - \frac{1}{3} = 0$
c) $x^2 - \frac{1}{6}x - \frac{1}{6} = 0$ d) $x^2 + \frac{17}{20}x - \frac{3}{20} = 0$ e) $x^2 - \frac{1}{3}x - \frac{1}{12} = 0$

3.2
a) $x^2 + 1{,}2x - 3 = 0$ b) $x^2 + 1{,}56x = 0$
c) $x^2 - 1{,}5x + 0{,}5 = 0$ d) $x^2 - 0{,}6x + 0{,}08 = 0$ e) $x^2 - 0{,}45x + 0{,}05 = 0$
f) $x^2 - 3{,}2x + 2{,}4 = 0$ g) $x^2 - 7{,}5x + 12{,}5 = 0$ h) $x^2 - 1{,}8x + 0{,}72 = 0$

4.1 Forme zunächst um in die Normalform und löse dann.
a) $5x^2 + 10x - 120 = 0$ b) $2x^2 - 4x - 16 = 0$ c) $4x^2 - 16x - 20 = 0$
d) $3x^2 - 18x + 24 = 0$ e) $-2x^2 + 4x + 6 = 0$ f) $5x^2 + 20x - 60 = 0$

•4.2
a) $3x^2 - \frac{1}{2}x - \frac{9}{144} = 0$ b) $\frac{1}{5}x^2 - 3x + 10 = 0$
c) $\frac{2}{3}x^2 + \frac{1}{2}x - 2 = 0$ d) $\frac{3}{4}x^2 + \frac{3}{8}x - \frac{3}{5} = 0$ e) $\frac{3}{4}x^2 - \frac{3}{3}x + 1 = 0$

•7 *Satz von Vieta*

1 Überprüfe mithilfe des Satzes von Vieta, ob die berechneten Lösungen stimmen.

a) $x^2 - 3x - 18 = 0$; L = {6; −3}

(1) *p = −3; q = −18*

(2) *p = −(6 − 3) = −3; q = 6 · (−3) = −18*

(3) *Die Werte sind gleich.*

Die Lösungen stimmen.

Satz von Vieta
Sind x_1 und x_2 Lösungen der Gleichung $x^2 + px + q = 0$ so gilt $\mathbf{p = -(x_1 + x_2)}$ und $\mathbf{q = x_1 \cdot x_2}$.

Lösungen mithilfe des Satzes von Vieta überprüfen

	$x^2 + 7x - 60 = 0$ L = {5; −12}
(1) p und q ablesen	p = 7; q = −60
(2) Lösungen x_1 und x_2 in Satz von Vieta einsetzen	p = −(5 + (−12)) = 7; q = 5 · (−12) = −60
(2) Abgelesene und berechnete Werte vergleichen	Die Werte sind gleich. Die Lösungen stimmen.

b) $x^2 + 21x - 72 = 0$; L = {3; −24}

(1) *p = 21; q = −72*

(2) *p = −(3 + (−24)) = 21; q = 3 · (−24) = −72*

(3) *Die Werte sind gleich.*

Die Lösungen stimmen.

c) $x^2 - 5x + 6 = 0$; L = {2; −3}

(1) *p = −5; q = 6*

(2) *p = −(2 −3) = 1; q = 2 · (−3) = −6*

(3) *Die Werte sind ungleich.*

Die Lösungsmenge ist falsch.

Francois Vieta
französischer Mathematiker
1540 – 1603

2 Bestimme mithilfe des Satzes von Vieta die Lösungsmenge durch Einsetzen. Die Lösungen sind ganzzahlig.

Gleichung	$x^2 - 9x + 20 = 0$			$x^2 + 5x - 24 = 0$		
Versuch	1.	2.	3.	1.	2.	3.
(1) p bestimmen $x^2 + px + q = 0$	p = −9			p = *5*		
q bestimmen $x^2 + px + q = 0$	q = 20			q = *−24*		
(2) Lösungen für x_1 und x_2 annehmen	2; 10	−4; −5	4; 5	*−2; 12*	*−3; 8*	*3; −8*
(3) p berechnen $p = -(x_1 + x_2)$	p = −12	p = *9*	*p = −9*	*p = −10*	*p = −5*	*p = 5*
q berechnen $q = x_1 \cdot x_2$	q = 20	p = *20*	*q = 20*	*q = −24*	*q = −24*	*q = −24*
(4) Werte in (1) und (3) vergleichen beide wahr/falsch?	f	*f*	*w*	*f*	*f*	*w*
(5) Lösungsmenge angeben	—	*—*	*L = {4; 5}*	*—*	*—*	*L = {3; −8}*

Überlege, welche Lösungen in Schritt (2) angenommen werden können!
Da q = 20 muss $x_1 \cdot x_2 = 20$ sein!
Somit kann $x_1 =$ 2 und $x_2 = 10$ angenommen werden.

Beachte die Vorzeichenregeln!

•3 Gib die Normalform der quadratischen Gleichung an, zu der die Lösungsmenge L = {3; −1} gehört.

p = *−[3 + (−1)] = −2*   q = *3 · (−1) = −3*

Normalform *$x^2 - 2x - 3 = 0$*

1.1
a) $x^2 + x - 12 = 12$; L = {3; −4}
b) $x^2 - 5x + 6 = 0$; L = {2; 3}
c) $x^2 - x - 6 = 0$; L = {2; 3}
d) $x^2 - 3x - 4 = 0$; L = {−4; 1}
e) $x^2 - 3x - 4 = 0$; L = {−1; 4}
f) $x^2 - 11x + 30 = 0$; L = {5; 6}
g) $x^2 - x - 2 = 0$; L = {−1; 2}

2.1 a) $x^2 + 5x - 24 = 0$ b) $x^2 - 14x + 48 = 0$ c) $x^2 - 14x + 33 = 0$ d) $x^2 + x - 12 = 0$

•3.1 a) L = {3; −5} b) L = {−4; 10}

8 Sachaufgaben mit quadratischen Gleichungen lösen

1 In einem Rechteck ist eine Seite um 1 cm kürzer als die andere. Die Diagonale ist 5 cm lang. Bestimme die Seitenlängen. Fertige zunächst eine Skizze an.

Skizze

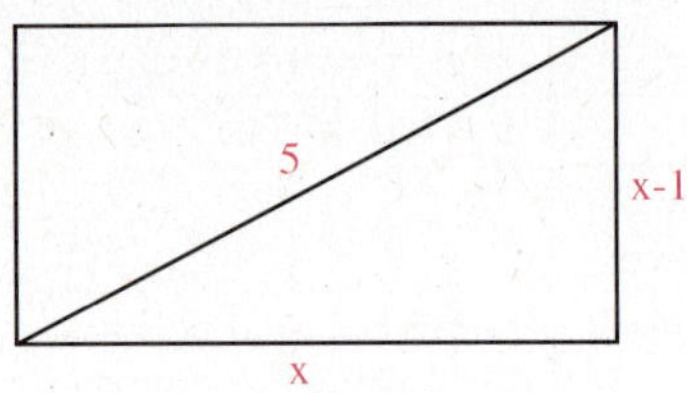

(1) *Längere Seite: x*

(2) *$x^2 + (x - 1)^2 = 25$*

$x^2 + x^2 - 2x + 1 = 25$

$2x^2 - 2x - 24 = 0 \quad |:2$

$x^2 - x - 12 = 0$

(3) *$x_1 = \frac{1}{2} + \sqrt{\frac{1}{4} + \frac{48}{4}}$*

$= \frac{1}{2} + \sqrt{\frac{49}{4}} = \frac{1}{2} + \frac{7}{2} = \frac{8}{2} = 4$

$x_2 = \frac{1}{2} - \frac{7}{2} = -\frac{6}{2} = -3$

(4) Längere Seite: *4 cm*

Kürzere Seite: *3 cm*

(5) *Die Seitenlängen des Rechtecks betragen 4 cm und 3 cm.*

Eine Kathete im rechtwinkligen Dreieck ist 4 cm kürzer als die andere.
Die Hypotenuse ist 12 cm lang.
Wie lang sind die Katheten?

Skizze

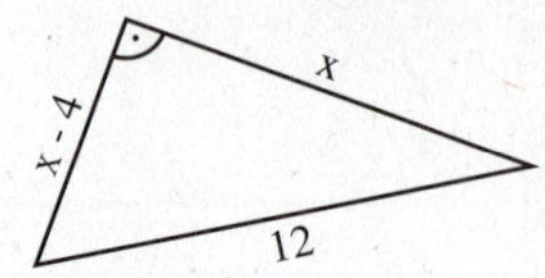

(1) Variable festlegen	Längere Kathete x
(2) Gleichung aufstellen, in die Normalform umformen	$x^2 + (x-4)^2 = 12^2$ $x^2 - 4x - 64 = 0$
(3) Mit der Lösungsformel lösen	$x_1 = 2 + \sqrt{68} \approx 10{,}2$ $x_2 = 2 - \sqrt{68} \approx -6{,}2$
(4) Gesuchte Größen bestimmen	längere Kathete: 10,2 cm kürzere Kathete: 10,2 cm − 4,0 cm = 6,2 cm
(5) Antwort notieren	Die Länge der Katheten ist 10,2 cm und 6,2 cm.

Satz des Phytagoras

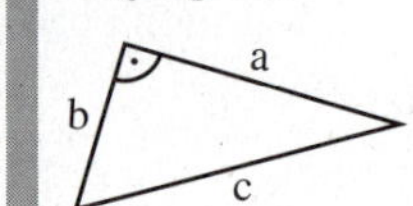

$a^2 + b^2 = c^2$

2 Die Diagonale eines Quadrates ist 4 cm länger als eine Seite. Berechne die Längen der Seiten und der Diagonalen. Fertige zunächst eine Skizze an.

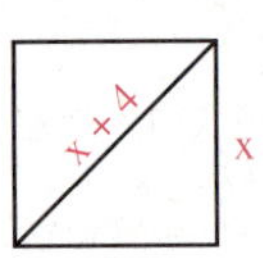

(1) *Quadratseite: x*

(2) *$(x + 4)^2 = x^2 + x^2$*

$x^2 + 8x + 16 = 2x^2$

$-x^2 + 8x + 16 = 0$

$x^2 - 8x - 16 = 0$

(3) *$x_1 = 4 + \sqrt{16 + 16}$*

$x_1 = 4 + \sqrt{32} \approx 9{,}7$

$x_2 = 4 - \sqrt{32} \approx -1{,}7$

(4) *Quadratseite: 9,7 cm;*

Diagonale: 13,7cm

(5) *Die Seitenlänge ist 9,7 cm, die Diagonale ist 13,7 cm lang.*

1.1 In einem Rechteck ist die eine Seite 4 cm länger als die andere. Die Diagonale ist 25 cm lang. Bestimme die Seitenlängen.

2.1 Die Seite eines Quadrates ist 6 cm kürzer als die Diagonale. Berechne die Länge der Seiten und der Diagonalen.

3 Der Flächeninhalt eines Rechtecks ist 25 m^2. Der Umfang beträgt 21 m. Berechne die Seitenlängen.

4 In einem Dreieck ist die Höhe 4 cm kürzer als die zugehörige Seite. Der Flächeninhalt ist 70 cm^2. Berechne die Längen der Höhe und der zugehörigen Seite.

5 Ein Quader hat einen Rauminhalt von 720 cm^3. Die Höhe ist 15 cm, seine Breite ist um 2 cm größer als seine Länge. Berechne Länge und Breite der Grundfläche.

DIPLOM

1	Löse die Gleichung. $x^2 - 81 = 0$ *$L = \{9; -9\}$*	Löse die Gleichung. $x^2 - 169 = 0$ *$L = \{13; -13\}$*	Löse die Gleichung. $x^2 + 85 = 0$ *$L = \{\,\}$*
2	Löse die Gleichung. $x^2 - 49x = 0$ *$x(x - 49) = 0$* *$x_1 = 0; \quad x_2 - 49 = 0$* *$x_1 = 0; \quad x_2 = 49$* *$L = \{0; 49\}$*	Löse die Gleichung. $24x^2 - 8x = 0$ *$8x(3x - 1) = 0$* *$8x_1 = 0; \quad 3x_2 - 1 = 0$* *$3x_2 = 1$* *$x_1 = 0; \quad x_2 = \frac{1}{3}; \quad L = \{0; \frac{1}{3}\}$*	Löse die Gleichung. $40x^2 - 13x = 3x^2 + 34x^2 + 5x$ *$40x^2 - 13x = 37x^2 + 5x \quad \vert -37x^2 \quad \vert -5x$* *$3x^2 - 18x = 0$* *$3x(x - 6) = 0$* *$3x_1 = 0; \quad x_2 - 6 = 0; \quad L = \{0; 6\}$*
3	Bestimme die quadratische Ergänzung und forme in ein Quadrat um. $x^2 + 20x + ■$ *$x^2 + 20x + 10^2 = (x + 10)^2$*	Bestimme die quadratische Ergänzung und forme in ein Quadrat um. $x^2 + \frac{1}{3}x + ■$ *$x^2 + \frac{1}{3}x + (\frac{1}{6})^2 = (x + \frac{1}{6})^2$*	Bestimme die quadratische Ergänzung und forme in ein Quadrat um. $x^2 - 0{,}3x + ■$ *$x^2 - 0{,}3x + 0{,}15^2 = (x + 0{,}15)^2$*
4	Bestimme die Koeffizienten p und q der Gleichung $x^2 - 2x + 9 = 0$. $p =$ *-2* $\quad q =$ *9*	Bestimme die Koeffizienten p und q und die Diskriminante D der Gleichung $x^2 - 2x + 9 = 0$. $p =$ *-2* $\quad q =$ *$+9$* $D =$ *$1 - 9 = -8$*	Bestimme die Koeffizienten p und q und die Diskriminante D der Gleichung $x^2 - 2x + 9 = 0$. Gib die Anzahl der Lösungen an. $p =$ *-2* $\quad q =$ *9* $D =$ *$1 - 9 = -8$* Anzahl der Lösungen: *keine*
5	Löse mit der Lösungsformel $x^2 + 6x - 55 = 0$ $x_1 =$ *$-3 + \sqrt{9 + 55} = -3 + \sqrt{64} = 5;$* $x_2 =$ *$-3 - 8 = -11$*	Löse mit der Lösungsformel $x^2 - 1{,}5x + 0{,}5 = 0$ $x_1 =$ *$\frac{3}{4} + \sqrt{\frac{9}{16} - \frac{8}{16}} = \frac{3}{4} + \frac{1}{4} = 1;$* $x_2 =$ *$\frac{3}{4} - \frac{1}{4} = \frac{2}{4} = \frac{1}{2}$*	Löse mit der Lösungsformel $2x^2 - 10x + 12 = 0$ *$x^2 - 5x + 6 = 0$* $x_1 =$ *$3;$* $\quad x_2 =$ *2*
6	Überprüfe die Lösungen mithilfe des Satzes von Vieta. $x^2 - 5x + 6 = 0; L = \{2; 3\}$ *$p = -(2 + 3) = -5; \; q = 2 \cdot 3 = 6$* *Die Lösungsmenge ist richtig.*	Überprüfe die Lösungen mithilfe des Satzes von Vieta. $x^2 + x - 6 = 0; L = \{2; -3\}$ *$p = -(2 - 3) = 1; \; q = 2 \cdot (-3) = -6$* *Die Lösungsmenge ist richtig.*	Überprüfe die Lösungen mithilfe des Satzes von Vieta. $x^2 - 0{,}7x + 0{,}6 = 0; L = \{0{,}5; -1{,}2\}$ *$p = -(0{,}5 - 1{,}2) = 0{,}7; \; q = 0{,}5 \cdot (-1{,}2) = -0{,}6$* *Die Lösungsmenge ist falsch.*
	Bronze:	Silber:	Gold:

9 Gleichungssysteme

1 Lineare Gleichungen und Äquivalenzumformungen

1 Zeichne die Gerade.

a) $y = 2x + 1$ b) $y = -3x + 4$
c) $y = \frac{3}{2}x - 4$ d) $y = -2x$

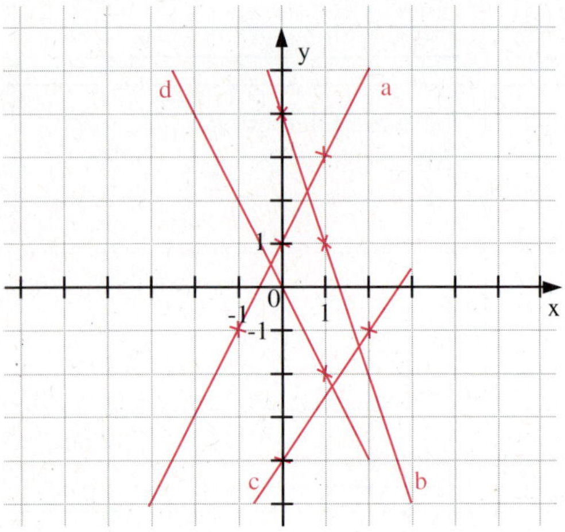

Geraden der Form y = mx + c zeichnen

$y = \frac{1}{2}x - 2$

(1) Punkt P (0 | c) auf der y-Achse markieren P (0 | −2)

(2) Steigung m bestimmen, Steigungsdreiecke einzeichnen $m = \frac{1}{2}$

(3) Gerade zeichnen

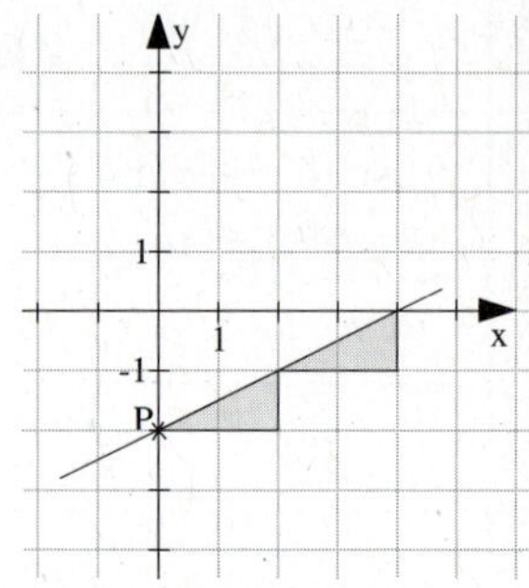

c Achsenabschnitt
m Steigung

Steigungsdreiecke

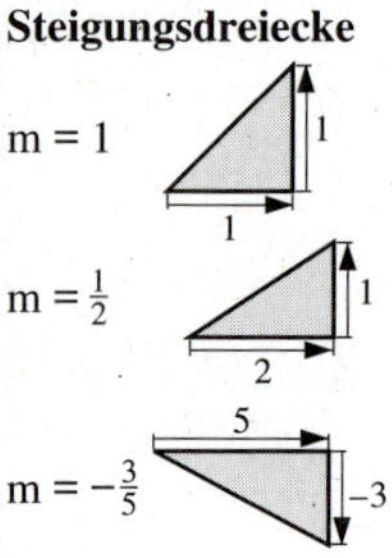

2 Prüfe, ob der Punkt auf der Geraden liegt.

Punkt P (x | y)	(1 | 3)	(6 | 0)	(1 | −2)	(3 | 0,5)
Gerade	$y = 2x + 1$	$y = -0,5x + 3$	$y = -3x - 5$	$y = 1,5x - 4$
Einsetzen	$3 = 2 \cdot 1 + 1$	$0 = -0,5 \cdot 6 + 3$	$-2 = -3 \cdot 1 - 5$	$0,5 = 1,5 \cdot 3 - 4$
wahr oder falsch	*wahr*	*wahr*	*falsch*	*wahr*

3 Bestimme die Geradengleichung.

a) $m = \frac{1}{2}$; $c = -2$; $y = \frac{1}{2}x - 2$ b) $m = -2$; $c = 0$; $y = -2x$

c) $m = 1,5$; $c = 2,5$; $y = 1,5x + 2,5$ d) $m = -1$; $c = 5$; $y = -x + 5$

4 Berechne durch schrittweise Äquivalenzumformungen.

a) $2x - 5 = -x + 1 \quad | + x$
$2x + x - 5 = -x + x + 1 \quad | + 5$
$3x - 5 + 5 = 1 + 5$
$3x = 6 \quad | : 3$
$x = 2$

b) $2 \cdot (1 + 3y) - 4 = 0$
$2 + 6y - 4 = 0$
$6y - 2 = 0 \quad | + 2$
$6y = 2 \quad | : 6$
$y = \frac{1}{3}$

c) $\frac{3}{2}x + 4 = 5x - 3 \quad | - 5x$
$-\frac{7}{2}x + 4 = -3 \quad | - 4$
$-\frac{7}{2}x = -7 \quad | \cdot (-\frac{2}{7})$
$x = 2$

Äquivalenzumformungen
- Klammern auflösen
- ordnen, zusammenfassen
- beidseitige Addition/Subtraktion einer Zahl
- beidseitige Multiplikation mit einer Zahl ungleich Null
- beidseitige Division durch eine Zahl ungleich Null

1.1 Zeichne die Gerade.
a) $y = x + 2$
b) $y = -x + 3$ c) $y = 1,5x - 1$ d) $y = -2,5x = +5$
e) $y = 2x - 3$ f) $y = -\frac{1}{2}x + 3$ g) $y = \frac{3}{4}x - 2$
h) $y = \frac{1}{2}x + 1\frac{1}{2}$ i) $y = -2x = +6$ j) $y = -\frac{1}{2}x - 1$

2.1 Prüfe, ob der Punkt auf der Geraden liegt.
a) P = (2; 6) $y = 3x$ b) P = (5; 13) $y = -2x + 3$
c) P = (−4; 6) $y = -x - 2$ d) P = (3; 1) $y = 4x - 6$
e) P = (5; −20) $y = -3x - 5$ f) P = (4; −6) $y = -x - 2$
g) P = (4; 4) $y = \frac{1}{2}x + 2$ h) P = (−6; −6) $y = -1,5x - 3$

3.1 Bestimme die Geradengleichung.
a) $m = -3$ $c = 3$
b) $m = 4$ $c = -4$ c) $m = 2,5$ $c = \frac{1}{2}$ d) $m = -\frac{2}{3}$ $c = -\frac{3}{2}$
e) $m = -\frac{1}{4}$ $c = 3,5$ f) $m = 3\frac{1}{4}$ $c = -4\frac{1}{5}$ g) $m = 1\frac{3}{4}$ $c = 0$
h) $m = 2\frac{1}{2}$ $c = 1\frac{1}{2}$ i) $m = -4$ $c = 8$ j) $m = 0$ $c = 4$

4.1 Berechne durch schrittweise Äquivalenzumformungen.
a) $4x + 18 = 42$ b) $4 \cdot (x + 22) = 160$
c) $2x + 8 + 5x = 29$ d) $3 \cdot (x - 7) = 6$
e) $5 - 3x = 15 - 4x$ f) $4x + 1 + 2x = 28 - 3x$
g) $3x - 4 = 18 - 2x - 7$ h) $2 \cdot (x - 3) + 1 = 3$

2 *Lineare Gleichungen mit zwei Variablen lösen*

1 Bestimme Lösungspaare der Gleichung $y = 2x - 3$.

(2)

x	$y = 2x - 3$
−2	$y = 2 \cdot (-2) - 3 = -4 - 3 = -7$
−1	$y = 2 \cdot (-1) - 3 = -2 - 3 = -5$
0	$y = 2 \cdot 0 - 3 = 0 - 3 = -3$
1	$y = 2 \cdot 1 - 3 = 2 - 3 = -1$
2	$y = 2 \cdot 2 - 3 = 4 - 3 = 1$

(3)

x	−2	−1	0	1	2
y	−7	−5	−3	−1	1

Lösungspaare einer Gleichung bestimmen

(1) In die Normalform $y = mx + n$ umformen

$2y - 6x = 4 \quad |:2$
$y - 3x = 2$
$y = 3x + 2$

(2) Werte für x einsetzen, y berechnen

x	$y = 3x + 2$
−2	$y = 3 \cdot (-2) + 2 = -6 + 2 = \mathbf{-4}$
−1	$y = 3 \cdot (-1) + 2 = -3 + 2 = -1$
0	$y = 3 \cdot (0) + 2 = 0 + 2 = 2$
1	$y = 3 \cdot (1) + 2 = 3 + 2 = 5$
2	$y = 3 \cdot (2) + 2 = 6 + 2 = 8$

(3) Lösungspaare in Wertetabelle eintragen

x	**−2**	−1	0	1	2
y	**−4**	−1	2	5	8

2 a) Trage die Lösungspaare als Punkte in das Koordinatensystem ein, verbinde sie.

x	−2	−1	0	1	2
y	0	$\frac{1}{2}$	1	$1\frac{1}{2}$	2

b) Bestimme den Achsenabschnitt c und die Steigung m.

c = *1* m = $\frac{1}{2}$

c) Gib die Geradengleichung an.

$y = \frac{1}{2}x + 1$

d) Bestimme weitere Lösungspaare dieser Gleichung für

x	$y = \frac{1}{2}x + 1$
$-1\frac{1}{2}$	$y = \frac{1}{2} \cdot (-1\frac{1}{2}) + 1 = -\frac{3}{4} + 1 = \frac{1}{4}$
$1\frac{1}{2}$	$y = \frac{1}{2} \cdot 1\frac{1}{2} + 1 = \frac{3}{4} + 1 = 1\frac{3}{4}$
3	$y = \frac{1}{2} \cdot 3 + 1 = 1\frac{1}{2} + 1 = 4\frac{1}{2}$

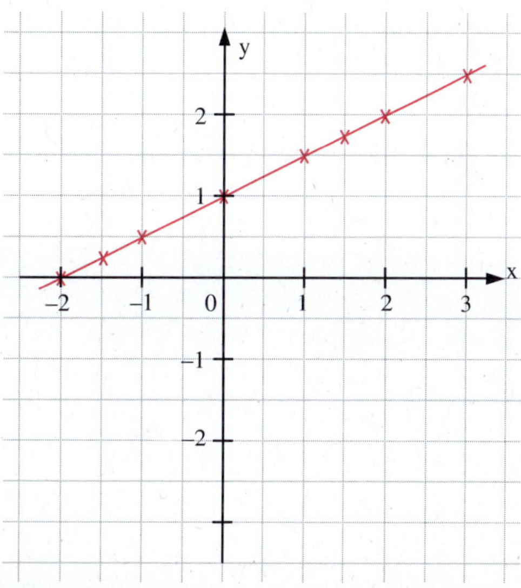

e) Übertrage diese Lösungspaare in das Koordinatensystem. Wo liegen sie?

Sie liegen auf der Geraden $y = \frac{1}{2}x + 1$.

Normalform einer Gleichung
$\mathbf{y = mx + c}$
c Achsenabschnitt
m Steigung

1.1 Bestimme Lösungspaare der Gleichung.
a) $2y = 4x + 8$ b) $3y = -15x - 21$ c) $2y - 6x = 10$
d) $3y - 3x = 3$ e) $8y - 4x - 16 = 0$ f) $8x - 2y + 2 = 0$

1.2 Bestimme Lösungspaare der Gleichung.
a) $\frac{1}{2}y = -2x + 1$ b) $\frac{3}{4}x + \frac{1}{4}y = 6$ c) $\frac{1}{4}x + \frac{1}{2}y = 1$
d) $\frac{1}{5}y + \frac{3}{4}x = -2$ e) $\frac{1}{6}y + \frac{1}{2}x = 1$ f) $0{,}5x + \frac{1}{2}y = 4$

2.1 a)

x	−2	−1	0	1	2	3
y	−4	−3	−2	−1	0	1

b)

x	−2	−1	0	1	2	3
y	10	8	6	4	2	0

c)

x	−2	−1	0	1	2	3
y	−4	−2,5	−1	0,5	2	3,5

3 Gleichungssysteme zeichnerisch lösen

1 Löse das Gleichungssystem zeichnerisch. Mache die Probe.

$y = x - 1$
$y = -x + 3$

(1)

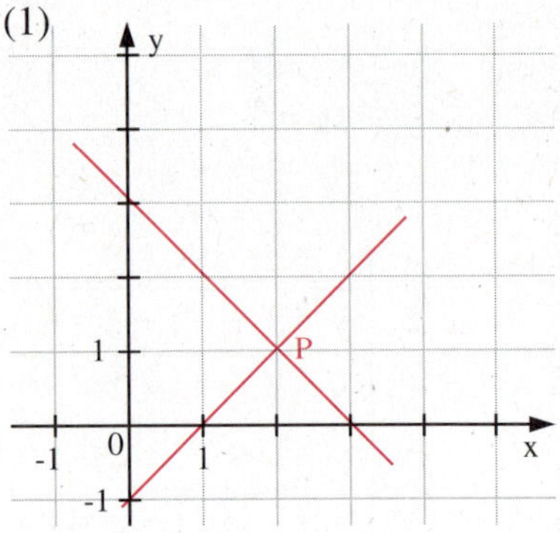

(2)
P(*2* | *1*)

(3) Gleichung	(*2* | *1*) einsetzen	w/f
y = x − 1	*1 = 2 − 1*	*wahr*
y = −x + 3	*1 = −2 + 3*	*wahr*

Schnittpunkt von zwei Geraden zeichnerisch bestimmen

(1) Beide Geraden zeichnen — $y = x + 1$ und $y = -x + 3$

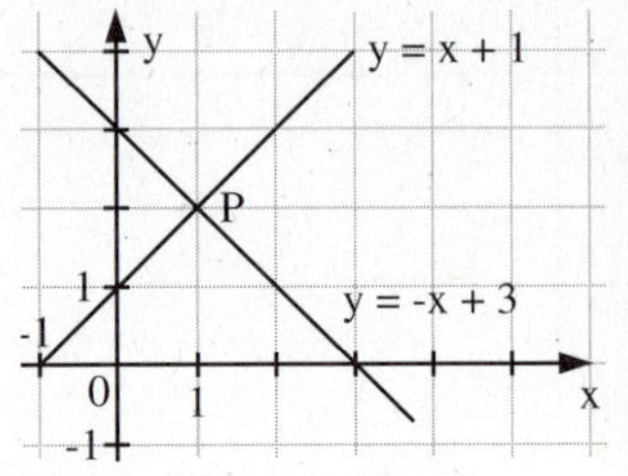

(2) Koordinaten des Schnittpunktes P ablesen — P (1 | 2)

(3) Probe machen — Koordinaten in die Ausgangsgleichungen einsetzen.

Gleichung	(1 | 2) einsetzen	wahr/falsch
$y = x + 1$	$2 = 1 + 1$	wahr
$y = -x + 3$	$2 = -1 + 3$	wahr

2 Forme die beiden Gleichungen zuerst in die Normalform um. Löse dann das Gleichungssystem zeichnerisch. Mache die Probe.

a) $3y - x = -6$ $\quad$ $2y + \frac{4}{3}x = 8$

$3y = x - 6 \quad | :3$ $\quad$ *$2y = -\frac{4}{3}x + 8 \quad | :2$*

$y = \frac{1}{3}x - 2$ $\quad$ *$y = -\frac{2}{3}x + 4$*

b) $3y + 5x = 9$ $\quad$ $\frac{1}{2}y + 3 = \frac{2}{3}x$

$3y = -5x + 9 \quad | :3$ $\quad$ *$\frac{1}{2}y = \frac{2}{3}x - 3 \quad | \cdot 2$*

$y = -\frac{5}{3}x + 3$ $\quad$ *$y = \frac{4}{3}x - 6$*

(1)

(2)

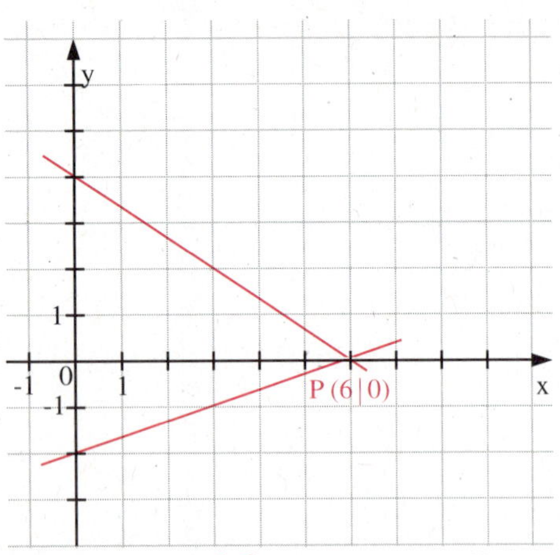

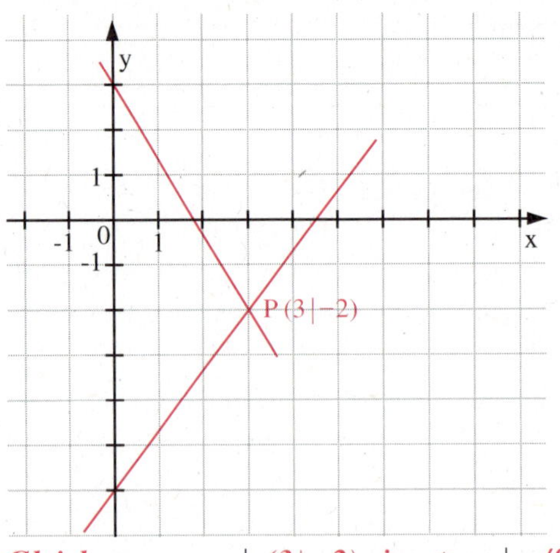

(3) Gleichung	(*6* | *0*) einsetzen	w/f
$y = \frac{1}{3}x - 2$	*0 = 2 − 2*	*wahr*
$y = -\frac{2}{3}x + 4$	*0 = −4 + 4*	*wahr*

Gleichung	*(3 | −2) einsetzen*	*w/f*
$y = -\frac{5}{3}x + 3$	*−2 = −5 + 3*	*wahr*
$y = \frac{4}{3}x - 6$	*−2 = 4 − 6*	*wahr*

Schrittweise umformen in die **Normalform** $y = mx + c$

Wertepaar

(2 | 1)
↑ x-Wert ↑ y-Wert

1.1 Löse das Gleichungssystem zeichnerisch. Mache die Probe.
a) $y = x + 1$, $y = -x + 5$ $\quad$ b) $y = x - 2$, $y = -x + 6$ $\quad$ c) $y = \frac{2}{3}x - 3$, $y = -\frac{1}{6}x + 2$

2.1 Forme die beiden Gleichungen zuerst in die Normalform um. Löse dann das Gleichungssystem zeichnerisch. Probe!
a) $2y + 2x = -4$, $y - 2x = 4$ $\quad$ b) $3y - 6x = 12$, $2y = 2x + 2$ $\quad$ c) $\frac{3}{4}y - x = 3$, $y + \frac{2}{3}x = -2$

4 *Gleichungssysteme durch Gleichsetzen lösen*

1 Löse durch Gleichsetzen.

$y = 3x + 4$
$y = 2x + 6$

(1) *$3x + 4 = 2x + 6 \quad | -2x$*

(2) *$x + 4 = 6 \quad | -4$*

$x = 2$

(3) *$y = 3 \cdot 2 + 4$*

$y = 10$

(4) *$(2 \mid 10)$*

Gleichungssysteme durch Gleichsetzen lösen	$y = 2x - 5$ $y = -x + 1$
(1) **Gleichsetzen**	$2x - 5 = -x + 1 \quad \| + x$
(2) Gleichung lösen	$3x - 5 = 1 \quad \| + 5$ $3x = 6 \quad \| : 3$ $x = 2$
(3) Fehlenden Wert (x oder y) berechnen	$y = 2 \cdot 2 - 5$ $y = -1$
(4) Lösung als Wertepaar notieren	$(2 \mid -1)$
(5) Probe machen	see table below

Gleichung	$(2 \mid -1)$ einsetzen	w/f
$y = 2x - 5$	$-1 = 2 \cdot 2 - 5$	w
$y = -x + 1$	$-1 = -2 + 1$	w

2 Forme die Gleichungen zuerst in die Normalform um. Löse durch Gleichsetzen. Mache die Probe.

a) $\frac{1}{2}y - x = -1$
$2y - 8 = -2x$

$\frac{1}{2}y - x = -1$ *$2y - 8 = -2x$*

$\frac{1}{2}y = x - 1$ *$2y = -2x + 8$*

$y = 2x - 2$ *$y = -x + 4$*

(1) *$2x - 2 = -x + 4 \quad | +x$*

(2) *$3x - 2 = 4 \quad | +2 \ | :3$*

$x = 2$

(3) *$y = 2 \cdot 2 - 2$*

$y = 2$

(4) *$(2 \mid 2)$*

(5) Gleichung	*$(2 \mid 2)$* einsetzen	w/f
$y = 2x - 2$	*$2 = 2 \cdot 2 - 2$*	*wahr*
$y = -x + 4$	*$2 = -2 + 4$*	*wahr*

b) $3y - 12x = 18$
$0{,}5y - 7 = x$

$3y = 12x + 18$ *$0{,}5y = x + 7$*

$y = 4x + 6$ *$y = 2x + 14$*

(1) *$4x + 6 = 2x + 14 \quad | -2x$*

(2) *$2x + 6 = 14 \quad | -6$*

$2x = 8 \quad | :2$

$x = 4$

(3) *$y = 4 \cdot 4 + 6$*

$y = 22$

(4) *$(4 \mid 22)$*

(5) Gleichung	*$(4 \mid 22)$* einsetzen	w/f
$y = 4x + 6$	*$22 = 4 \cdot 4 + 6$*	*wahr*
$y = 2x + 14$	*$22 = 2 \cdot 4 + 14$*	*wahr*

Wertepaar
$(2 \mid -1)$

Probe wie im Kasten machen

1.1 Löse durch Gleichsetzen.

a) $y = 3x - 4$, $y = -x + 16$
b) $y = 2x + 4$, $y = 6x - 8$
c) $y = 1{,}5x - 3$, $y = x + 7$
d) $y = \frac{1}{2}x - 1$, $y = -\frac{3}{2}x + 3$
e) $y = -\frac{1}{3}x + 2$, $y = -\frac{5}{6}x + 4$
f) $y = \frac{3}{4}x - 6$, $y = -\frac{1}{2}x + \frac{1}{4}$

2.1 Löse durch Gleichsetzen.

a) $x + y = 6$, $-x + y = -2$
b) $2x + y = 8$, $6x + 2y = 2$
c) $6x + 2y = 22$, $2x + y = 6$
d) $\frac{2}{3}x + \frac{1}{3}y = 1$, $2y = 4x - 2$
e) $-\frac{1}{2}x + \frac{1}{4}y = 4$, $3x + 3y = 3$
f) $\frac{2}{5}x + \frac{1}{5}y = \frac{8}{5}$, $3x + y = 11$

5 Gleichungssysteme durch Einsetzen lösen

1 Löse durch Einsetzen.
$4x + 2y = 8$
$x = y - 4$

(2) $4(y - 4) + 2y = 8$

$4y - 16 + 2y = 8 \quad |+16$

$6y = 24 \quad |:6$

$y = 4$

(3) $x = 4 - 4 = 0$

(4) $(0|4)$

Gleichungssysteme durch Einsetzen lösen	$2x - 4y = 4$ $x - 3y = 1$
(1) Eine Gleichung nach x oder y umformen	$x - 3y = 1 \quad |+3y$ $x = 3y + 1$
(2) Diesen Term in die andere Gleichung **einsetzen**. y-Wert durch Umformen berechnen	$2 \cdot (3y + 1) - 4y = 4$ $6y + 2 - 4y = 4$ $2y + 2 = 4 \quad |-2$ $2y = 2 \quad |:2$ $y = 1$
(3) Fehlenden Wert (x oder y) berechnen.	$x = 3 \cdot 1 + 1$ $x = 4$
(4) Lösung als Wertepaar notieren	$(4|1)$
(5) Probe machen	siehe Kasten S. 63!

2 Forme einen der beiden Terme nach x oder y um. Löse durch Einsetzen. Mache die Probe.

a) $2y = 4x + 6$
$\frac{x}{2} + y = 3$

(1) $y = 2x + 3$

(2) $\frac{x}{2} + 2x + 3 = 3 \quad |-3$

$\frac{5}{2}x = 0 \quad |:\frac{5}{2}$

$x = 0$

(3) $2y = 6$

$y = 3$

(4) $(0|3)$

(5) Gleichung	$(0|3)$ einsetzen	w/f
$2y = 4x + 6$	$2 \cdot 3 = 4 \cdot 0 + 6$	wahr
$\frac{x}{2} + y = 3$	$3 = \frac{0}{2} + 3$	wahr

b) $y + 2x = 7$
$x + 5 = 2y - 4$

(1) $y = -2x + 7$

$x + 5 = 2(-2x + 7) - 4$

(2) $x + 5 = -4x + 14 - 4 \quad |+4x \,|-5$

$5x = 5 \quad |:5$

$x = 1$

(3) $y = -2 \cdot 1 + 7$

$y = 5$

(4) $(1|5)$

(5) Gleichung	$(1|5)$ einsetzen	w/f
$y = -2x + 7$	$5 = -2 \cdot 1 + 7$	wahr
$x + 5 = 2y - 4$	$1 + 5 = 2 \cdot 5 - 4$	wahr

Probe wie im Kasten auf S. 63

1.1 Löse durch Einsetzen.

a) $y - x = 3$, $y = 2x$
b) $y + x = 2$, $y = 3x - 6$
c) $y - 3x = -1$, $y = 4x - 2$
d) $4y + 8x = 8$, $y = x - 7$
e) $6y + 9x = 42$, $y = 2x + 4$
f) $2y + 2x = -4$, $x = 3y - 2$
g) $2y - 4x = 3$, $x = y + 4$
h) $y - 4x = -4$, $y = 2x + 2$
i) $2y - 5x = 2$, $x = -2y - 10$

2.1 Forme einen der beiden Terme nach x oder y um. Löse durch Einsetzen.

a) $4x + 2y = 8$, $3x + y = 1$
b) $2x + 2y = 18$, $-x + y = -3$
c) $4x + 2y = 16$, $3x + y = 11$

2.2 Forme einen der beiden Terme nach x oder y um. Löse durch Einsetzen. Mache die Probe.

a) $2y - 4x = 10$, $y + x = 14$
b) $3y - 2x = 9$, $2y - 2x = 10$
c) $4y - 12x = 20$, $3y - 3x = 21$

6 *Sachaufgaben mit Gleichungssystemen lösen*

1 Durch Mischung von 5 ℓ Alkohol einer Sorte mit 5 ℓ Alkohol einer anderen Sorte erhält man 54%igen Alkohol. 6 ℓ der ersten Sorte gemischt mit 4 ℓ der zweiten Sorte ergibt 48%igen Alkohol. Welchen Alkoholgehalt haben beide Sorten?

(1) *Alkoholgehalt 1. Sorte x*

Alkoholgehalt 2. Sorte y

(2) $5x + 5y = 10 \cdot 54$

$6x + 4y = 10 \cdot 48$

(3) *einsetzen*

(4) $6x + 4(-x + 108) = 10 \cdot 48$

$6x - 4x + 432 = 480$

$x = 24$

$y = 84$

(5) *Der Alkoholgehalt beträgt 24% bzw. 84%.*

Vollmilch hat 3,5% Fettgehalt, Magermilch 1,0%. Wie viel ℓ Vollmilch und wie viel ℓ Magermilch muss man mischen, um 5 ℓ Milch mit 2% Fettgehalt zu erhalten?

(1) Variablen festlegen	Vollmilch x Magermilch y
(2) Gleichungssystem notieren	$x + y = 5$ $0{,}035x + 0{,}01y = 0{,}02 \cdot 5$
(3) Lösungsverfahren wählen	einsetzen
(4) Gleichungssystem lösen	$x + y = 5$ $y = 5 - x$ $0{,}035x + 0{,}01(5 - x) = 0{,}1$ $3{,}5x + 5 - x = 10$ $2{,}5x = 5$ $x = 2$ $y = 5 - 2 = 3$
(5) Antwort notieren	Man muss 2 ℓ Vollmilch und 3 ℓ Magermilch mischen.

% Prozent

$1\% = \frac{1}{100} = 0{,}01$

$3{,}5\% = \frac{3{,}5}{100} = 0{,}035$

$45\% = \frac{45}{100} = 0{,}45$

2 30%ige Essigsäure soll mit Wasser so verdünnt werden, dass 6 ℓ 5%ige Essigsäure entstehen. Wie viel ℓ Wasser und wie viel ℓ Essigsäure werden benötigt?

(1) *ℓ Wasser x* *ℓ Essigsäure y*

(2) $x + y = 6$ *und* $30y + 0 \cdot x = 5 \cdot 6$

(4) $30y = 30$ *d. h.* $y = 1$

$x = 6 - 1 = 5$

(5) *Es werden 5 ℓ Wasser und 1 ℓ Essigsäure benötigt.*

3 Wie viel kg Messing 45 (45% Kupfer, 55% Zink) und wie viel kg Messing 70 müssen zu 50 kg Messing 65 zusammengeschmolzen werden?

(1) *kg Messing 45 x* *kg Messing 70 y*

(2) $x + y = 50$ *und* $y = 50 - x$

(4) $45x + 70y = 50 \cdot 65$

$45x + 70(50 - x) = 50 \cdot 65$

$x = 10$ $y = 40$

(5) *Man braucht 10 kg Messing 45 und 40 kg Messing 70.*

‰ Promille

$7‰ = \frac{7}{1000} = 0{,}007$

$1\% = 10‰$

1.1 Durch Mischen von 6 ℓ Alkohol einer Sorte mit 4 ℓ Alkohol einer anderen Sorte erhält man 48%igen Alkohol. 3 ℓ der ersten Sorte gemischt mit 7 ℓ der zweiten Sorte ergibt 54%igen Alkohol.

2.1 40%ige Essigsäure werden mit Wasser so vermischt, dass 5 ℓ 25%ige Essigsäure entstehen. Wie viel ℓ Essigsäure und wie viel ℓ Wasser werden benötigt?

3.1 Wie viel g Gold 333 (333‰ Gold, 667‰ Kupfer) und wie viel g Gold 900 müssen zu einem 20 g schweren Armreif aus Gold 585 zusammengeschmolzen werden?

3.2 Wie viel g Gold 585 und wie viel g Gold 900 müssen zu einem 5 g schweren Ring aus Gold 750 zusammengeschmolzen werden?

DIPLOM

	☆	☾	☼
1	Zeichne die Gerade. $y = x + 1$ 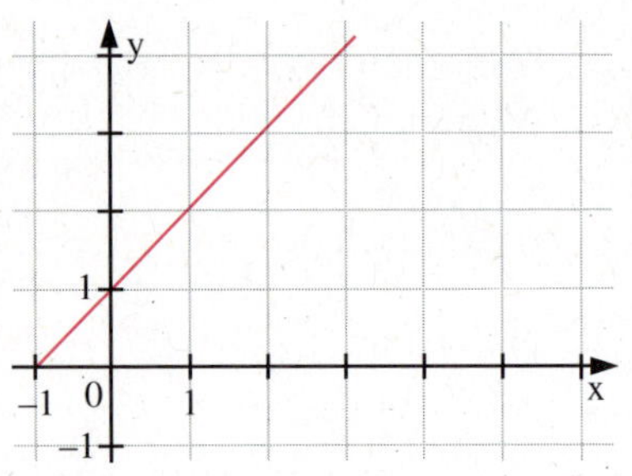	Zeichne die Gerade. $y = \frac{1}{2}x + 2$ 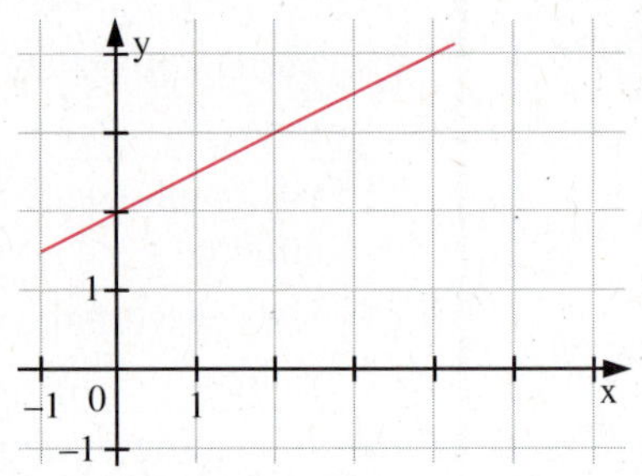	Zeichne die Gerade. $y = -1{,}5x + 3$ 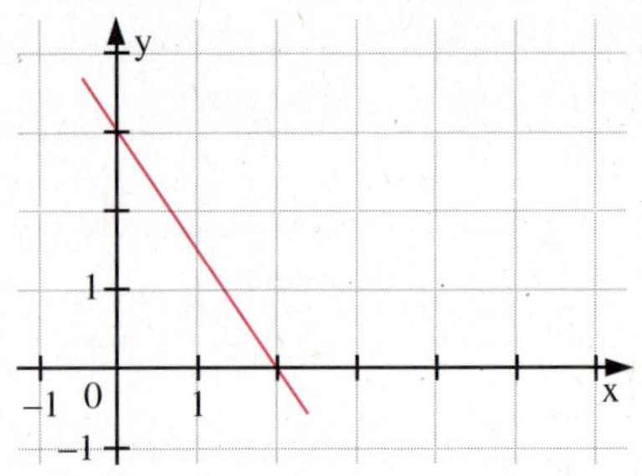
2	Bestimme m und c. $y = 2x + 4$ m = *2* c = *4*	Bestimme m und c. $y = -1{,}5x + \frac{3}{2}$ m = *−1,5* c = *$\frac{3}{2}$*	Bestimme m und c. $y - x + 3 = 0$ m = *1* c = *−3*
3	Prüfe, ob der Punkt P auf der Geraden liegt. $y = 2x + 4$; P (4|12) *$12 = 2 \cdot 4 + 4$* wahr / ~~falsch~~	Prüfe, ob der Punkt P auf der Geraden liegt. $y = -3x + 6$; P (5|−21) *$-21 = -3 \cdot 5 + 6$* ~~wahr~~ / falsch	Prüfe, ob der Punkt P auf der Geraden liegt. $y = -\frac{3}{5}x - 2{,}5$; P (−4|−0,1) *$-0{,}1 = 0{,}6 \cdot 4 - 2{,}5$* wahr / ~~falsch~~
4	Forme in die Normalform um. $2x + y = 7$ *$y = -2x + 7$*	Forme in die Normalform um. $3x - 4y = 6$ *$-4y = -3x + 6$ | $\cdot(-1)$* *$4y = 3x - 6$ | $:4$* *$y = \frac{3}{4}x - \frac{3}{2}$*	Forme in die Normalform um. $\frac{1}{2}x + \frac{2}{3}y - 2 = 0$ *$\frac{2}{3}y = -\frac{1}{2}x + 2$ | $\cdot 3$* *$2y = -\frac{3}{2}x + 6$ | $:2$* *$y = -\frac{3}{4}x + 3$*
5	Löse das Gleichungssystem. $y = 4x - 5$ $y = 2x + 1$ *$4x - 5 = 2x + 1$* *$2x = 6$ | $:2$* *$x = 3$* *$x = 12 - 5 = 7$* *(3|7)*	Löse das Gleichungssystem. $2x + y = 8$ $x = y - 2$ *$2(y - 2) + y = 8$* *$2y - 4 + y = 8$ | $+4$ | $:3$* *$y = 4$* *$x = 4 - 2 = 2$* *(2|4)*	Löse das Gleichungssystem. $-5x + 4y = -3$ $\frac{1}{3}x + 2y = 7$ *$-5(-6y + 21) + 4y = -3$* *$34y = 102$ | $:34$* *$y = 3$* *$x = -18 + 21 = 3$* *(3|3)*
	Bronze: ☆ ☆ ☆ ☆	Silber: ☾ ☾ ☾ ☆ ☆	Gold: ☼ ☼ ☼ ☾ ☾

10 Flächenberechnungen

1 Umfang und Flächeninhalt von Vielecken berechnen

1 a) Berechne den Flächeninhalt A der Figur im Kasten. $a = 9{,}9$ cm; $g = 6{,}4$ cm; $h_1 = 3{,}9$ cm; $h_2 = 3{,}0$ cm

	Trapez	Dreieck
(1)	*$a = 9{,}9$ cm; $g = 6{,}4$ cm; $h_2 = 3{,}0$ cm*	*$g = 6{,}4$ cm; $h_1 = 3{,}9$ cm*
(2)	*$A = \frac{a+g}{2} \cdot h_2$*	*$A = \frac{g \cdot h_1}{2}$*
(3)	*$A \approx 24{,}5\ cm^2$*	*$A \approx 12{,}5\ cm^2$*

(4) *$A = 24{,}5\ cm^2 + 12{,}5\ cm^2 = 37{,}0\ cm^2$*

Skizze

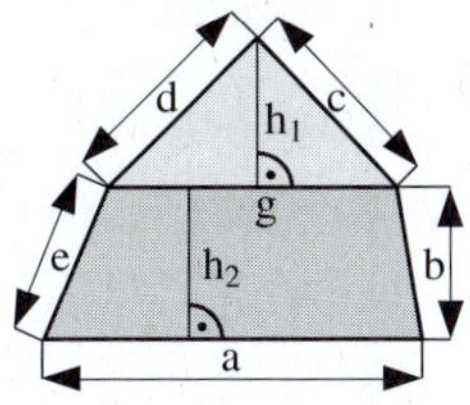

Flächeninhalt A
Summe aller Teilflächen des Vieleckes.

$A = A_{Dreieck} + A_{Trapez}$

Schrittfolge
(1) Gegebene Werte notieren
(2) Formel notieren
(3) Werte einsetzen, berechnen
(4) Antwort notieren

b) Berechne den Umfang u der Figur.

(1) $a = 9{,}9$ cm; $b = 4{,}2$ cm; $c = 4{,}3$ cm; $d = 4{,}5$ cm; $e = 4{,}5$ cm

(2) *$u = a + b + c + d + e$* (3) *$u = 27{,}4$ cm*

Parallelogramm

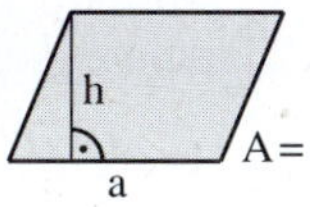

$A = a \cdot h$

Trapez

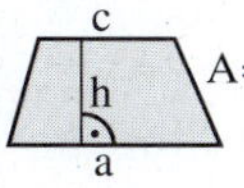

$A = \frac{a+c}{2} \cdot h$

Dreieck

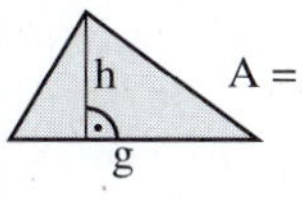

$A = \frac{g \cdot h}{2}$

2 Berechne den Flächeninhalt A des Vieleckes.

	Teilfigur ①	Teilfigur ②	Teilfigur ③
	Parallelogramm	*Trapez*	*Dreieck*
(1)	*$a = 7$ cm, $h = 3$ cm*	*$a = 7$ cm, $c = 6$ cm, $h = 3$ cm*	*$g = 6$ cm, $h = 3$ cm*
(2)	*$A_1 = a \cdot h$*	*$A_2 = \frac{a+c}{2} \cdot h$*	*$A_3 = \frac{g \cdot h}{2}$*
(3)	*$A_1 = 7\ cm \cdot 3\ cm$*	*$A_2 = \frac{7\ cm + 6\ cm}{2} \cdot 3\ cm$*	*$A_3 = \frac{6\ cm \cdot 3\ cm}{2}$*
	$= 21\ cm^2$	*$= 19{,}5\ cm^2$*	*$= 9\ cm^2$*

Skizze

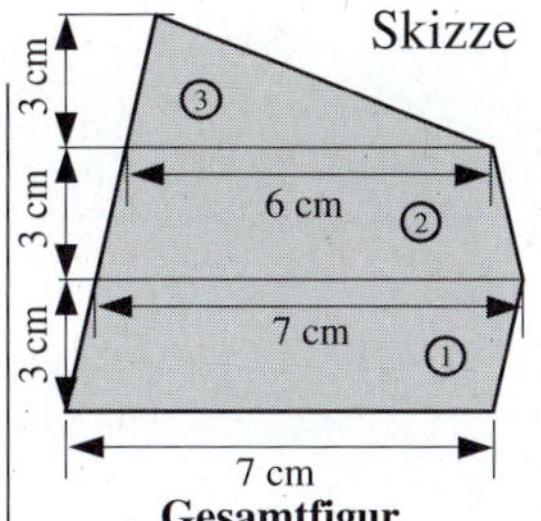

Gesamtfigur

$A = A_1 + A_2 + A_3$

$= 49{,}5\ cm^2$

Umfang
Summe aller Seitenlängen

3 Berechne den Umfang u des Vieleckes. Berechne unbekannte Seitenlängen mit dem Satz des Pythagoras.

Länge a	Länge b	Länge c	Länge d
$a = 1\ cm + 3\ cm + 1{,}5\ cm$	*$b = \sqrt{(2\ cm)^2 + (1{,}5\ cm)^2}$*	*$c = \sqrt{(2\ cm)^2 + (3\ cm)^2}$*	*$d = \sqrt{(4\ cm)^2 + (1\ cm)^2}$*
$a = 5{,}5$ cm	*$b = 2{,}5$ cm*	*$c \approx 3{,}6$ cm*	*$d \approx 4{,}1$ cm*

$u \approx 5{,}5\ cm + 2{,}5\ cm + 3{,}6\ cm + 4{,}1\ cm = 15{,}7$ cm

Skizze

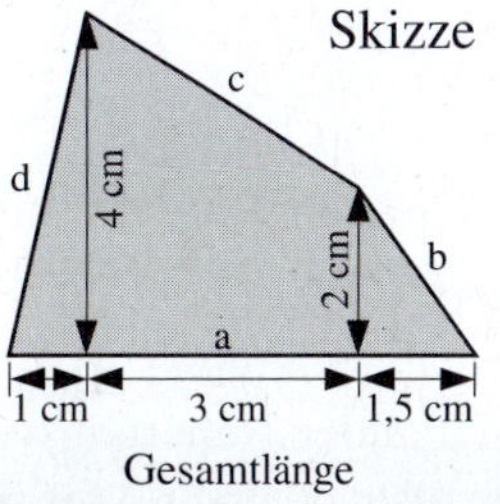

Gesamtlänge

Satz des Pythagoras
$a^2 + b^2 = c^2$

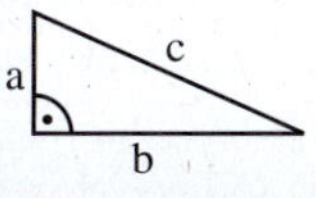

1.1 Berechne den Umfang u eines Sechseckes mit den Seitenlängen: $a = 7{,}2$ cm, $b = 4{,}8$ cm, $c = 5{,}5$ cm, $d = 8{,}7$ cm, $e = 9{,}7$ cm und $f = 6{,}3$ cm.

2.1 Berechne den Flächeninhalt A des Vieleckes (Fig. 1).

3.1 Berechne den Umfang u des Vieleckes (Fig. 2).

Fig. 1 Skizze

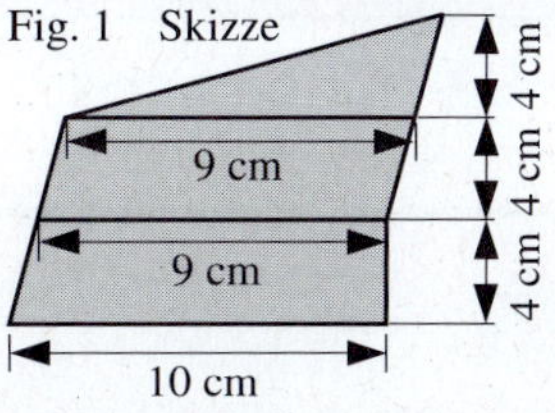

Fig. 2 Skizze

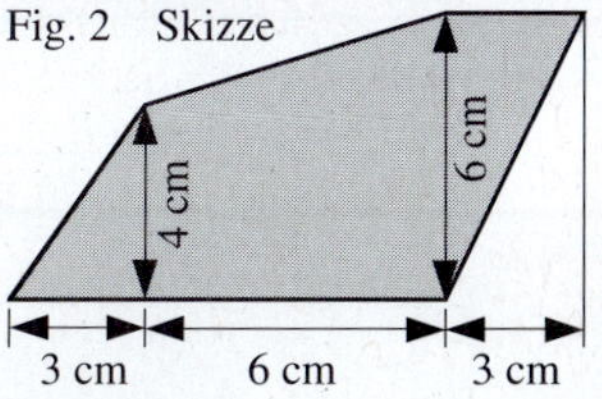

2 *NT Kreiszahl π bestimmen*

1 Der Viertelkreis (r = 1 dm) wird in n = 5 Streifen geteilt. Bestimme mit dem Satz des Pythagoras die Höhen (runde auf 4 Stellen nach dem Komma).

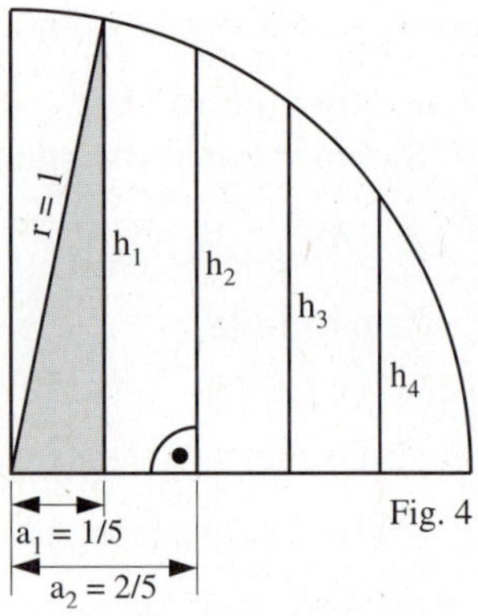

Fig. 4

Der Flächeninhalt des Kreises kann durch die Berechnung von Rechteckflächen eingeschachtelt werden.

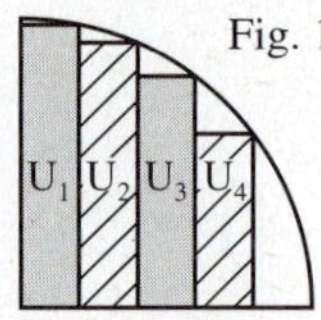

Fig. 1

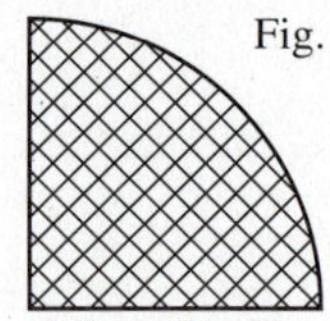
Fig. 2

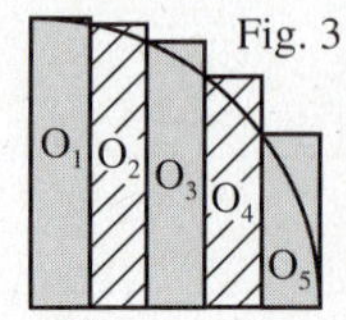

Fig. 3

Untersumme < Viertelkreis < Obersumme

$h_1 = \sqrt{1^2 - (\frac{1}{5})^2}$ $\quad$ $h_2 = \sqrt{1^2 - (\frac{2}{5})^2}$ $\quad$ $h_3 = \sqrt{1^2 - (\frac{3}{5})^2}$ $\quad$ $h_4 = \sqrt{1^2 - (\frac{4}{5})^2}$

$h_1 \approx 0{,}9798$ dm $\quad$ $h_2 \approx$ *0,9165 dm* $\quad$ $h_3 \approx$ *0,8000 dm* $\quad$ $h_4 \approx$ *0,6000 dm*

2 Berechne den Flächeninhalt der vier **unteren** Streifenrechtecke (Fig. 1).

$U_1 = \frac{1}{n} \cdot h_1$ $\quad$ $U_2 = \frac{1}{n} \cdot h_2$ $\quad$ $U_3 = \frac{1}{n} \cdot h_3$ $\quad$ $U_4 = \frac{1}{n} \cdot h_4$

$= \frac{1}{5} \cdot 0{,}9798$ $\quad$ $= \frac{1}{5} \cdot 0{,}9165$ $\quad$ $= \frac{1}{5} \cdot 0{,}8000$ $\quad$ $= \frac{1}{5} \cdot 0{,}6000$

$U_1 = 0{,}1960\ dm^2$ $\quad$ $U_2 = 0{,}1833\ dm^2$ $\quad$ $U_3 = 0{,}1600\ dm^2$ $\quad$ $U_4 = 0{,}1200\ dm^2$

3 Berechne den Flächeninhalt der fünf **oberen** Streifenrechtecke (Fig. 3).

$O_1 = \frac{1}{n} \cdot 1$ $\quad$ $O_2 = \frac{1}{n} \cdot h_1$ $\quad$ $O_3 = \frac{1}{n} \cdot h_2$ $\quad$ $O_4 = \frac{1}{n} \cdot h_3$ $\quad$ $O_5 = \frac{1}{n} \cdot h_4$

$= 0{,}2000\ dm^2$ $\quad$ $= 0{,}1960\ dm^2$ $\quad$ $= 0{,}1833\ dm^2$ $\quad$ $= 0{,}1600\ dm^2$ $\quad$ $= 0{,}1200\ dm^2$

4 Berechne für einen **Voll**kreis
a) die Summe aller unteren Rechteckstreifen, die „Untersumme": *2,6372 dm²*
b) die Summer aller oberen Rechteckstreifen, die „Obersumme": *3,4372 dm²*

5 Der Flächeninhalt des Kreises liegt im Intervall [Untersumme; Obersumme]. Berechne bei n = 5 Streifen den Näherungswert (Mittelwert beider Flächeninhalte) für π.

Untersumme	Näherung für π	Obersumme
2,6372	*3,0372*	*3,4372*

6 Lade das NLI-Programm „Bestimmen der Kreiszahl PI". Wähle im Menue das „Rechteckverfahren". Gib für die Anzahl der Streifen verschiedene Werte ein.
Notiere die ausgegebenen Werte:

Streifen-anzahl	Unter-summe	Näherung für π	Ober-summe
5	*2,6370*	*3,0370*	*3,4370*
10	*2,9045*	*3,1045*	*3,3045*
100	*3,1204*	*3,1404*	*3,1604*
1000	*3,1395*	*3,1415*	*3,1435*

Satz des Pythagoras

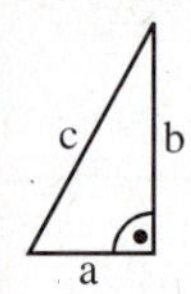

$a^2 + b^2 = c^2$

$b = \sqrt{c^2 - a^2}$

b entspricht der Höhe h
c entspricht dem Radius r
a entspricht dem Streifenabschnitt

In Niedersachsen kann das NLI-Programm kostenlos von Schulen bezogen werden durch:

Computer-Centrum des NLI
Richthofenstraße 29
31137 Hildesheim

7 Berechne die Aufgaben 1 bis 5 für
a) n = 6, b) n = 8, c) n = 10, d) n = 12.

8 Lade das NLI-Programm „Bestimmen der Kreiszahl PI". Wähle das „Rechteckverfahren". Gib für die Anzahl der Streifen folgende Werte ein: 200; 500; 2000; 3000; 5000.

3 Umfang und Flächeninhalt von Kreisen berechnen

1 Berechne von einem Kreis (d = 4,2 cm)
a) den Umfang u, b) den Flächeninhalt A.

a)	b)
(1) $d = 4{,}2\ cm$	(1) $r = 2{,}1\ cm$
(2) $u = \pi \cdot d$	(2) $A = \pi \cdot r^2$
(3) $u = \pi \cdot 4{,}2\ cm$	(3) $A = \pi \cdot (2{,}1\ cm)^2$
$u \approx 13{,}2\ cm$	$A \approx 13{,}9\ cm^2$

	Umfang u berechnen	**Flächeninhalt A** berechnen
(1) Gegebene Werte notieren	d = 5,6 cm	r = 2,8 cm
(2) Formel notieren, evtl. umstellen	$u = \pi \cdot d$	$A = \pi \cdot r^2$
(3) Werte einsetzen, berechnen	$u = \pi \cdot 5{,}6\ cm \approx 17{,}6\ cm$	$A = \pi \cdot (2{,}8\ cm)^2 \approx 24{,}6\ cm^2$

2 Berechne die gesuchte Größe bei einem Kreis. Runde sinnvoll.

	a)	b)	c)	d)
(1)	u = 19,5 cm, gesucht: d	$A = 78{,}5\ cm^2$, gesucht: r	u = 2,51 m, gesucht: r	$A = 33{,}20\ m^2$, gesucht: d
(2)	$u = \pi \cdot d$; $d = \frac{u}{\pi}$	$A = \pi \cdot r^2$; $r = \sqrt{\frac{A}{\pi}}$	$u = 2 \cdot \pi \cdot r$; $r = \frac{u}{2 \cdot \pi}$	$A = \pi \cdot \frac{d^2}{4}$; $d = \sqrt{\frac{4 \cdot A}{\pi}}$
(3)	$d = \frac{19{,}5\ cm}{\pi}$; $d \approx 6{,}2\ cm$	$r = \sqrt{\frac{78{,}5\ cm^2}{\pi}}$; $r \approx 5{,}0\ cm$	$r = \frac{2{,}51\ m}{2 \cdot \pi}$; $r \approx 0{,}40\ m$	$d = \sqrt{\frac{4 \cdot 33{,}2}{\pi}}$; $d = 6{,}50\ m$

3 Berechne
a) den Umfang u,
b) den Flächeninhalt A eines Halbkreises.
d = 6,4 cm

a)	b)
(1) $d = 6{,}4\ cm$	(1) $r = 3{,}2\ cm$
(2) $u = \frac{1}{2} \cdot \pi \cdot d$	(2) $A = \frac{1}{2} \cdot \pi \cdot r^2$
(3) $u = \frac{1}{2} \cdot \pi \cdot 6{,}4\ cm$	(3) $A = \frac{1}{2} \cdot \pi \cdot (3{,}2\ cm)^2$
$\approx 10{,}1\ cm$	$\approx 16{,}1\ cm^2$

•4 Berechne a) den Umfang u, b) den Flächeninhalt A der grauen Figur.

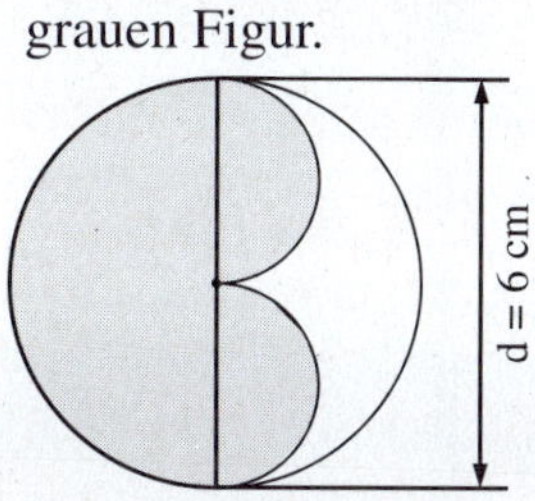

a) $u = u_{Halbkreis} + u_{Kleiner\ Kreis}$
$u_{Halbkreis} = \frac{1}{2} \cdot \pi \cdot 6\ cm \approx 9{,}4\ cm$
$u_{Kleiner\ Kreis} = \pi \cdot 3\ cm \approx 9{,}4\ cm$
$u = 9{,}4\ cm + 9{,}4\ cm$
$= 18{,}8\ cm$

b) $A = A_{Halbkreis} + A_{Kleiner\ Kreis}$
$A_{Halbkreis} = \frac{1}{2} \cdot \pi \cdot (3\ cm)^2 \approx 14{,}1\ cm^2$
$A_{Kleiner\ Kreis} = \pi \cdot (1{,}5\ cm)^2 \approx 7{,}1\ cm^2$
$A = 14{,}1\ cm^2 + 7{,}1\ cm^2$
$= 21{,}2\ cm^2$

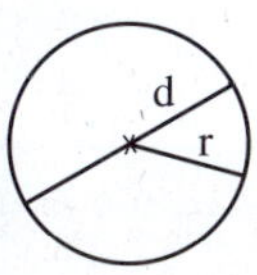

Durchmesser d
Radius r

$u = \pi \cdot d$
oder
$u = 2 \cdot \pi \cdot r$

$A = \pi \cdot r^2$
oder
$A = \frac{\pi}{4} \cdot d^2$
$A = \pi \cdot \frac{d^2}{4}$

Runde die Ergebnisse **sinnvoll!**

zu 1 bis 4:
0,4; 5,0; 6,2; 6,5; 10,1; 13,2; 13,9; 16,1; 18,8; 21,2

1.1 Berechne den Umfang u und Flächeninhalt A eines Kreises.
a) r = 8 cm b) d = 1,20 m c) r = 12,5 cm

2.1 Berechne die gesuchten Größen bei einem Kreis.
a) gegeben: u = 40,8 cm, gesucht: r und A.
b) gegeben: $A = 113{,}1\ cm^2$, gesucht: d und u.
c) gegeben: d = 1,25 m, gesucht: u und A.

3.1 Berechne den Umfang u und den Flächeninhalt A eines Viertelkreises mit r = 7 cm.

•4.1 Berechne den Umfang u und den Flächeninhalt A der grauen Figur.

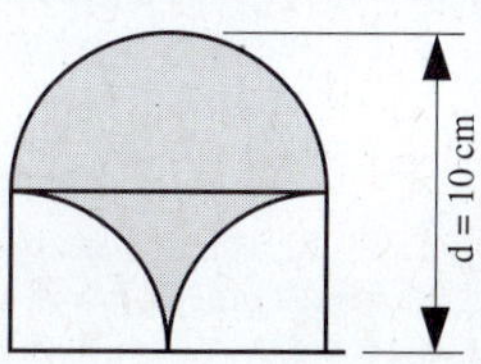

4 Kreisausschnitt, Kreisbogen und Kreisring berechnen

1 Berechne von einem Kreisausschnitt
a) den Flächeninhalt A, b) den Kreisbogen b.

a)	b)
(1) r = 8,2 cm, $\alpha = 110°$	(1) r = 8,2 cm, $\alpha = 110°$
(2) $A = \frac{\alpha}{360°} \cdot \pi \cdot r^2$	(2) $b = \frac{\alpha}{180°} \cdot \pi \cdot r$
(3) $A = \frac{110°}{360°} \cdot \pi \cdot (8{,}2\ cm)^2$	(3) $b = \frac{110°}{180°} \cdot \pi \cdot 8{,}2\ cm$
$A \approx 64{,}5\ cm^2$	$b \approx 15{,}7\ cm$

Kreisausschnitt | **Flächeninhalt** berechnen

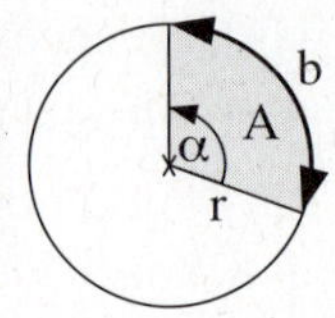

(1) Gegebene Werte notieren	r = 5,2 cm $\alpha = 110°$
(2) Formel notieren, evtl. umstellen	$A = \frac{\alpha}{360°} \cdot \pi \cdot r^2$
(3) Werte einsetzen, berechnen	$A = \frac{110°}{360°} \cdot \pi \cdot (5{,}2\ cm)^2$ $\approx 26{,}0\ cm^2$

2 Berechne die gesuchte Größe von einem Kreisausschnitt. Runde sinnvoll.

	a)	b)	c)	d)
(1)	r = 8,2 cm b = 10,0 cm gesucht: α	r = 5,5 cm A = 13,2 cm² gesucht: α	$\alpha = 130°$ A = 30,7 cm² gesucht: r	$\alpha = 200°$ b = 29,7 cm gesucht: r
(2)	$b = \frac{\alpha}{180°} \cdot \pi \cdot r$ $\alpha = \frac{b \cdot 180°}{\pi \cdot r}$	$A = \frac{\alpha}{360°} \cdot \pi \cdot r^2$ $\alpha = \frac{A \cdot 360°}{\pi \cdot r^2}$	$A = \frac{\alpha}{360°} \cdot \pi \cdot r^2$ $r = \sqrt{\frac{A \cdot 360°}{\alpha \cdot \pi}}$	$b = \frac{\alpha}{180°} \cdot \pi \cdot r$ $r = \frac{b \cdot 180°}{\alpha \cdot \pi}$
(3)	$\alpha = \frac{10{,}0\ cm \cdot 180°}{\pi \cdot 8{,}2\ cm}$ $\alpha \approx 69{,}9°$	$\alpha = \frac{13{,}2\ cm^2 \cdot 360°}{\pi \cdot (5{,}5\ cm)^2}$ $\alpha \approx 50{,}0°$	$r = \sqrt{\frac{30{,}7\ cm^2 \cdot 360°}{130° \cdot \pi}}$ $r \approx 5{,}2\ cm$	$r = \frac{29{,}7\ cm \cdot 180°}{200° \cdot \pi}$ $r \approx 8{,}5\ cm$

3 Berechne den Flächeninhalt A des Kreisringes.

a)	b)	c)
(1) $d_1 = 8{,}2$ cm; $d_2 = 5{,}6$ cm	(1) $d_1 = 10{,}3$ cm; $d_2 = 6{,}1$ cm	(1) $r_1 = 6{,}30$ m; $r_2 = 4{,}25$ m
(2) $A = \frac{\pi}{4} \cdot (d_1^2 - d_2^2)$	(2) $A = \frac{\pi}{4} \cdot (d_1^2 - d_2^2)$	(2) $A = \pi \cdot (r_1^2 - r_2^2)$
(3) $A = \frac{\pi}{4} \cdot ((8{,}2\ cm)^2 - (5{,}6\ cm)^2)$	(3) $A = \frac{\pi}{4} \cdot ((10{,}3\ cm)^2 - (6{,}1\ cm)^2)$	(3) $A = \pi \cdot ((6{,}30\ m)^2 - (4{,}25\ m)^2)$
$A \approx 28{,}2\ cm^2$	$A \approx 54{,}1\ cm^2$	$A \approx 67{,}9\ m^2$

•4 Berechne a) den Umfang u, b) den Flächeninhalt A der grauen Figur.

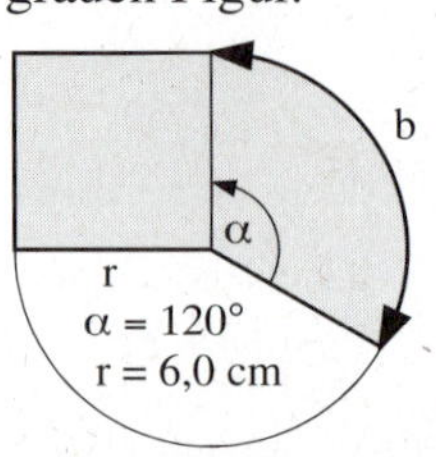

a)
$u = 4 \cdot r + b$
$b = \frac{\alpha}{180°} \cdot \pi \cdot r$
$b = \frac{120°}{180°} \cdot \pi \cdot 6{,}0\ cm$
$b \approx 12{,}6\ cm$
$u \approx 24{,}0\ cm + 12{,}6\ cm = 36{,}6\ cm$

b)
$A = r^2 + \frac{\alpha}{360°} \cdot \pi \cdot r^2$
$A = (6{,}0\ cm)^2 + \frac{120°}{360°} \cdot \pi \cdot (6{,}0\ cm)^2$
$A = 36\ cm^2 + 37{,}7\ cm^2$
$A \approx 73{,}7\ cm^2$

zu 1

Kreisbogen b berechnen
(1) r = 5,2 cm
$\alpha = 110°$
(2) $b = \frac{\alpha}{180°} \cdot \pi \cdot r$
(3) $b = \frac{110°}{180°} \cdot \pi \cdot 5{,}2\ cm$
$\approx 10{,}0$ cm

zu 3

Kreisring

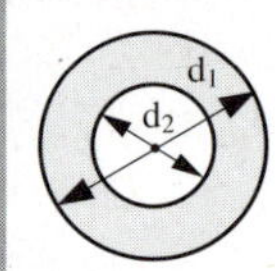

d_1 Durchmesser äußerer Kreis
d_2 Durchmesser innerer Kreis

$A = \frac{\pi}{4} \cdot (d_1^2 - d_2^2)$

oder

r_1 Radius äußerer Kreis
r_2 Radius innerer Kreis

$A = \pi \cdot (r_1^2 - r_2^2)$

1.1 Berechne den Flächeninhalt A und den Kreisbogen b eines Kreisausschnittes.
a) r = 5,8 cm; $\alpha = 75°$
b) r = 1,25 m; $\alpha = 100°$
c) $\alpha = 125°$; r = 80 cm

2.1 Berechne alle übrigen Größen des Kreisausschnittes.
a) r = 12 cm; A = 94,2 cm²
b) r = 0,75 m; b = 1,70 m
c) $\alpha = 50°$; A = 31,5 cm²
d) $\alpha = 250°$; b = 52,4 cm

3.1 Berechne den Flächeninhalt A des Kreisringes.
a) $d_1 = 8$ cm; $d_2 = 5$ cm
b) $r_1 = 12$ cm; $r_2 = 7$ cm

•4.1 Berechne den Umfang u und den Flächeninhalt A der grauen Figur.

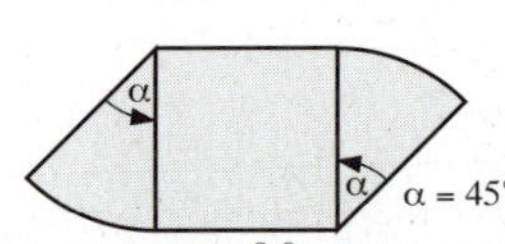

5 Sachaufgaben zu Kreisberechnungen lösen

1 Berechne die Aufgabe im Kasten.

(1) $\alpha = 0{,}53°$; $r = 150\,000\,000\ km$

(2) $b = \frac{\alpha}{180°} \cdot \pi \cdot r$

(3) $b = \frac{0{,}53°}{180°} \cdot \pi \cdot 150\,000\,000\ km$

$\approx 1\,400\,000\ km$

(4) *Der Durchmesser beträgt ≈ 1 400 000 km.*

Die Sonne ist ungefähr 150 000 000 km von der Erde entfernt. Man sieht sie von der Erde aus unter einem Winkel von α = 0,53°. Bestimme den Durchmesser d der Sonne. Die Länge von d ist ungefähr gleich der Länge vom Bogen b.

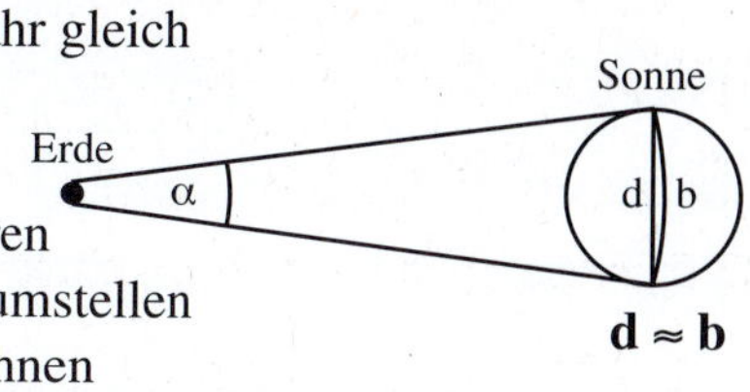

(1) Gegebene Werte notieren
(2) Formel notieren, evtl. umstellen
(3) Werte einsetzen, berechnen
(4) Antwort notieren

2 Zur besseren Druckverteilung werden bei Schraubverbindungen oft Unterlegscheiben verwendet. Berechne den Flächeninhalt der Scheibe.

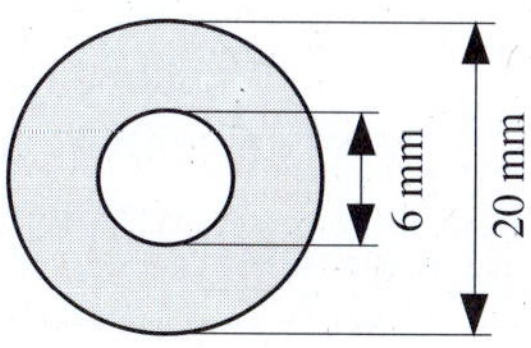

(1) *Kreisring:* $d_1 = 20\ mm$; $d_2 = 6\ mm$

(2) $A = \frac{\pi}{4} \cdot (d_1^2 - d_2^2)$

(3) $A = \frac{\pi}{4} \cdot [(20\ mm)^2 - (6\ mm)^2] \approx 286\ mm^2$

(4) *Der Flächeninhalt beträgt ≈ 286 mm².*

Formeln stehen in den Randspalten der vorigen Seiten!

•3 Ein Brunnen hat einen äußeren Umfang von 7,54 m. Die Stärke der Brunnenwand beträgt 0,25 m. Berechne den inneren Durchmesser des Brunnens.
Skizze

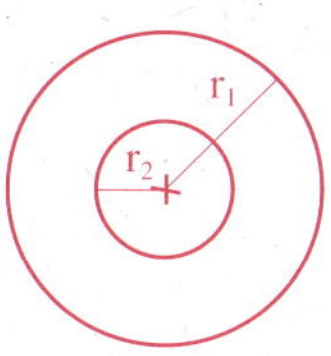

$r_1 - r_2 = 0{,}25\ m$

$u_1 = 7{,}54\ m$

$u_1 = 2 \cdot \pi \cdot r_1$; $r_1 = \frac{u_1}{2 \cdot \pi} = \frac{7{,}54\ m}{2 \cdot \pi} \approx 1{,}20\ m$

$r_2 = r_1 - 0{,}25\ m \approx 1{,}20\ m - 0{,}25\ m = 0{,}95\ m$

$d_2 = 2 \cdot r_2 = 2 \cdot 0{,}95\ m \approx 1{,}90\ m$

Der innere Durchmesser beträgt 1,90 m.

•4 Aus einem quadratischen Blech mit a = 12 cm soll ein möglichst großer 2,5 cm breiter Kreisring ausgeschnitten werden. Wie viel cm² Blech bleiben als Verschnitt übrig?
Skizze

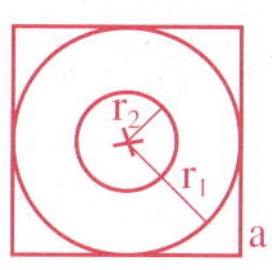

$a = 12\ cm$

$r_1 - r_2 = 2{,}5\ cm$

$r_1 = \frac{1}{2} \cdot a = 6\ cm$

$r_2 = r_1 - 2{,}5\ cm = 6\ cm - 2{,}5\ cm = 3{,}5\ cm$

$A_{Kreisring} = \pi \cdot (r_1^2 - r_2^2) = \pi \cdot [(6\ cm)^2 - (3{,}5\ cm)^2]$

$\approx 74{,}6\ cm^2$

$A_{Quadrat} = a^2 = (12\ cm)^2 = 144\ cm^2$

$Verschnitt = A_{Quadrat} - A_{Kreisring} \approx 69{,}4\ cm^2$

Skizzen helfen!

5 Ein Rohr hat einen Innendurchmesser von 100 mm und eine Wandstärke von 8 mm. Berechne den äußeren Umfang des Rohres.

6 Eine Unterlegscheibe soll den Flächeninhalt 250 mm² haben. Bestimme den Außendurchmesser zum Innendurchmesser
a) 5 mm, b) 6 mm, c) 7 mm, d) 4 mm.

7 Uwe legt während einer Radtour eine Strecke von 35,6 km zurück. Wie viele Umdrehungen machen dabei die beiden Räder des Fahrrades (Außendurchmesser 716 mm)?

•8 Berechne die Entfernung zweier Punkte auf dem Äquator mit dem Erdradius r = 6378 km. Der Winkel im Erdmittelpunkt zwischen den Längenkreisen der beiden Punkte beträgt 5°.

•9 Der Umfang eines Quadrates und eines Kreises beträgt jeweils 160 cm. Berechne und vergleiche die Flächeninhalte der beiden Figuren.

•10 Der Wurfbereich beim Kugelstoßen hat die Form eines Kreisausschnittes. Der Winkel beträgt 65°, der Radius 1,067 m. Welche innere und welche äußere Länge hat der 10 cm breite Balken?

DIPLOM

1

☆ Berechne den Flächeninhalt A des Kreises (r = 1,20 m).

$A = \pi \cdot r^2$

$A = \pi \cdot (1{,}20\ m)^2$

$A \approx 4{,}52\ m^2$

☾ Ein Kreis hat einen Flächeninhalt A von 1,77 m². Berechne den Durchmesser d.

$A = \frac{\pi}{4} \cdot d^2$

$d = \sqrt{\frac{4 \cdot A}{\pi}} = \sqrt{\frac{4 \cdot 1{,}77\ m^2}{\pi}}$

$d \approx 1{,}50\ m$

☀ Aus einem quadratischen Blech (a = 25 cm) soll eine möglichst große Kreisscheibe geschnitten werden. Berechne den Flächeninhalt A der Scheibe.

$A = \pi \cdot r^2 \quad r = \frac{1}{2} \cdot a = \frac{1}{2} \cdot 25\ cm = 12{,}5\ cm$

$= \pi \cdot (12{,}5\ cm)^2 \approx 490{,}9\ cm^2$

2

☆ Berechne den Flächeninhalt A des Kreisringes.
$r_2 = 5{,}0$ cm
$r_1 = 8{,}5$ cm

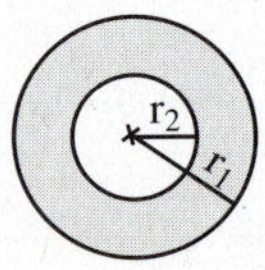

$A = \pi \cdot (r_1^2 - r_2^2)$

$A = \pi \cdot ((8{,}5\ cm)^2 - (5{,}0\ cm)^2)$

$A \approx 148{,}4\ cm^2$

☾ Berechne die Querschnittsfläche des Eisenrohres.

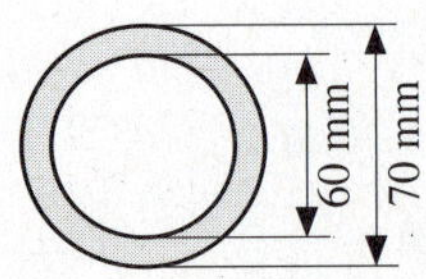

$A = \frac{\pi}{4} \cdot (d_1^2 - d_2^2)$

$A = \frac{\pi}{4} \cdot ((70\ mm)^2 - (60\ mm)^2)$

$A \approx 1021\ mm^2$

☀ Eine Unterlegscheibe hat einen Innenradius von 6 mm und einen Flächeninhalt A von 200 mm². Welchen Außenradius hat die Scheibe?

$A = \pi \cdot (r_1^2 - r_2^2)$

$A = 200\ mm^2; \qquad r_2 = 6\ mm$

$r_1 = \sqrt{\frac{A}{\pi} + r_2^2} \approx 10\ mm$

3

☆ Berechne den Flächeninhalt A des Kreisausschnittes.

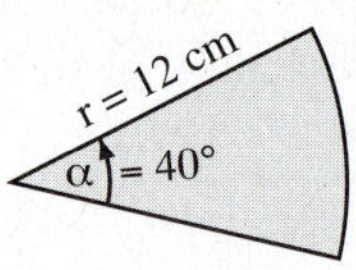

$A = \frac{\alpha}{360°} \cdot \pi \cdot r^2$

$A = \frac{40°}{360°} \cdot \pi \cdot (12\ cm)^2$

$A \approx 50{,}3\ cm^2$

☾ Ein Kreisausschnitt (r = 10 cm) hat einen Flächeninhalt A von 43,6 cm². Berechne Winkel α.

$A = \frac{\alpha}{360°} \cdot \pi \cdot r^2$

$\alpha = \frac{A \cdot 360°}{\pi \cdot r^2} = \frac{43{,}6\ cm^2 \cdot 360°}{\pi \cdot (10\ cm)^2}$

$\alpha \approx 50{,}0°$

☀ Eine Küche hat ein Eckregal mit dem abgebildeten Boden. Berechne die Abstellfläche.

$A = \frac{3}{4} \cdot \pi \cdot r^2; \qquad r = 26\ cm$

$A = \frac{3}{4} \cdot \pi \cdot (26\ cm)^2$

$A \approx 1593\ cm^2$

4

☆ Berechne die Bogenlänge b des Kreisausschnittes.

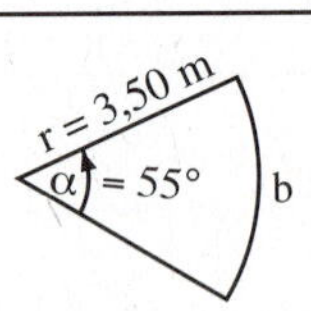

$b = \frac{\alpha}{180°} \cdot \pi \cdot r$

$b = \frac{55°}{180°} \cdot \pi \cdot 3{,}50\ m$

$b \approx 3{,}36\ m$

☾ Ein Kreisausschnitt (α = 70°) hat eine Bogenlänge b von 91,6 cm. Berechne den Radius.

$b = \frac{\alpha}{180°} \cdot \pi \cdot r$

$r = \frac{b \cdot 180°}{\alpha \cdot \pi} = \frac{91{,}6\ cm \cdot 180°}{70° \cdot \pi}$

$r \approx 75{,}0\ cm$

☀ Ein PKW hat einen Wendekreisradius von 4,90 m. Berechne den Weg des Rades auf der äußeren Spur, wenn das Auto rechtwinklig abbiegt.

$b = \frac{\alpha}{180°} \cdot \pi \cdot r \qquad \alpha = 90°$

$b = \frac{90°}{180°} \cdot \pi \cdot 4{,}9\ m$

$b \approx 7{,}70\ m$

Bronze: ☆ ☆ ☆	Silber: ☾ ☾ ☆ ☆	Gold: ☀ ☀ ☾ ☾

11 Körperberechnungen

0 Experiment: Rauminhalte durch Umfüllen bestimmen

1 Vergleiche den Rauminhalt eines Quaders mit dem Rauminhalt einer Pyramide. Grundfläche **G** und Körperhöhe **k** beider Körper müssen jeweils gleich groß sein.

Wie viele Pyramidenfüllungen passen in den Quader?

a) Schätze und kreuze an!

2 Pyramidenfüllungen ○
3 Pyramidenfüllungen ⓧ
4 Pyramidenfüllungen ○

b) Fülle die Pyramide mit Wasser.
Gieße dann den Inhalt der Pyramide in den Quader.
Wie hoch ist der Quader gefüllt? Notiere.

ein Drittel

c) Fülle nun den Quader vollständig.
Wie viele Füllungen passen in den Quader?

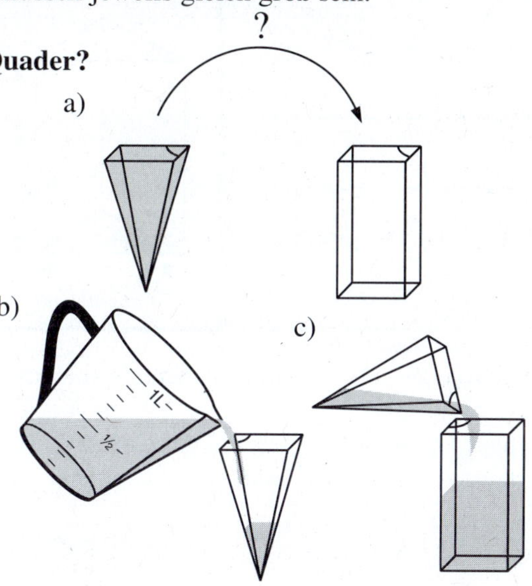

In den Quader passen *drei* Pyramidenfüllungen.

d) Das Volumen des Quaders kann mit der Formel V = G · k berechnet werden.

Notiere die Formel zur Berechnung des Volumens der Pyramide. $V = \frac{1}{3} \cdot G \cdot k$

Für die Experimente werden benötigt:

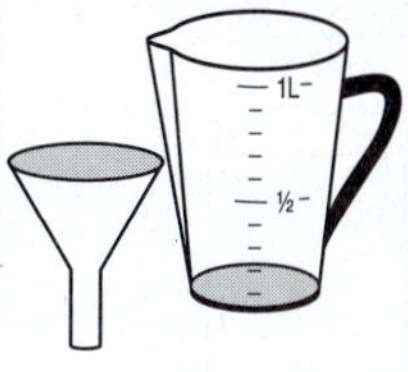

Trichter Messbecher

Körpermodelle mit Einfüllöffnung

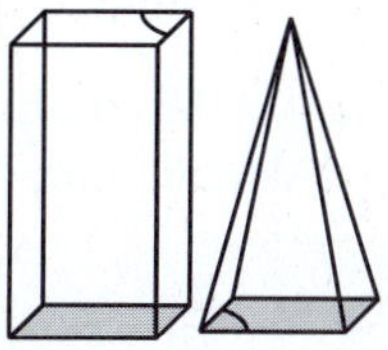

Quader Pyramide
(mit gleicher Grundfläche und gleicher Körperhöhe)

2 Vergleiche den Rauminhalt eines Zylinders mit dem Rauminhalt eines Kegels. Grundfläche **G** und Körperhöhe **k** beider Körper müssen jeweils gleich groß sein.

Wie viele Kegelfüllungen passen in den Zylinder?

a) Schätze und kreuze an!

2 Kegelfüllungen ○
3 Kegelfüllungen ⓧ
4 Kegelfüllungen ○

b) Fülle den Kegel mit Wasser.
Gieße dann den Inhalt des Kegels in den Zylinder.
Wie hoch ist der Zylinder gefüllt? Notiere.

ein Drittel

c) Fülle nun den Zylinder vollständig.
Wie viele Füllungen passen in den Zylinder?

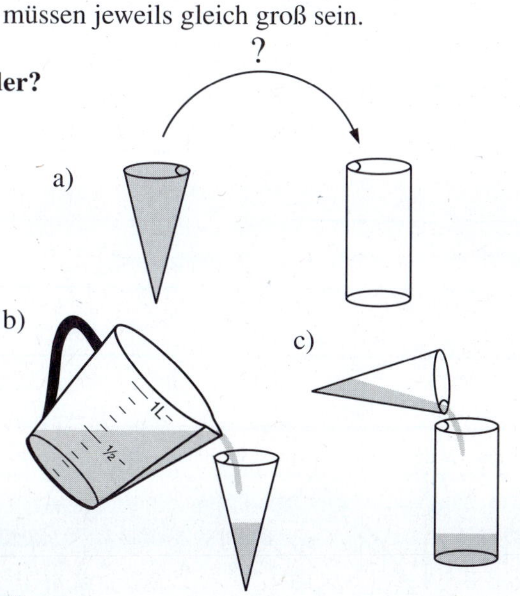

In den Zylinder passen *drei* Kegelfüllungen.

d) Das Volumen des Zylinders kann mit der Formel V = G · k berechnet werden.

Notiere die Formel zur Berechnung des Volumens des Kegels. $V = \frac{1}{3} \cdot G \cdot k$

Für das Experiment werden benötigt:

Trichter Messbecher

Körpermodelle mit Einfüllöffnung

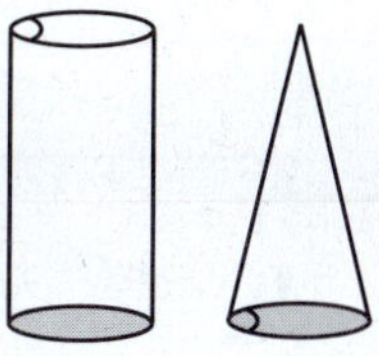

Zylinder Kegel
(mit gleicher Grundfläche und gleicher Körperhöhe)

1 Volumen von Prismen berechnen

1 Berechne das Volumen V des Dreieckprismas. Runde sinnvoll.

Skizze

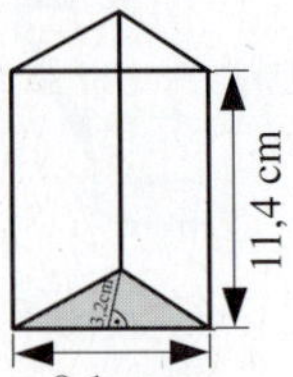

(1) *g = 9,1 cm; h = 3,2 cm; k = 11,4 cm*

(2) $V = G \cdot k$

$V = \frac{g \cdot h}{2} \cdot k$

(3) $V = \frac{9{,}1\,cm \cdot 3{,}2\,cm}{2} \cdot 11{,}4\,cm$

$V \approx 166\,cm^3$

Dreieckprisma

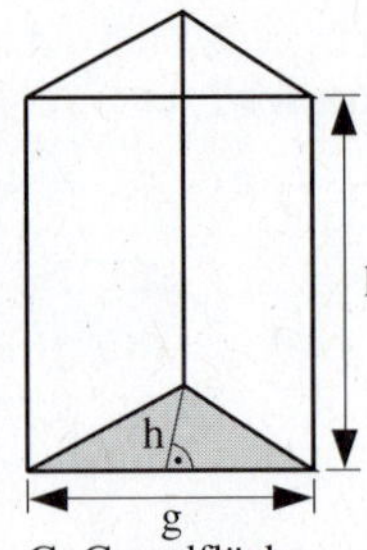

Volumen berechnen

(1) Gegebene Werte notieren	g = 4 cm; h = 2 cm; k = 5 cm
(2) Formel notieren, evtl. umformen	**V = G · k** $V = \frac{g \cdot h}{2} \cdot k$
(3) Werte einsetzen, berechnen	$V = \frac{4\,cm \cdot 2\,cm}{2} \cdot 5\,cm$ $V = 20\,cm^3$

2 Berechne die übrige Größe des Dreieckprismas. Runde sinnvoll.

a)
(1) g = 12 cm; h = 5 cm; $V = 585\,cm^3$

(2) $V = \frac{g \cdot h}{2} \cdot k$

$k = \frac{2 \cdot V}{g \cdot h}$

(3) $k = \frac{2 \cdot 585\,cm^3}{12\,cm \cdot 5\,cm}$

$k = 19{,}5\,cm$

b)
g = 3,5 cm; k = 7 cm; $V = 75{,}95\,cm^3$

$V = \frac{g \cdot h}{2} \cdot k$

$h = \frac{2 \cdot V}{g \cdot k}$

$h = \frac{2 \cdot 75{,}95\,cm^3}{3{,}5\,cm \cdot 7\,cm}$

$h = 6{,}2\,cm$

c)
h = 9 cm; k = 11 cm; $V = 1188\,cm^3$

$V = \frac{g \cdot h}{2} \cdot k$

$g = \frac{2 \cdot V}{h \cdot k}$

$g = \frac{2 \cdot 1188\,cm^3}{9\,cm \cdot 11\,cm}$

$g = 24\,cm$

Flächeninhalt A Dreieck

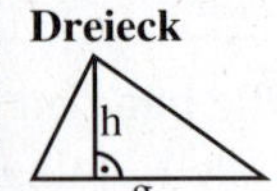

$A = \frac{g \cdot h}{2}$

oder

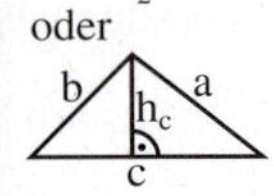

$A = \frac{c \cdot h_c}{2}$

3 Berechne das Volumen V des Trapezprismas.

Skizze

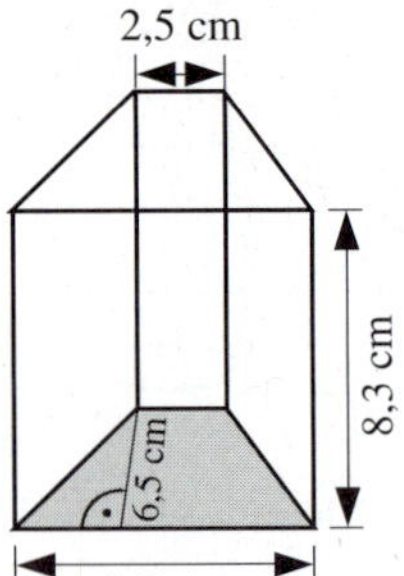

(1) *a = 7,5 cm; c = 2,5 cm;*

h = 6,5 cm; k = 8,3 cm

(2) $V = G \cdot k$

$V = \frac{a + c}{2} \cdot h \cdot k$

(3) $V = \frac{7{,}5\,cm + 2{,}5\,cm}{2} \cdot 6{,}5\,cm \cdot 8{,}3\,cm$

$V = 269{,}75\,cm^3$

4 Berechne die übrige Größe des Trapezprismas.

a)
(1) a = 7 cm; c = 4 cm; h = 3 cm; $V = 138{,}6\,cm^3$

(2) $V = \frac{a + c}{2} \cdot h \cdot k$

$k = \frac{2 \cdot V}{(a + c) \cdot h}$

(3) $k = \frac{2 \cdot 138{,}6\,cm^3}{(7\,cm + 4\,cm) \cdot 3\,cm}$

$k = 8{,}4\,cm$

b)
a = 8,5 cm; h = 2,5 cm; k = 12 cm; $V = 162\,cm^3$

$V = \frac{a + c}{2} \cdot h \cdot k$

$c = \frac{2 \cdot V}{h \cdot k} - a$

$c = \frac{2 \cdot 162\,cm^3}{2{,}5\,cm \cdot 12\,cm} - 8{,}5\,cm$

$c = 2{,}3\,cm$

2,3; 6,2; 8,4; 19,5; 24; 166; 269,75

Flächeninhalt A Trapez

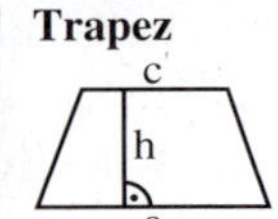

$A = \frac{a + c}{2} \cdot h$

zu 3 und 4

Volumen V vom Trapezprisma

$\mathbf{V = \frac{a + c}{2} \cdot h \cdot k}$

zu 1 bis 4

1.1 Berechne das Volumen V des Dreieckprismas (Fig. 1 und 2).

Fig. 1
Skizze

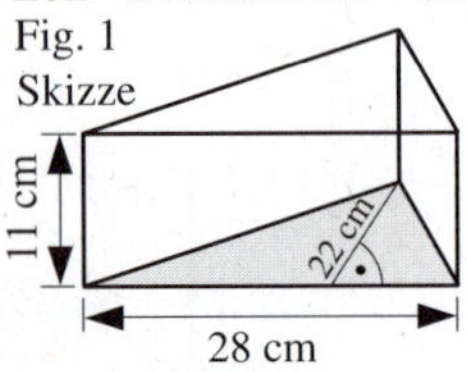

Fig. 2
Skizze

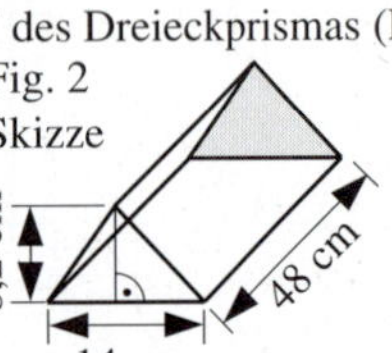

3.1 Berechne das Volumen V des Trapezprismas (Fig. 3 und 4).

Fig. 3
Skizze

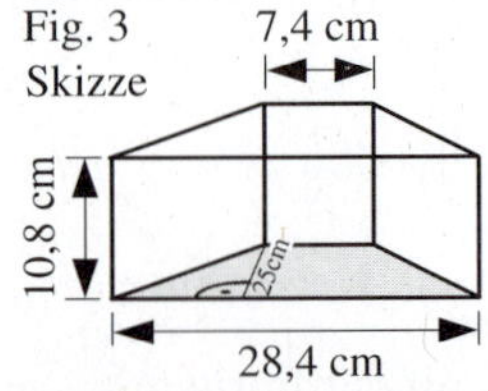

Fig. 4
Skizze

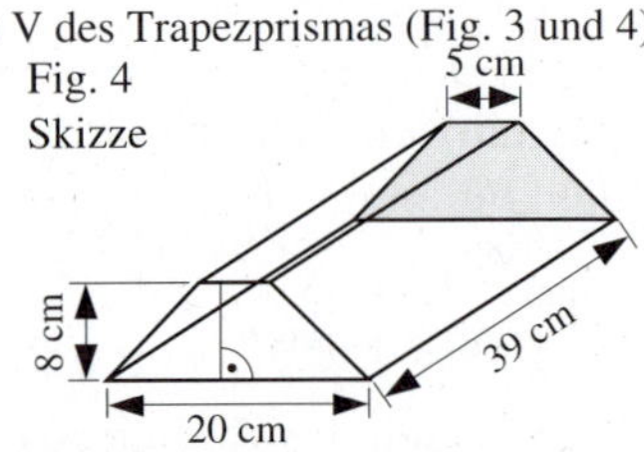

2.1 Berechne die übrige Größe des Dreieckprismas.

a) g = 8,5 cm
h = 3,2 cm
$V = 156{,}4\,cm^3$

b) g = 4,6 cm
k = 9 cm
$V = 103{,}5\,cm^3$

c) h = 12,2 cm
k = 9,5 cm
$V = 579{,}5\,cm^3$

4.1 Berechne die übrige Größe des Trapezprismas.

a) a = 6 cm, c = 2,8 cm
h = 4,8 cm, $V = 105{,}6\,cm^3$

b) a = 18 cm, h = 7,4 cm
k = 36 cm, $V = 2877{,}12\,cm^3$

2 Volumen von Pyramiden berechnen

1 Berechne das Volumen V der Pyramide.

Skizze

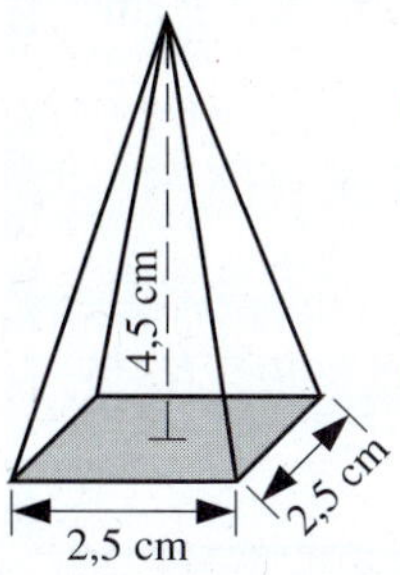

(1) $k = 4{,}5\ cm,\ a = 2{,}5\ cm$

(2) $V = \frac{1}{3} \cdot G \cdot k$

$V = \frac{1}{3} \cdot a^2 \cdot k$

(3) $V = \frac{1}{3} \cdot (2{,}5\ cm)^2 \cdot 4{,}5\ cm$

$V \approx 9{,}4\ cm^3$

Pyramide

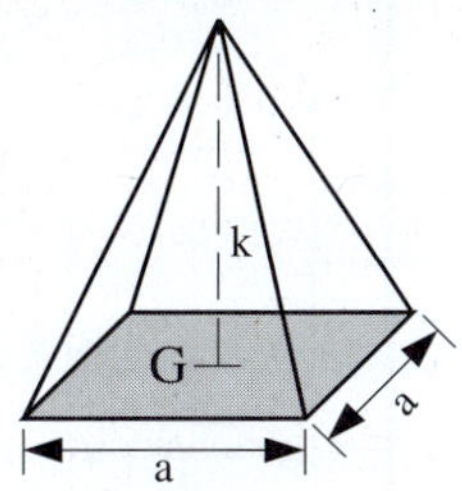

G Grundfläche
k Körperhöhe

Volumen berechnen

(1) Gegebene Werte notieren	a = 4 cm k = 4,5 cm
(2) Formel notieren, evtl. umformen	$\mathbf{V = \frac{1}{3} \cdot G \cdot k}$ $V = \frac{1}{3} \cdot a^2 \cdot k$
(3) Werte einsetzen, berechnen	$V = \frac{1}{3} \cdot (4\ cm)^2 \cdot 4{,}5\ cm$ $V = 24\ cm^3$

2 Berechne das Volumen V der Pyramide mit einer

a) quadratischen Grundfläche,
(1) a = 4,8 cm; k = 13 cm

(2) $V = \frac{1}{3} \cdot G \cdot k$

$V = \frac{1}{3} \cdot a^2 \cdot k$

(3) $V = \frac{1}{3} \cdot (4{,}8\ cm)^2 \cdot 13\ cm$

$V \approx 99{,}8\ cm^3$

b) rechteckigen Grundfläche,
a = 9,45 m; b = 1,80 m; k = 12,50 m

$V = \frac{1}{3} \cdot G \cdot k$

$V = \frac{1}{3} \cdot a \cdot b \cdot k$

$V = \frac{1}{3} \cdot 9{,}45\ m \cdot 1{,}80\ m \cdot 12{,}50\ m$

$V \approx 70{,}9\ m^3$

c) dreieckigen Grundfläche.
g = 7,5 cm; h = 6,4 cm; k = 14,8 cm

$V = \frac{1}{3} \cdot G \cdot k$

$V = \frac{1}{3} \cdot \frac{g \cdot h}{2} \cdot k$

$V = \frac{1}{3} \cdot \frac{7{,}5\ cm \cdot 6{,}4\ cm}{2} \cdot 14{,}8\ cm$

$V = 118{,}4\ cm^3$

Pyramide mit dreieckiger Grundfläche

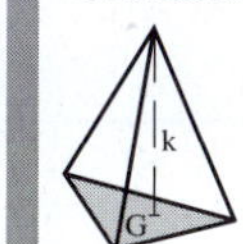

zu 3
Körperhöhe k berechnen
$k = \sqrt{h_a^2 - (\frac{a}{2})^2}$

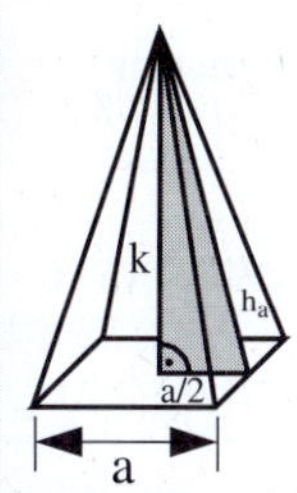

h_a Höhe zur Seite a

3 Berechne für eine Pyramide mit quadratischer Grundfläche zuerst die Körperhöhe k und danach das Volumen V. Runde sinnvoll.

a) (1) a = 26 cm; h_a = 18 cm

(2) $k^2 = h_a^2 - (\frac{a}{2})^2$

(3) $k \approx 12{,}4\ cm$

Volumen V

(2) $V = \frac{1}{3} \cdot a^2 \cdot k$

(3) $V = \frac{1}{3} \cdot (26\ cm)^2 \cdot 12{,}4\ cm$

$V \approx 2794{,}1\ cm^3$

b) a = 7,2 cm; h_a = 11 cm

$k^2 = h_a^2 - (\frac{a}{2})^2$

$k \approx 10{,}4\ cm$

$V = \frac{1}{3} \cdot a^2 \cdot k$

$V = \frac{1}{3} \cdot (7{,}2\ cm)^2 \cdot 10{,}4\ cm$

$V \approx 179{,}7\ cm^3$

c) a = 11 m; h_a = 19 m

$k^2 = h_a^2 - (\frac{a}{2})^2$

$k \approx 18{,}2\ m$

$V = \frac{1}{3} \cdot a^2 \cdot k$

$V = \frac{1}{3} \cdot (11\ m)^2 \cdot 18{,}2\ m$

$V \approx 734{,}1\ m^3$

✓ zu 1 bis 3:
9,4; 10,4; 12,4; 18,2; 70,9; 99,8; 118,4; 179,7; 734,1; 2794,1

1.1 Berechne das Volumen V der Pyramide (Fig. 1 und 2).

Fig. 1 Skizze

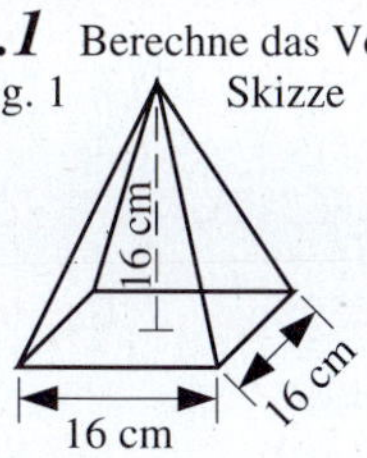

Fig. 2 Skizze

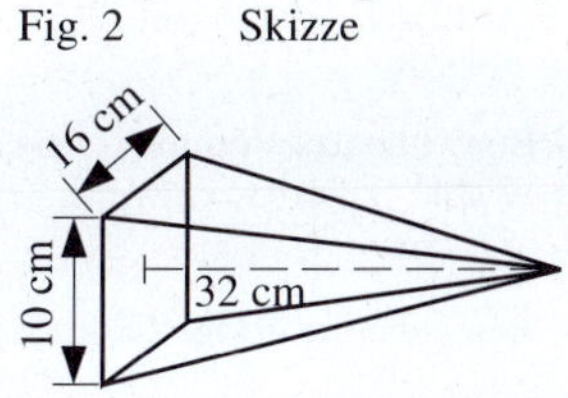

2.1 Berechne das Volumen V der Pyramide mit quadratischer Grundfläche.
a) a = 5 cm, k = 28 cm
b) a = 3,65 m, k = 3,50 m

2.2 Berechne das Volumen V der Pyramide mit rechteckiger Grundfläche.
a) a = 6 cm, b = 3 cm, k = 16 cm
b) a = 4,55 m, b = 1,24 m, k = 6,82 m

2.3 Berechne das Volumen V der Pyramide mit dreieckiger Grundfläche.
a) g = 6 cm, h = 8 cm, k = 28 cm
b) g = 1,22 m, h = 7,92 m, k = 3,50 m

3.1 Berechne die Körperhöhe k und danach das Volumen V der Pyramide mit quadratischer Grundfläche.
a) a = 9 cm, h_a = 17 cm
b) a = 2,55 m, h_a = 9,24 m

3 *Volumen von Zylindern berechnen*

1 Berechne das Volumen V des Zylinders.

Skizze

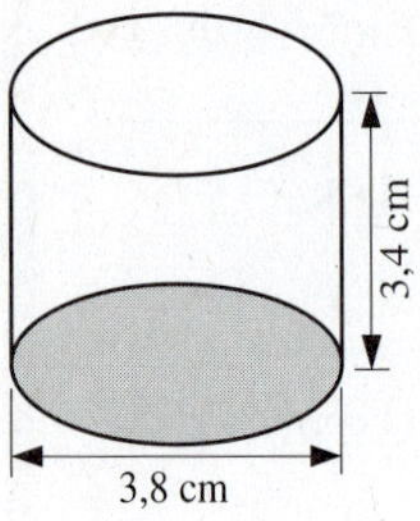

(1) r = *1,9 cm; k = 3,4 cm*

(2) V = *G · k*

$V = \pi \cdot r^2 \cdot k$

(3) *$V = \pi \cdot (1{,}9\,cm)^2 \cdot 3{,}4\,cm$*

$V \approx 38{,}6\,cm^3$

Zylinder

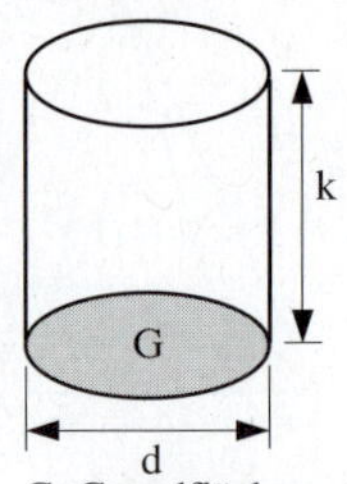

G Grundfläche
k Körperhöhe

Volumen berechnen

(1) Gegebene Werte notieren	r = 4 cm; k = 9 cm
(2) Formel notieren, evtl. umformen	**V = G · k** $V = \pi \cdot r^2 \cdot k$
(3) Werte einsetzen, berechnen	$V = \pi \cdot (4\,cm)^2 \cdot 9\,cm$ $V \approx 452{,}4\,cm^3$

2 Berechne das Volumen V des Zylinders. Runde sinnvoll.

a) (1) r = 1,5 cm; k = 3 cm

(2) V = *G · k*

$V = \pi \cdot r^2 \cdot k$

(3) *$V = \pi \cdot (1{,}5\,cm)^2 \cdot 3\,cm$*

$V \approx 21{,}2\,cm^3$

b) r = 3 cm; k = 3 cm

V = G · k

$V = \pi \cdot r^2 \cdot k$

$V = \pi \cdot (3\,cm)^2 \cdot 3\,cm$

$V \approx 84{,}8\,cm^3$

c) r = 4,5 cm; k = 3 cm

V = G · k

$V = \pi \cdot r^2 \cdot k$

$V = \pi \cdot (4{,}5\,cm)^2 \cdot 3\,cm$

$V \approx 190{,}9\,cm^3$

Kreis

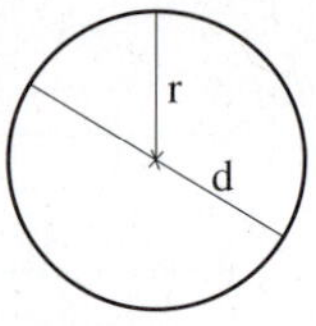

r Radius
d Durchmesser

Flächeninhalt A des Kreises
$\mathbf{A = \pi \cdot r^2}$

3 Berechne die übrige Größe des Zylinders. Runde sinnvoll.

a) (1) d = 9 cm; $V = 540{,}7\,cm^3$

(2) $V = \pi \cdot r^2 \cdot k$

$k = \frac{V}{\pi \cdot r^2}$

(3) *$k = \frac{540{,}7\,cm^3}{\pi \cdot (4{,}5\,cm)^2}$*

$k \approx 8{,}5\,cm$

b) r = 0,9 m; $V = 7{,}125\,m^3$

$V = \pi \cdot r^2 \cdot k$

$k = \frac{V}{\pi \cdot r^2}$

$k = \frac{7{,}125\,m^3}{\pi \cdot (0{,}9\,m)^2}$

$k \approx 2{,}8\,m$

c) k = 15 cm; $V = 294{,}5\,cm^3$

$V = \pi \cdot r^2 \cdot k$

$r^2 = \frac{V}{\pi \cdot k}$

$r = \sqrt{\frac{V}{\pi \cdot k}}$

$r = \sqrt{\frac{294{,}5\,cm^3}{\pi \cdot 15\,cm}}$

$r \approx 2{,}5\,cm$

zu 1 bis 3:
2,5; 2,8; 8,5; 21,2; 38,6; 84,8; 190,9

1.1 Berechne das Volumen V des Zylinders (Fig. 1 und 2).

Fig. 1 Skizze

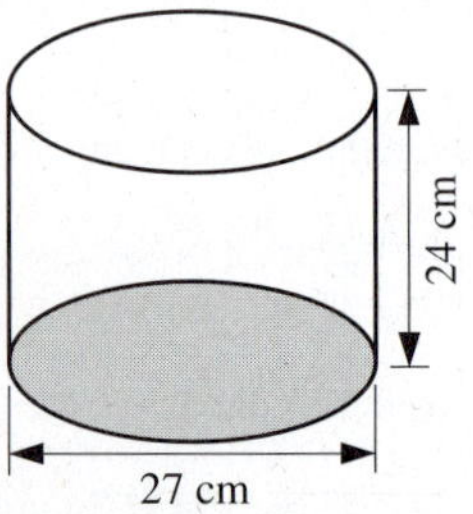

Fig. 2 Skizze

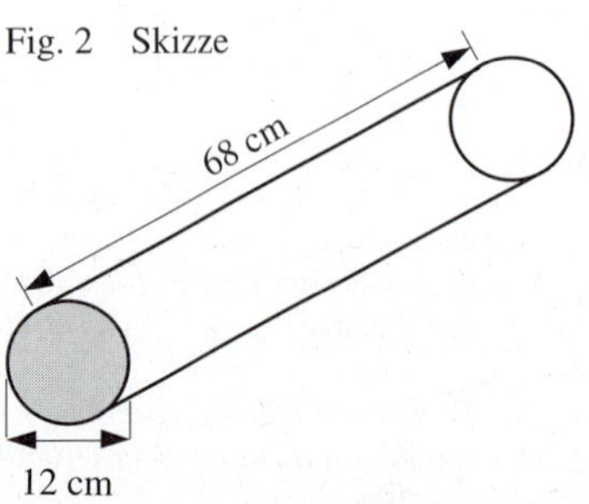

2.1 Berechne das Volumen V des Zylinders.
a) r = 3 cm, k = 4,4 cm b) r = 4,8 cm, k = 4,8 cm c) r = 6,5 m, k = 7,22 m d) r = 9 m, k = 15 m

2.2 Berechne das Volumen V des Zylinders.
a) d = 7 cm, k = 5,3 cm b) d = 5,6 cm, k = 1,7 cm c) d = 1,8 m, k = 2,95 m d) d = 20 m, k = 10 m

3.1 Berechne die übrige Größe des Zylinders.

	a)	b)	c)	d)	e)
r	6 cm	2,8 cm	2,3 cm		
k	2,5 cm			11,8 cm	5 cm
V		$238\,cm^3$	$282\,cm^3$	$1204\,cm^3$	$90\,cm^3$

4 Volumen von Kegeln berechnen

1 Berechne das Volumen V des Kegels.

Skizze

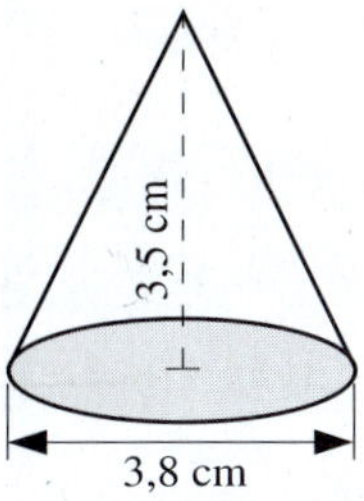

(1) r = *1,9 cm*; k = *3,5 cm*

(2) $V = \frac{1}{3} \cdot G \cdot k$

$V = \frac{1}{3} \cdot \pi \cdot r^2 \cdot k$

(3) $V = \frac{1}{3} \cdot \pi \cdot (1{,}9\,cm)^2 \cdot 3{,}5\,cm$

$V \approx 13{,}2\,cm^3$

Kegel

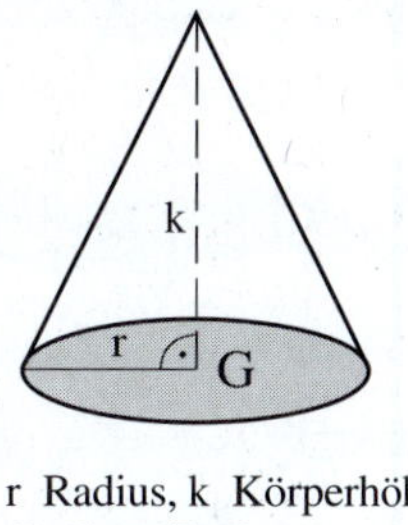

r Radius, k Körperhöhe
G Grundfläche

Volumen V berechnen

(1) Gegebene Werte notieren	r = 1,5 cm; k = 4 cm
(2) Formel notieren, evtl. umformen	$\mathbf{V = \frac{1}{3} \cdot G \cdot k}$ $V = \frac{1}{3} \cdot \pi \cdot r^2 \cdot k$
(3) Werte einsetzen, berechnen	$V = \frac{1}{3} \cdot \pi \cdot (1{,}5\,cm)^2 \cdot 4\,cm$ $V \approx 9{,}4\,cm^3$

2 Berechne die übrige Größe des Kegels. Runde sinnvoll.

a) (1) r = 2,8 cm; V = 123 cm³

(2) $V = \frac{1}{3} \cdot \pi \cdot r^2 \cdot k$

$k = \frac{3 \cdot V}{\pi \cdot r^2}$

(3) $k = \frac{3 \cdot 123\,cm^3}{\pi \cdot (2{,}8\,cm)^2}$

$k \approx 15{,}0\,cm$

b) k = 9 cm; V = 254 cm³

$V = \frac{1}{3} \cdot \pi \cdot r^2 \cdot k$

$r^2 = \frac{3 \cdot V}{\pi \cdot k}$

$r = \sqrt{\frac{3 \cdot V}{\pi \cdot k}}$

$r = \sqrt{\frac{3 \cdot 254\,cm^3}{\pi \cdot 9\,cm}}$

$r \approx 5{,}2\,cm$

c) d = 6,8 cm; V = 72,6 cm³

$V = \frac{1}{3} \cdot \pi \cdot r^2 \cdot k$

$k = \frac{3 \cdot V}{\pi \cdot r^2}$

$k = \frac{3 \cdot 72{,}6\,cm^3}{\pi \cdot (3{,}4\,cm)^2}$

$k \approx 6{,}0\,cm$

3 Berechne die Körperhöhe k und danach das Volumen V des Kegels. Runde sinnvoll.

Körperhöhe

a) (1) r = 21 cm; s = 27 cm

(2) $k^2 = s^2 - r^2$

(3) $k \approx 17\,cm$

b) r = 37 cm; s = 90 cm

$k^2 = s^2 - r^2$

$k \approx 82\,cm$

c) r = 5 cm; s = 8,6 cm

$k^2 = s^2 - r^2$

$k \approx 7\,cm$

Volumen

a) (2) $V = \frac{1}{3} \cdot \pi \cdot r^2 \cdot k$

(3) $V = \frac{1}{3} \cdot \pi \cdot (21\,cm)^2 \cdot 17\,cm$

$V \approx 7850{,}8\,cm^3$

b) $V = \frac{1}{3} \cdot \pi \cdot r^2 \cdot k$

$V = \frac{1}{3} \cdot \pi \cdot (37\,cm)^2 \cdot 82\,cm$

$V \approx 117\,556{,}3\,cm^3$

c) $V = \frac{1}{3} \cdot \pi \cdot r^2 \cdot k$

$V = \frac{1}{3} \cdot \pi \cdot (5\,cm)^2 \cdot 7\,cm$

$V \approx 183{,}3\,cm^3$

zu 3

Körperhöhe k berechnen

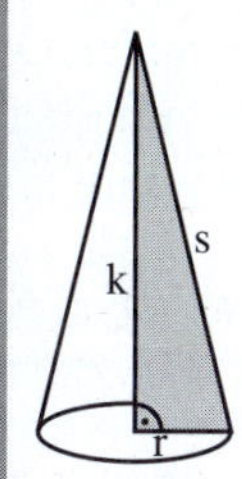

$k^2 = s^2 - r^2$
$k = \sqrt{s^2 - r^2}$

zu 1 bis 3:
5,2; 6,0; 7; 13,2; 15,0; 17; 82; 183,3; 7850,8; 117 556,3

1.1 Berechne das Volumen V des Kegels (Fig. 1 und 2).

Skizze
Fig. 1

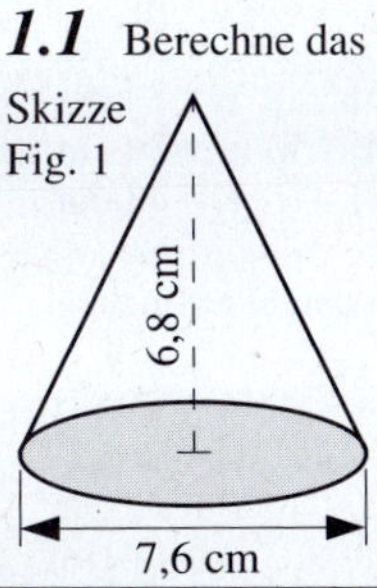

Fig. 2 Skizze

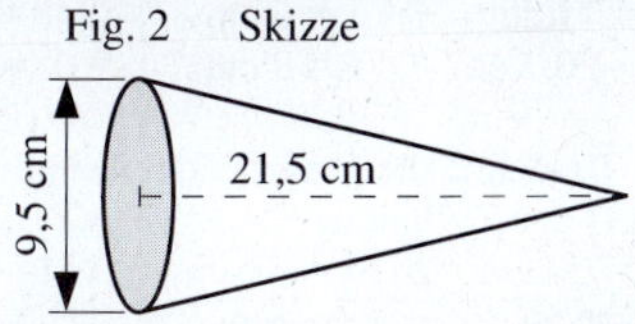

2.1 Berechne die übrige Größe des Kegels.

a) r = 3 cm; V = 47,0 cm³
b) k = 12 cm; V = 50,3 cm³
c) d = 4,50 m; V = 42,4 m³

2.2 Berechne die übrige Größe des Kegels.

a) r = 6 cm; V = 56,5 cm³
b) k = 25 cm; V = 461,8 cm³
c) d = 15 m; V = 165,0 m³

3.1 Berechne die Körperhöhe k und das Volumen V des Kegels.

a) r = 9 cm; s = 22 cm
b) r = 6,4 cm; s = 18,2 cm
c) r = 7,8 cm; s = 21,9 cm

5 *Oberflächeninhalt von Pyramiden und Zylindern*

1 Berechne den Oberflächeninhalt O der Pyramide mit quadratischer Grundfläche.
(1) $a = 3$ cm; $h_a = 5{,}7$ cm

(2) *O = G + M*

$O = a^2 + 2 \cdot a \cdot h_a$

(3) *$O = (3\text{ cm})^2 + 2 \cdot 3\text{ cm} \cdot 5{,}7\text{ cm}$*

$O = 43{,}2\text{ cm}^2$

Netz der Pyramide

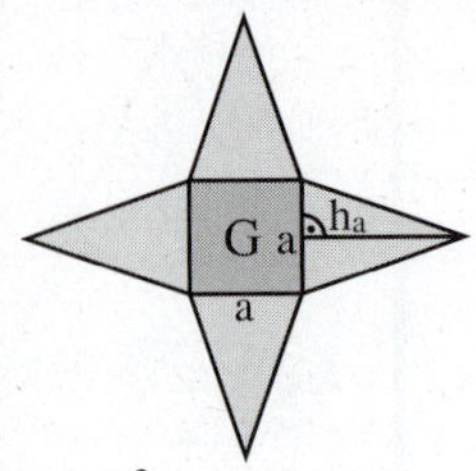

$G = a^2$

$M = 4 \cdot \frac{a \cdot h_a}{2} = 2 \cdot a \cdot h_a$

Oberflächeninhalt O berechnen

(1) Gegebene Werte notieren	$a = 3$ cm; $h_a = 5{,}2$ cm
(2) Formel notieren, evtl. umformen	**O = G + M** $O = a^2 + 2 \cdot a \cdot h_a$
(3) Werte einsetzen, berechnen	$O = (3\text{ cm})^2 + 2 \cdot 3\text{ cm} \cdot 5{,}2\text{ cm}$ $O = 9\text{ cm}^2 + 31\text{ cm}^2$ $O = 40{,}2\text{ cm}^2$

2 Berechne den Oberflächeninhalt O der Pyramide mit quadratischer Grundfläche.
(1) $a = 45$ m; $h_a = 67$ m

(2) *O = G + M*

$O = a^2 + 2 \cdot a \cdot h_a$

(3) *$O = (45\text{ m})^2 + 2 \cdot 45\text{ m} \cdot 67\text{ m}$*

$O = 8055\text{ m}^2$

3 Berechne den Oberflächeninhalt O des Zylinders.
(1) $d = 5{,}2$ cm; $k = 7{,}3$ cm

(2) *$O = 2 \cdot G + M$*

$O = 2 \cdot \pi \cdot r^2 + 2 \cdot \pi \cdot r \cdot k$

(3) *$O = 2 \cdot \pi \cdot (2{,}6\text{ cm})^2 + 2 \cdot \pi \cdot 2{,}6\text{ cm} \cdot 7{,}3\text{ cm}$*

$O \approx 161{,}7\text{ cm}^2$

4 Berechne die Höhe h_a der Seitenfläche und danach den Oberflächeninhalt O der Pyramide mit quadratischer Grundfläche.
(1) $a = 4{,}30$ m; $k = 5$ m

$h_a^2 = k^2 + (\frac{a}{2})^2$

$h_a \approx$ *5,4 m*

(2) $O = a^2 +$ *$2 \cdot a \cdot h_a$*

(3) *$O = (4{,}3\text{ m})^2 + 2 \cdot 4{,}3\text{ m} \cdot 5{,}4\text{ m}$*

$O \approx 64{,}93\text{ m}^2$

5 Berechne die Grundfläche G und danach den Oberflächeninhalt O des Zylinders.
(1) $M = 552{,}9\text{ cm}^2$; $r = 8$ cm
(2) $G = \pi \cdot r^2$

(3) *$G = \pi \cdot (8\text{ cm})^2$*

$G \approx 201{,}1\text{ cm}^2$

(2) $O =$ *$2 \cdot G + M$*

(3) *$O = 2 \cdot 201{,}1\text{ cm}^2 + 552{,}9\text{ cm}^2$*

$O \approx 955{,}1\text{ cm}^2$

5,4; 43,2; 64,93; 161,7; 201,1; 955,1; 8055

M Mantelfläche
Summe aller Seitenflächen

O Oberflächeninhalt vom Zylinder

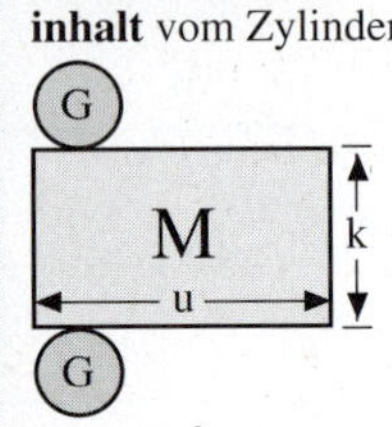

$G = \pi \cdot r^2$
$u = 2 \cdot \pi \cdot r$
$M = u \cdot k$
$M = 2 \cdot \pi \cdot r \cdot k$
$O = 2 \cdot G + M$

Höhe der Seitenfläche berechnen

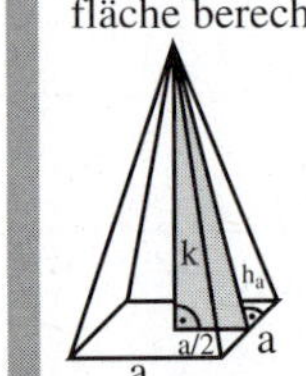

$h_a = \sqrt{(\frac{a}{2})^2 + k^2}$

✓ zu 1 bis 5

1.1 Berechne den Oberflächeninhalt O der Pyramide mit quadratischer Grundfläche.
a) $a = 8$ cm, $h_a = 6$ cm b) $a = 5$ cm, $h_a = 11$ cm c) $a = 3{,}6$ cm, $h_a = 3{,}9$ cm d) $a = 30$ cm, $h_a = 18$ cm

2.1 Berechne den Oberflächeninhalt O der Pyramide mit quadratischer Grundfläche.
a) $a = 3$ cm, $h_a = 12$ cm b) $a = 20$ cm, $h_a = 20$ cm c) $a = 5{,}5$ cm, $h_a = 10{,}2$ cm d) $a = 40$ cm, $h_a = 72{,}8$ cm

3.1 Berechne den Oberflächeninhalt O des Zylinders.
a) $d = 18$ cm, $k = 13$ cm b) $d = 32$ cm, $k = 31$ cm c) $r = 12$ cm, $k = 60$ cm d) $r = 22$ cm, $k = 49$ cm

4.1 Berechne die Höhe h_a der Seitenfläche und danach den Oberflächeninhalt O der Pyramide mit quadratischer Grundfläche.
a) $a = 4$ cm, $k = 13{,}9$ cm b) $a = 7$ cm, $k = 20{,}7$ cm c) $a = 6{,}4$ cm, $k = 17{,}7$ cm d) $a = 50$ cm, $k = 81$ cm
e) $a = 11$ cm, $k = 20{,}3$ cm f) $a = 6$ cm, $k = 8$ cm g) $a = 8{,}2$ cm, $k = 12$ cm h) $a = 34$ cm, $k = 48$ cm

5.1 Berechne die Grundfläche G und danach den Oberflächeninhalt O des Zylinders.
a) $M = 754\text{ cm}^2$, $r = 8$ cm b) $M = 396\text{ cm}^2$, $r = 9$ cm c) $M = 754\text{ cm}^2$, $r = 24$ cm d) $M = 1018\text{ cm}^2$, $r = 36$ cm
e) $M = 82\text{ cm}^2$, $r = 1{,}5$ cm f) $M = 94\text{ cm}^2$, $r = 3{,}4$ cm g) $M = 18\text{ cm}^2$, $r = 0{,}6$ cm h) $M = 300\text{ cm}^2$, $r = 4{,}4$ cm

6 Sachaufgaben mit Körperberechnungen lösen

1 Wie groß ist das Volumen V des Holzkörpers?

(1) **Skizze**

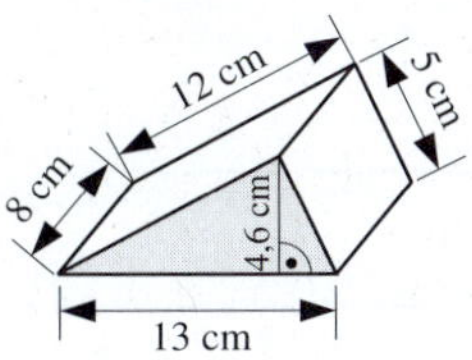

(1) *$g = 13\,cm;\ h = 4{,}6\,cm;\ k = 8\,cm$*

(2) *$V = G \cdot k$*

$V = \frac{g \cdot h}{2} \cdot k$

(3) *$V = \frac{13\,cm \cdot 4{,}6\,cm}{2} \cdot 8\,cm$*

(4) Das Volumen beträgt *$239{,}2\,cm^3$.*

Sachaufgaben lösen

Schrittfolge

(1) Wenn nötig, eine **Skizze** machen, gegebene Werte eintragen und notieren, überlegen, was berechnet werden soll (V oder O)

(2) Formel notieren, evtl. umformen

(3) Werte einsetzen, berechnen, sinnvoll runden

(4) Antwort notieren

2 Die Cheopspyramide hat eine quadratische Grundfläche mit einer Seitenlänge von 227 m. Sie ist 137 m hoch. Berechne das Volumen V der Pyramide.

(1) **Skizze**

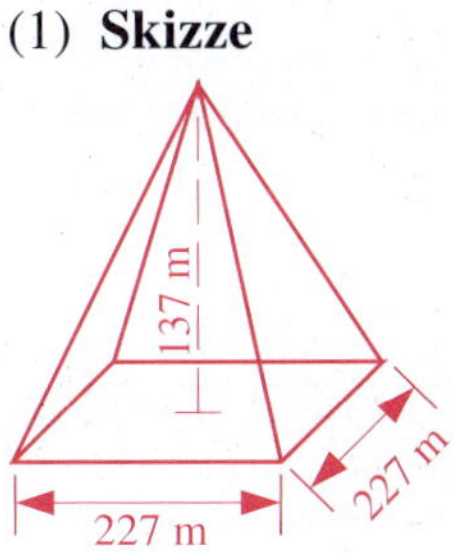

(1) *$a = 227\,m;\ k = 137\,m$*

(2) *$V = \frac{1}{3} \cdot G \cdot k$*

$V = \frac{1}{3} \cdot a^2 \cdot k$

(3) *$V = \frac{1}{3} \cdot (227\,m)^2 \cdot 137\,m$*

(4) *Das Volumen beträgt ≈ 2 353 158 m^3.*

3 Wie groß ist das Gewicht eines Eisenstabes von 6,50 m Länge und einem Durchmesser von 5 cm?

(1) **Skizze**

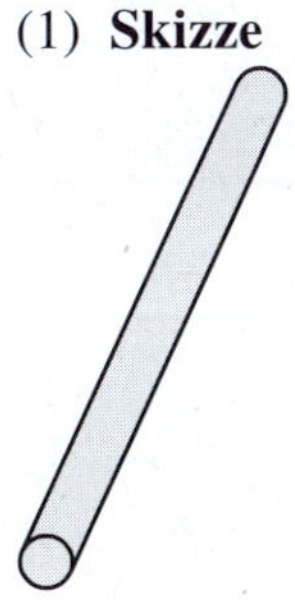

(1) $r = 2{,}5\,cm;\ k = 650\,cm$

(2) $V = G \cdot k$

$V = \pi \cdot r^2 \cdot k$

(3) $V = \pi \cdot (2{,}5\,cm)^2 \cdot 650\,cm$

$V \approx 12\,762{,}7\,cm^3$

(4) Das Gewicht beträgt ≈ 100,315 kg

zu 3
Dichte von Eisen
1 cm^3 wiegt 7,86 g

4 Der Sand eines Kinderspielplatzes soll ausgetauscht werden. Ein Laster hat Sand gebracht. Wie viel m^3 Sand sind hier aufgeschüttet worden?

(1) **Skizze**

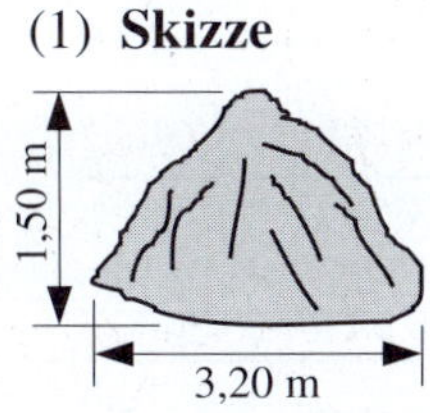

(1) $r = 1{,}60\,m;\ k = 1{,}50\,m$

(2) $V = \frac{1}{3} \cdot G \cdot k$

$V = \frac{1}{3} \cdot \pi \cdot r^2 \cdot k$

(3) $V = \frac{1}{3} \cdot \pi \cdot (1{,}60\,m)^2 \cdot 1{,}50\,m$

(4) Es sind ≈ 4 m^3 Sand.

5 Wie viel m^2 Werbefläche hat eine Litfaßsäule mit einem Durchmesser von 1,20 m und einer Höhe von 3,60 m?

(1) **Skizze**

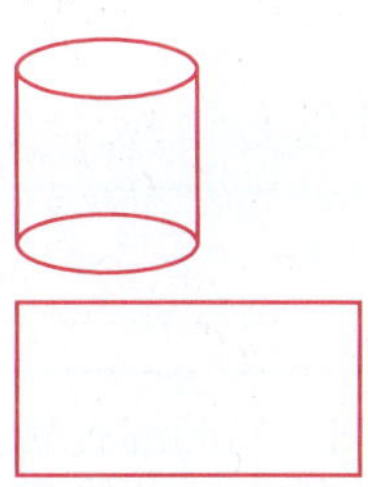

(1) $r = 0{,}60\,m;\ k = 3{,}60\,m$

(2) $M = 2 \cdot \pi \cdot r \cdot k$

(3) $M = 2 \cdot \pi \cdot 0{,}60\,m \cdot 3{,}60\,m$

$M \approx 13{,}6\,m^2$

(4) Es sind ≈ 13,6 m^2 Werbefläche.

Mantelfläche M des Zylinders
$M = 2 \cdot \pi \cdot r \cdot k$

zu 1 bis 5:

4; 13,6; 239,2; 100,315; 2 353 158

1.1 Berechne das Volumen V des Körpers (Fig. 1).

2.1 Wie groß ist das Volumen V des Bauwerks (Fig. 2)?

Fig. 1

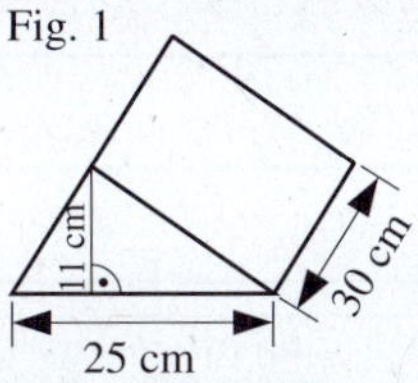

Fig. 2

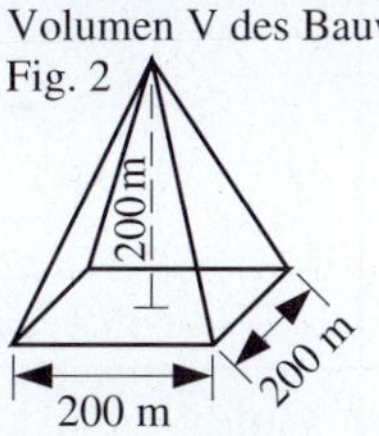

Fig. 3

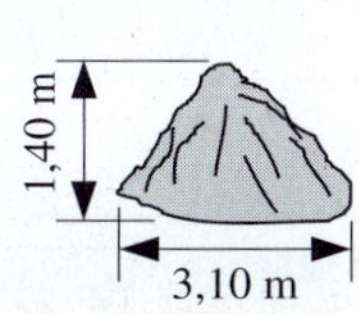

3.1 Wie groß ist das Gewicht eines 2 m langen Baumstückes mit einem Durchmesser von 46 cm (Dichte 0,8 g/cm^3).

4.1 Wie viel m^3 Sand sind aufgeschüttet (Fig. 3)?

6 Wie groß ist das Volumen eines kegelförmigen 10,3 cm hohen Sektglases mit dem Durchmesser vom 6,1 cm?

•7 Wie viel m^2 Blech braucht man zur Herstellung von 10 000 Konservendosen (Durchmesser 7,5 cm, Höhe 11,5 cm) mit 20% Verschnitt?

DIPLOM

1

Berechne das Volumen V des Prismas.
$G = 28\ cm^2$; $k = 9{,}1\ cm$

$V = G \cdot k$

$V = 28\ cm^2 \cdot 9{,}1\ cm$

$V = 254{,}8\ cm^3$

Berechne das Volumen V des Prismas.

$g = 28\ cm;\ h = 16\ cm;\ k = 26\ cm$

Skizze

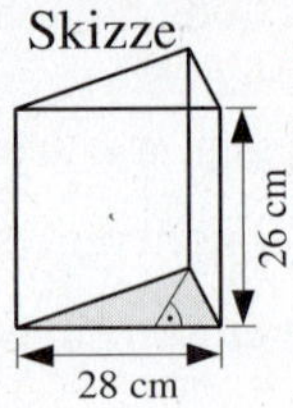

$V = \frac{g \cdot h}{2} \cdot k$

$V = \frac{28\ cm \cdot 16\ cm}{2} \cdot 26\ cm$

$V = 5824\ cm^3$

Berechne die Körperhöhe k des Dreieckprismas mit $g = 7\ cm$; $h = 4\ cm$; $V = 364\ cm^3$.

Skizze anfertigen

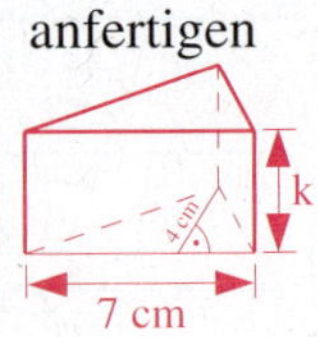

$k = \frac{2 \cdot V}{g \cdot h}$

$k = \frac{2 \cdot 364\ cm^3}{7\ cm \cdot 4\ cm}$

$k = 26\ cm$

2

Berechne das Volumen V der Pyramide.
$G = 36\ cm^2$; $k = 4{,}3\ cm$

$V = \frac{1}{3} \cdot G \cdot k$

$V = \frac{1}{3} \cdot 36\ cm^2 \cdot 4{,}3\ cm$

$V = 51{,}6\ cm^3$

Berechne das Volumen V der Pyramide.

Skizze

$a = 20\ cm;\ k = 35\ cm$

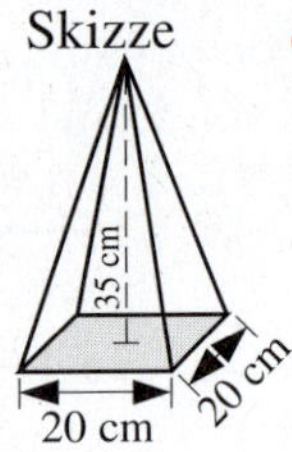

$V = \frac{1}{3} \cdot a^2 \cdot k$

$V = \frac{1}{3} \cdot (20\ cm)^2 \cdot 35\ cm$

$V \approx 4666{,}7\ cm^3$

Berechne die Körperhöhe k und danach das Volumen V der Pyramide mit $a = 18\ cm$ und $h_a = 16\ cm$.

Skizze

$k^2 = h_a^2 - (\frac{a}{2})^2$

$k \approx 13{,}2\ cm$

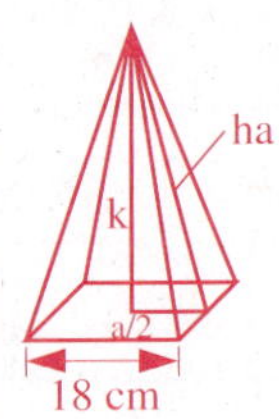

$V = \frac{1}{3} \cdot a^2 \cdot k$

$V = \frac{1}{3} \cdot (18\ cm)^2 \cdot 13{,}2\ cm$

$V \approx 1425{,}6\ cm^3$

3

Berechne das Volumen V des Zylinders.

Skizze

$r = 9\ cm;\ k = 32\ cm$

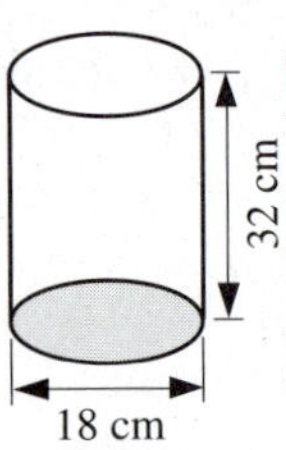

$V = G \cdot k$

$V = \pi \cdot r^2 \cdot k$

$V = \pi \cdot (9\ cm)^2 \cdot 32\ cm$

$V \approx 8143\ cm^3$

Berechne das Volumen V des 7 cm hohen Bechers mit dem Durchmesser d von 6,5 cm.

Skizze

$r = 3{,}25\ cm;\ k = 7\ cm$

$V = \pi \cdot r^2 \cdot k$

$V = \pi \cdot (3{,}25\ cm)^2 \cdot 7\ cm$

$V \approx 232{,}3\ cm^3$

Wie groß ist das Volumen V eines 4 m langen Abflussrohres mit einem Durchmesser d von 15 cm?

Skizze

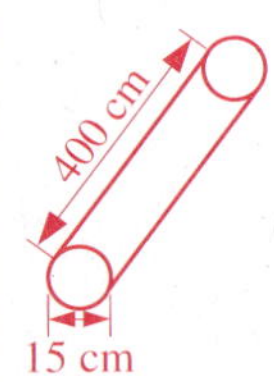

$V = G \cdot k$

$V = \pi \cdot r^2 \cdot k$

$V = \pi \cdot (7{,}5\ cm)^2 \cdot 400\ cm$

$V \approx 70\,685{,}8\ cm^3$

4

Berechne das Volumen V des Kegels.

Skizze

$r = 13\ cm;\ k = 40\ cm$

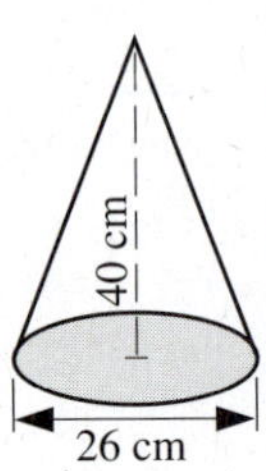

$V = \frac{1}{3} \cdot G \cdot k$

$V = \frac{1}{3} \cdot \pi \cdot r^2 \cdot k$

$V = \frac{1}{3} \cdot \pi \cdot (13\ cm)^2 \cdot 40\ cm$

$V \approx 7079{,}1\ cm^3$

Berechne das Volumen V des Sektglases ($d = 3{,}5\ cm$, $k = 9\ cm$).

Skizze

$r = 1{,}75\ cm;\ k = 9\ cm$

$V = \frac{1}{3} \cdot \pi \cdot r^2 \cdot k$

$V = \frac{1}{3} \cdot \pi \cdot (1{,}75\ cm)^2 \cdot 9\ cm$

$V \approx 28{,}9\ cm^3$

Berechne die Körperhöhe k und danach das Volumen V des Kegels mit $r = 7\ cm$ und $s = 14\ cm$.

Skizze

$k^2 = s^2 - r^2$

$k \approx 12{,}1\ cm$

$V = \frac{1}{3} \cdot \pi \cdot r^2 \cdot k$

$V = \frac{1}{3} \cdot \pi \cdot (7\ cm)^2 \cdot 12{,}1\ cm$

$V \approx 620{,}9\ cm^3$

Bronze: ☆ ☆ ☆ | Silber: ☽ ☽ ☆ ☆ | Gold: ☼ ☼ ☽ ☽

Beiheft mit den Lösungen der zusätzlichen Übungsaufgaben (zu # 745253)

Seite 5

2.1

a) 0,833 b) 2,222 c) 1,364
d) 0,429 e) 2,857 f) 6,333
g) 9,615 h) 7,467 i) 5,688

3.1

a) 331 b) 67 c) −352 d) −631
e) −291 f) −1 491 g) −78 h) −1 238
i) 1 563 j) −141 k) −1 474

4.1

a) $\frac{5}{4}$ b) $-\frac{1}{6}$ c) $\frac{1}{4}$ d) $4\frac{1}{10}$
e) $-7\frac{5}{6}$ f) $-2\frac{1}{30}$ g) $-16\frac{5}{28}$ h) $1\frac{19}{20}$

5.1

a) 4,3 b) 7,95 c) 10,8 d) −1,7
e) 4,15 f) −8,3 g) −15,85 h) 10,9

Seite 6

1.1

a) 5,6 b) −5,4 c) −21,6
d) −4,65 e) 0,624 f) −0,135
g) 602 h) −0,0036 i) 0,144

1.2

a) −8 b) 0,14 c) 7
d) 900 e) 8 f) −140
g) 0,07 h) −0,018 i) −0,17

1.3

a) −2,38 b) 1,2 c) −5,85
d) 17 000 e) −0,005 25 f) 240
g) 448 h) −0,16 i) −603

2.1

a) $-1\frac{11}{24}$ b) $-\frac{2}{3}$ c) $\frac{1}{4}$ d) $1\frac{1}{2}$

3.1

a) $-1\frac{1}{2}$ b) $-\frac{4}{5}$ c) −6
d) $-2\frac{1}{2}$ e) 2 f) $-13\frac{1}{3}$

4.1

a) −0,075 b) 2,7 c) 4 d) 2
e) −1,725 f) −2 g) −8,75

Seite 7

1.1

a) −32 b) 115 c) −3 d) −74
e) −392 f) 1 280 g) −34 h) −2 625

1.2

a) 4,5 b) −101 c) 63 d) −103
e) −96 f) −21 g) −44 h) −12

1.3

a) 19 b) −93 c) 34 d) −70
e) 30 f) −16 g) 229 h) 9
i) −2 j) 3 k) 9 000

1.4

a) 11 b) −13 c) −39 d) −16
e) 11 f) −49 g) −39 h) 0

2.1

a) 266 b) 7 c) 153 d) 4
e) 96 f) 6 g) −15 h) $10,\overline{09}$

3.1

a) 4 b) 15 c) 8 d) 24
e) 35 f) 8 g) −24

Seite 8

1.1

a) ≈ 0,67 € b) ≈ 46,60 € c) ≈ 71,4
d) ≈ 2,667 km e) ≈ 7,56 €

2.1

a) ≈ 0,25 hl b) ≈ 122,97 € c) ≈ 2 659,98 €
d) ≈ 16,7 cm e) ≈ 6,45 €

3.1

a) 8,85 cm^2 b) 72,979 kg c) 25,121 km
d) 25,888 kg e) 9,304 dm^3

Redaktion und Gesamtherstellung: WPT Kernstock, Kirchheim / Teck

4.1
6,589 kg

5.1
≈ 23,61 m

6
7,17 €

Seite 9

1.1
7,61 €

1.2
1,85 €

2.1
3 kg

3.1
10 Tage

4
1 050 €

5
a) 120 Tage

b) 36 Kühe

6
6-mal

•*7*
537,6 l

Seite 10

5
78 · 1,10 € + 6 · 12,80 € = 162,60 €

6
3 min 36 s

7
50 cm

•*8*
1. Teil der Füllung:

$\frac{1}{3}$ des Beckens wird in den ersten 30 min mithilfe von zwei Pumpen gefüllt.

2. Teil der Füllung:

Die restlichen $\frac{2}{3}$ des Beckens könnten eigentlich wieder mithilfe von zwei Pumpen gefüllt werden, die dann schließlich noch 60 min benötigen würden. Es sollen jedoch drei Pumpen eingesetzt werden:

2 Pumpen ≙ 60 min

1 Pumpe ≙ 120 min

3 Pumpen ≙ 40 min

Für die gesamte Füllung benötigen die Pumpen schließlich 30 min + 40 min = 70 min.

Seite 11

1.1
a) 14,10 €	b) 267,75 m	c) 5,88 km
d) 971,28 €	e) 6,16 €	f) 7,40 €

1.2
a) 3 %	b) 9 %	c) 85 %
d) 120 %	e) 0,2 %	f) 0,5 %

1.3
a) 150 Personen	b) 595 t	c) 7,50 €
d) 910 kg	e) 3 080,00 €	f) 36 m

3.1
SF1: 585 €

SF2: 585 € · 0,85 = 497,25 €

SF4: 585 € · 0,60 = 351 €

2 · (497,25 € − 351 €) = 292,50 €

Der Unterschied beträgt in zwei Jahren 292,50 €.

Seite 12

1.1
Im Schlussverkauf kosten die Jeans 41,93 €.

1.2
Sie bekommt 1 560,60 € ausbezahlt.

1.3
Nach der Preiserhöhung sind 52,53 € zu zahlen.

1.4
Einschließlich Mehrwertsteuer sind 538,01 € zu zahlen.

2.1

	a)	b)	c)
Anfangswert A	265 €	5 610 €	32 €
Veränderung	+6,9 %	−7,3 %	+9,4 %
Wachstumsfaktor	· 1,069	· 0,927	· 1,094
Endwert E	283,29 €	5 200,47 €	35,01 €

	d)	e)
Anfangswert A	6 590 €	783 €
Veränderung	−23,1 %	+5,6 %
Wachstumsfaktor	· 0,769	· 1,056
Endwert E	5 067,71 €	826,85 €

Seite 13

1.1

	a)	b)	c)	d)	e)
K	2 653 €	560 €	1 450 €	32 €	12 398 €
p %	7,4 %	15,8 %	2,5 %	0,3 %	7,3 %
t	250 d	163 d	259 d	312 d	10 d
Z_t	136,33 €	40,06 €	26,08 €	0,08 €	25,14 €

2.1

	a)	b)	c)	d)	e)
Z_t	23,00 €	6,90 €	1,25 €	56,89 €	18,25 €
t	150 d	230 d	36 d	117 d	90 d
p %	8,0 %	5,2 %	12,4 %	7,2 %	4,5 %
K	690 €	208 €	101 €	2 431 €	1 622 €

3.1

	a)	b)	c)	d)	e)
K	5 630 €	2 980 €	560 €	964 €	1 225 €
Z_t	250,00 €	26,60 €	2,30 €	28,00 €	26,90 €
t	210 d	86 d	86 d	120 d	183 d
p %	7,6 %	3,7 %	1,7 %	8,7 %	4,3 %

4.1

	a)	b)	c)	d)	e)
K	1 460 €	**971,25 €**	3 450 €	2 430 €	36,82 €
p %	3,5 %	4,0 %	9,0 %	**7,0 %**	8,0 %
t	105 d	240 d	66 d	117 d	275 d
Z_t	**14,90 €**	25,90 €	**56,93 €**	55,00 €	**2,25 €**

Seite 14

1.1

a)

	Anfangskapital	Zinsfaktor	Endkapital
1. Jahr	15 000 €	· 1,075	16 125 €
2. Jahr	16 125 €	· 1,075	17 334 €
3. Jahr	17 334 €	· 1,075	18 634 €
4. Jahr	18 634 €	· 1,075	20 032 €
5. Jahr	20 032 €	· 1,075	21 534 €

b) $15\,000\,€ \cdot 1{,}075^5 \approx 21\,534{,}44\,€$

1.2

	Anfangskapital	Zinsfaktor	Endkapital
1. Jahr	2 000 €	· 1,12	2 240 €
2. Jahr	2 240 €	· 1,12	2 509 €
3. Jahr	2 509 €	· 1,12	2 810 €
4. Jahr	2 810 €	· 1,12	3 147 €
5. Jahr	3 147 €	· 1,12	3 525 €
6. Jahr	3 525 €	· 1,12	3 948 €
7. Jahr	3 948 €	· 1,12	4 422 €

Das Kapital verdoppelt sich im 7. Jahr.

2.1

Es werden insgesamt 1 480,35 € an Zinsen und Zinseszinsen ausbezahlt.

3.1

	a)	b)	c)	d)
Anfangskapital	2 000 €	2 000 €	2 000 €	2 000 €
Zinssatz p %	4,75 %	4,75 %	4,75 %	9,5 %
Zinsfaktor	· 1,0475	· 1,0475	· 1,0475	· 1,095
Laufzeit	2 a	4 a	6 a	6 a
Endkapital	2 195 €	2 408 €	2 642 €	3 448 €
Zinsen	195 €	408 €	642 €	1 448 €

Seite 15

3

Das Gerät kostet mit Mehrwertsteuer 636,84 €.

4

a)

Versicherung in €	1980	1993	2000
Rentenversicherung	630,00	612,50	682,50
Krankenversicherung	399,00	469,00	472,50
Arbeitslosenversicherung	105,00	227,50	227,50
Pflegeversicherung	0,00	0,00	59,50
Summe	1 134,00	1 309,00	1 442,00

b) 27,2 %

5

$$\frac{3\,520\,€ \cdot 0{,}1375}{360} \cdot 27 = 36{,}30\,€$$

Er muss für die Überziehung 36,30 € zahlen.

6

	K(€)	p %	t (d)	Z_t(€)
1. Monat	340	4,5 %	360	15,30
2. Monat	340	4,5 %	330	14,03
3. Monat	340	4,5 %	300	12,75
4. Monat	340	4,5 %	270	11,48
5. Monat	340	4,5 %	240	10,20
6. Monat	340	4,5 %	210	8,93
7. Monat	340	4,5 %	180	7,65
8. Monat	340	4,5 %	150	6,38
9. Monat	340	4,5 %	120	5,10
10. Monat	340	4,5 %	90	3,83
11. Monat	340	4,5 %	60	2,55
12. Monat	340	4,5 %	30	1,28
Summe	4 080,00		2 340	99,48

Frau Dreger erhält am Jahresende 99,48 € Zinsen.

7

a) Zinsfaktoren:
1. Jahr: 1,06
2. Jahr: 1,07
3. Jahr: 1,075
4. Jahr: 1,0775
5. Jahr: 1,08

b) Zinsen:
1. Jahr: 405,00 €
2. Jahr: 500,85 €
3. Jahr: 574,19 €
4. Jahr: 637,83 €
5. Jahr: 709,43 €

c) Das ausgezahlte Endkapital beträgt 9 577,30 €.

Seite 16

1.1

$16^2 = 256$; $21^2 = 441$
$17^2 = 289$; $22^2 = 484$
$18^2 = 324$; $23^2 = 529$
$19^2 = 361$; $24^2 = 576$
$20^2 = 400$; $25^2 = 625$

1.2

Individuelle Lösung

2.1

a) 90 000 b) 25 000 000 c) 0,49
d) 40 000 e) 0,0361 f) 2,89
g) −625 h) 160 000 i) −1,96
j) 900 k) 0,000 016

3.1

a) $\frac{4}{9}$ b) $\frac{9}{100}$ c) $\frac{4}{121}$ d) $\frac{9}{25}$
e) $-\frac{1}{16}$ f) $\frac{49}{64}$ g) $\frac{25}{9}$ h) $-\frac{9}{16}$
i) $\frac{9}{49}$ j) $-\frac{25}{64}$ k) $\frac{64}{9}$

4.1

a) > b) = c) < d) <
e) = f) = g) = h) <
i) < j) > k) > l) >

5.1

a) 538,24 b) 32,49
c) 1 831,84 d) −0,7569
e) 66 049 f) −1 162,81
g) 0,6241 h) 6,5536
i) 0,005 329 j) 0,502 681
k) −30,8025 l) 5 017 172 224
m) 0,09 n) 0,035 156 25
o) 0,765 625 p) −0,024 414 062 5
q) 0,0256 r) 0,0081
s) 0,0144 t) −0,191 406 25

Seite 17

1.1

a) 7 b) 8 c) 15 d) 13
e) 0,9 f) 0,5 g) 20 h) 11

2.1

a) 50 b) 0,01 c) 0,07 d) 600
e) 80 f) 0,08 g) 0,12 h) /
i) 130 j) / k) 0,25 l) 1,5

3.1

a) $\frac{5}{4}$ b) $\frac{6}{7}$ c) $-\frac{2}{3}$ d) /
e) $\frac{9}{15}$ f) $\frac{6}{8}$ g) $\frac{10}{11}$ h) $-\frac{5}{3}$

4.1

a) $6 < \sqrt{40} < 7$ b) $9 < \sqrt{90} < 10$
c) $7 < \sqrt{60} < 8$ d) $14 < \sqrt{200} < 15$
e) $4 < \sqrt{20} < 5$ f) $5 < \sqrt{32} < 6$
g) $6 < \sqrt{45} < 7$ h) $8 < \sqrt{73} < 9$
i) $7 < \sqrt{61} < 8$ j) $10 < \sqrt{110} < 11$
k) $9 < \sqrt{99} < 10$ l) $12 < \sqrt{150} < 13$
m) $10 < \sqrt{120} < 11$ n) $5 < \sqrt{33} < 6$
o) $14 < \sqrt{222} < 15$ p) $22 < \sqrt{500} < 23$

5.1

a) 3,7 b) 6,6 c) 4,3 d) 4,9
e) 0,47 f) 0,58 g) 9,7 h) 0,73
i) 270 j) 0,533 k) 249 l) 56,3
m) 6,01 n) 0,98 o) / p) 0,57

Seite 19

1.1

a) 7	rational
b) 3,162 277 ...	irrational
c) keine Lösung	
d) −8	rational
e) 2,1	rational
f) 2,097 617 ...	irrational
g) −2,097 617 ...	irrational
h) 0,9	rational
i) 5	rational
j) 15,811 388 ...	irrational
k) 50	rational
l) keine Lösung	
m) 5,477 225 ...	irrational
n) 6	rational
o) −6	rational
p) 1,897 366 ...	irrational

2.1

a) w b) w c) f d) f e) f

Seite 20

1.1

a) 4,6 b) 3,5 c) 0,3 d) 0,08
e) 0,17 f) 46 g) 36,7 h) 3,7

2.1

a) $4 \cdot \sqrt{15}$ b) $3 \cdot \sqrt{10}$ c) $5 \cdot \sqrt{11}$ d) 10
e) $6 \cdot \sqrt{2}$ f) 12 g) $7 \cdot \sqrt{10}$ h) $10 \cdot \sqrt{13}$

3.1

a) $2 \cdot \sqrt{7}$ b) $3 \cdot \sqrt{10}$ c) $2 \cdot \sqrt{10}$ d) $4 \cdot \sqrt{2}$
e) $5 \cdot \sqrt{3}$ f) 10 g) $5 \cdot \sqrt{6}$ h) $7 \cdot \sqrt{2}$

4.1

a) $\frac{3}{5}$ b) $\frac{2}{3}$ c) $\frac{7}{10}$ d) $\frac{1}{5}$
e) $\frac{1}{3}$ f) $\frac{2}{7}$ g) $\frac{3}{10}$ h) $\frac{7}{5}$

5.1

a) $57 + 14 \cdot \sqrt{8}$ b) $94 - 18 \cdot \sqrt{13}$
c) $31 + 10 \cdot \sqrt{6}$ d) $59 - 14 \cdot \sqrt{10}$
e) 46 f) $60 + 14 \cdot \sqrt{11}$
g) $1{,}05 - \sqrt{0{,}8}$ h) 11
i) 16 j) $110 + 20 \cdot \sqrt{10}$
k) −7

Seite 21

1.1

a) $2^3 = 8$ b) $(-2)^3 = -8$ c) $3^2 = 9$
d) $(-3)^2 = 9$ e) $0{,}2^2 = 0{,}04$ f) $(-0{,}2)^2 = 0{,}04$
g) $(-1)^3 = -1$

2.1

a) 81 b) 81 c) −81 d) 64
e) −64 f) 512 g) −512 h) 1 024
i) 100 j) 100 000 k) −100 000 l) −4
m) 1 n) 1 o) 325 p) 0
q) 1

2.2

a) 0,09 b) 0,027 c) 0,064 d) −0,064 e) −0,064
f) $\frac{27}{8}$ g) $-\frac{27}{8}$ h) $\frac{81}{16}$ i) $\frac{81}{16}$ j) 1

•3.1

a) $3 \cdot \sqrt{3}$ b) $-3 \cdot \sqrt{3}$ c) 9 d) 9

4.1

a) $2^6; 2^8; 2^1; 2^0$

b) $3^2; 3^3; 3^5; 3^6; 3^0$

c) $10^3; 10^2; 10^1$

5.1

a) = b) > c) = d) = e) >

6.1

a) 10,24; 10,24; −10,24

b) 1 055,6001; 1 055,6001; −1 055,6001

c) 0,729; −0,729; −0,729

•7.1

a) $-24a^3b^2$ b) $-3x^3 \cdot (-z)^2$ c) $4a^3$

d) $-2y^4$ e) $-2a^2b$

Seite 22

1.1

a) 5^7 b) 4^3 c) $1{,}2^5$ d) $0{,}8^1$

e) $\left(\frac{3}{4}\right)^2$ f) $(-3)^4$ g) $(-1)^4$

1.2

a) x^7 b) y^3 c) a^{10} d) b^0

e) z^1 f) c^1 g) d^0

2.1

a) $2^9 = 512$ b) $3^4 = 81$ c) $4^3 = 64$

d) $5^3 = 125$ e) $(-2)^5 = -32$ f) $(-3)^3 = -27$

g) $(-5)^4 = 625$

2.2

a) $0{,}3^4 = 0{,}0081$ b) $0{,}4^3 = 0{,}064$

c) $(-0{,}2)^5 = -0{,}000\,32$

2.3

a) $\left(\frac{1}{2}\right)^4 = \frac{1}{16}$ b) $\left(\frac{3}{4}\right)^2 = \frac{9}{16}$ c) $\left(-\frac{2}{3}\right)^2 = \frac{4}{9}$

•3.1

a) $(x + y)^6$ b) $(a - b)^2$ c) $(p - 3)^3$

d) $(4 + z)^2$ e) $(n + 2)^4$ f) $(y - 2z)^3$

•4.1

a) x^5y^3 b) r^5s^4 c) $3a^3b^3$

d) $-10x^4y$ e) $5x^3y$ f) $-3k^3t^2$

•5.1

a) $2a^3$ b) $-x^2$ c) $7ab^2$

d) $5x^2y$ e) $-2a^2b^2$ f) $-1{,}5yz^3$

•5.2

a) $2rs^2$ b) $5x^4y^3$ c) $9v^2w^5$ d) $3x^5y^2$

Seite 23

1.1

a) 8^3 b) 5^2 c) $(-12)^2$ d) $(-5)^4$

e) $1{,}2^3$ f) $(-1)^3$ g) 8^2

1.2

a) $(xy)^2$ b) $(a : b)^2$ c) $(4y)^3$ d) $(x : 2)^3$

e) $(-2a)^4$ f) $(x : y)^0$ g) $(2b)^3$

2.1

a) $6^2 = 36$ b) $3^2 = 9$

c) $(-4)^3 = -64$ d) $(-3)^4 = 81$

e) $(-72)^1 = -72$ f) $(100)^3 = 1\,000\,000$

g) $5^3 = 125$

2.2

a) $1{,}6^2 = 2{,}56$ b) $0{,}4^3 = 0{,}064$

c) $(-3)^4 = 81$ d) $10^4 = 10\,000$

e) $\left(\frac{3}{8}\right)^2 = \frac{9}{64}$ f) $40^3 = 64\,000$

g) $4^6 = 4\,096$ h) $(10 : 5)^2 = 4$

i) $(10 : 10)^3 = 1$ j) $(5 : 10)^4 = \left(\frac{1}{2}\right)^4 = \frac{1}{16}$

k) 1

3.1

a) 8 000; 320; 8 000 b) 216; 0,24; 216

c) 4; 8; 4 d) 196; 196; 7

•4.1

a) $5^3 \cdot 4^3$ b) $30^3 : 5^3$

c) $8^2 \cdot 3^2$ d) $12^2 : 4^2$

e) $a^2 \cdot b^2$ f) $x^2 : y^2$

g) $(-2)^3z^3$ h) $(3a)^2 : (-4)^2 = 3^2a^2 : (-4)^2$

•5.1

a) $(2a)^3$ b) $(3x)^4$ c) $(a : 2)^3$

d) $(x : 5)^2$ e) $\left(-\frac{3}{2}a\right)^3$ f) $\frac{7}{4a}$

•6.1

a) $8z^3$ b) $a^2 : b^2$

c) $81y^4$ d) $-\frac{1}{8}a^3$

e) y f) $\frac{9}{8}a$

g) $1 : 2^3 = \frac{1}{8} = 0{,}125$ h) 0,25

Seite 24

1.1

a) 3^8 b) $(-2)^{15}$ c) $(2{,}5)^6$ d) $(-4)^0$

1.2

a) x^8 b) $(-y)^{12}$ c) a^5 d) $(-b)^0$

2.1

a) $2^8 = 256$ b) $(-2)^9 = -512$

c) $(-4)^3 = -64$ d) $1^{18} = 1$

e) $2^4 = 16$ f) $(-2)^4 = 16$

g) $5^0 = 1$ h) $(-3)^5 = -243$

2.2

a) $0{,}2^6 = 0{,}000\,064$ b) $0{,}3^4 = 0{,}0081$

c) $1{,}5^2 = 2{,}25$ d) $(-0{,}1)^4 = 0{,}0001$

2.3

a) $\left(\frac{1}{2}\right)^6 = \frac{1}{64}$ b) $\left(-\frac{1}{2}\right)^6 = \frac{1}{64}$

c) $\left(-\frac{2}{3}\right)^3 = -\frac{8}{27}$ d) $\left(\frac{2}{5}\right)^0 = 1$

3.1

a) 2^4; 2^9; 2^4

b) 3^6; 3^6; 3^8; 3^0

c) 10^6; 10^6

•5.1

a) $2^8 = 256$ b) $3^8 = 6\,561$

•6.1

a) y^{12} b) $(-b)^{15}$ c) a^{6n} d) b^{2n+2}

•7.1

a) $3^6 = 729$; $3^8 = 6\,561$

b) $3^6 = 729$; $3^9 = 19\,683$

Seite 25

1.1

a) $\frac{1}{2^3} = \frac{1}{8} = 0{,}125$ b) $\frac{1}{10^2} = \frac{1}{100} = 0{,}01$

c) $\frac{1}{3^4} = \frac{1}{81}$ d) $\frac{1}{4^2} = \frac{1}{16}$

e) $\frac{1}{5^3} = \frac{1}{125} = 0{,}008$ f) $\frac{1}{(-2)^2} = \frac{1}{4} = 0{,}25$

g) $\frac{1}{(-10)^3} = -\frac{1}{1\,000} = -0{,}001$

1.2

a) $\frac{1}{0{,}4^2} = \frac{1}{0{,}16} = 6{,}25$

b) $\frac{1}{0{,}5^3} = \frac{1}{0{,}125} = 8$

c) $\frac{1}{0{,}1^4} = \frac{1}{0{,}0001} = 10\,000$

1.3

a) $\frac{1}{x^3}$ b) $\frac{1}{a^2}$ c) $\frac{1}{y^4}$

d) $\frac{1}{(ab)^2}$ e) $\frac{1}{-xy}$ f) $\frac{1}{a^r}$

2.1

a) 0,04 b) 0,008 c) 0,04 d) −0,008

e) 0,01 f) 0,000 01 g) −0,000 01 h) −1,0

3.1

2^2; 2^{-2}; 2^4; 2^{-4}; 2^{-1}

4.1

a) 10^1; 10^{-1}; 10^4; 10^{-4}

b) 10^{-2}; 10^{-1}; 10^{-6}; 10^0

5.1

a) > b) = c) > d) > e) <

6.1

a) 1 024; −1 024; 4 096; 4 096; −4 096

b) 0,015 625; −0,015 625; 0,0625; 0,0625

c) 125; 0,008; −125; −0,008

•7.1

a) $4^3 = 64$ b) $4^{-3} = 0{,}015\,625$

c) $2^7 = 128$ d) $2^{-7} = \frac{1}{128}$

e) $3^{-2} = \frac{1}{9}$ f) $3^{-3} = \frac{1}{27}$

g) $1\,000^{-2} = 0{,}000\,001$ h) $2^{12} = 4\,096$

i) $2^{-2} = \frac{1}{4}$ j) $2^{-2} = \frac{1}{4}$

k) $2^8 = 256$ l) $2^8 = 256$

Seite 26

1.1

a) $8 \cdot 10^{2}$
$6 \cdot 10^{4}$
$9 \cdot 10^{8}$

b) $8 \cdot 10^{-1}$
$9 \cdot 10^{-3}$
$5 \cdot 10^{-4}$

c) $34 \cdot 10^{6}$
$6\,257 \cdot 10^{6}$
$386 \cdot 10^{3}$

d) $58 \cdot 10^{-6}$
$4\,176 \cdot 10^{-6}$
$26 \cdot 10^{1}$

2.1

a) $3{,}6 \cdot 10^{2}$
$8{,}93 \cdot 10^{7}$
$7{,}46 \cdot 10^{4}$

b) $5{,}9 \cdot 10^{-1}$
$7{,}49 \cdot 10^{-6}$
$6{,}3 \cdot 10^{-4}$

c) $8{,}4 \cdot 10^{3}$
$1{,}08 \cdot 10^{6}$
$7{,}08 \cdot 10^{7}$

d) $6{,}8 \cdot 10^{-1}$
$4{,}8291 \cdot 10^{-5}$
$9{,}9999 \cdot 10^{-2}$

3.1

a) $3{,}9 \cdot 10^{3}$
$3{,}5 \cdot 10^{6}$
$9{,}9 \cdot 10^{8}$

b) $4{,}3 \cdot 10^{-1}$
$3{,}8 \cdot 10^{-3}$
$4{,}4 \cdot 10^{-4}$

c) $3{,}5 \cdot 10^{4}$
$2{,}5 \cdot 10^{5}$
$1{,}8 \cdot 10^{7}$

d) $2{,}9 \cdot 10^{2}$
$4{,}5 \cdot 10^{1}$
$6{,}2 \cdot 10^{0}$

4.1

a) $6 \cdot 10^{9}$

b) $6 \cdot 10^{24}$ kg

c) $7 \cdot 10^{-4}$ cm

d) $1 \cdot 10^{-9}$ mm

e) $1 \cdot 10^{57}$

5.1

a) 0,000 000 000 1 m

b) 0,0015 cm

c) 148 000 000 km²

d) 0,000 01 g

•*6*

$31\,558\,150\,\text{s} \approx 3{,}2 \cdot 10^{7}\,\text{s}$

Seite 28

1.1

Zum Beispiel:

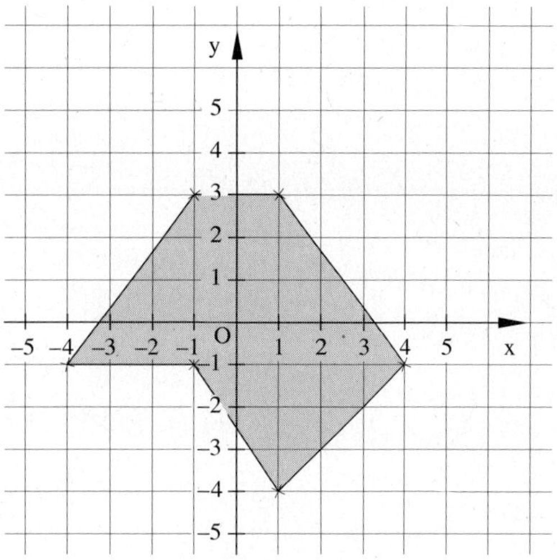

2.1

a)
b)

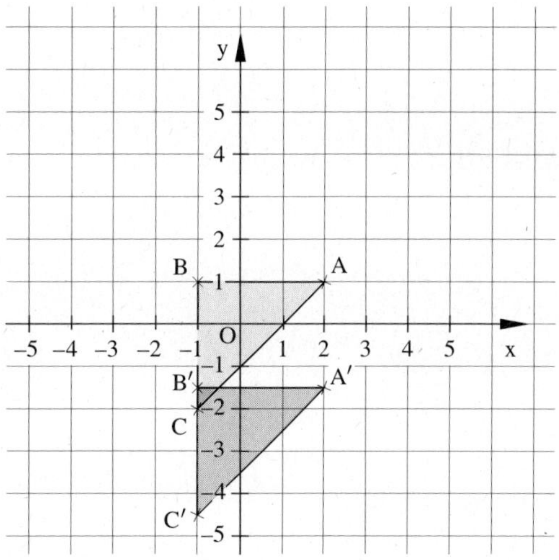

c) A(2|1) A′(2|−1,5)
B(−1|1) B′(−1|−1,5)
C(−1|−2) C′(−1|−4,5)

3.1

a)
b)

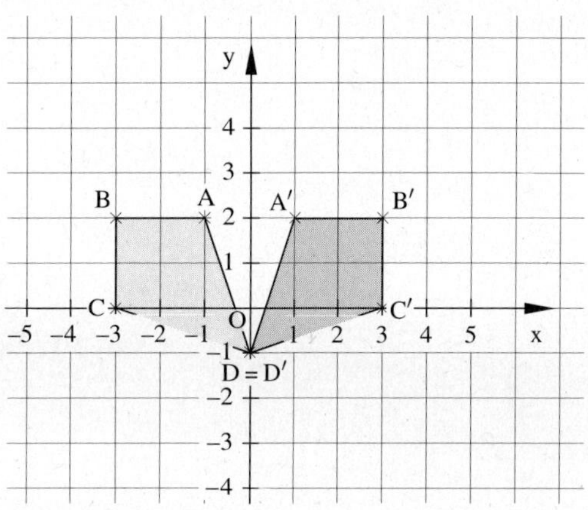

c) A(−1|2) A′(1|2)
B(−3|2) B′(3|2)
C(−3|0) C′(3|0)
D(0|−1) D′(0|−1)

4

a)

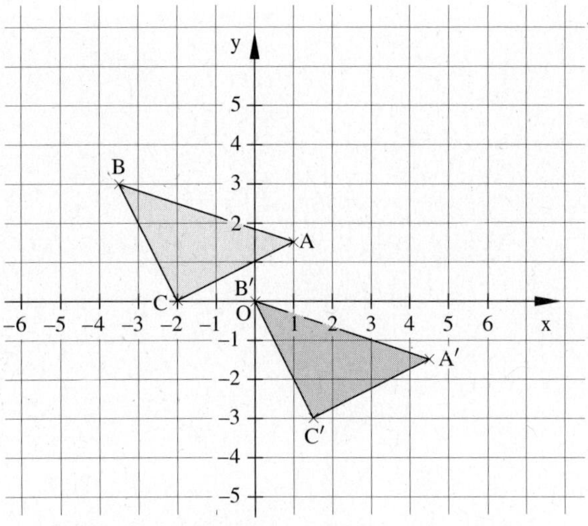

A(1|1,5) A′(4,5|−1,5)
B(−3,5|3) B′(0|0)
C(−2|0) C′(1,5|−3)

b)

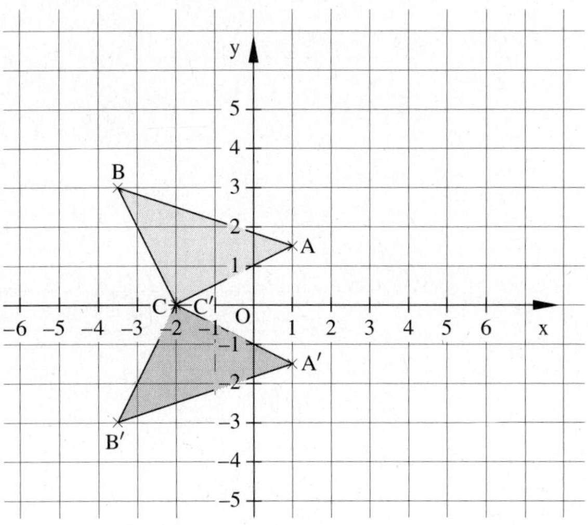

A(1|1,5) A′(1|−1,5)
B(−3,5|3) B′(−3,5|−3)
C(−2|0) C′(−2|0)

c)

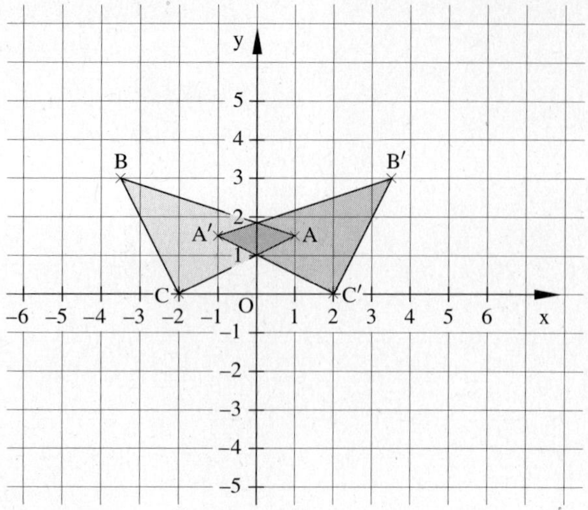

A(1|1,5) A′(−1|1,5)
B(−3,5|3) B′(3,5|3)
C(−2|0) C′(2|0)

Seite 29

1.1

a)

x	−2	−1	0	1	2
2x + 3	−1	1	3	5	7

b)

x	−2	−1	0	1	2
2x − 3	−7	−5	−3	−1	1

c)

x	−2	−1	0	1	2
−2x + 3	7	5	3	1	−1

d)

x	−2	−1	0	1	2
−2x − 3	1	−1	−3	−5	−7

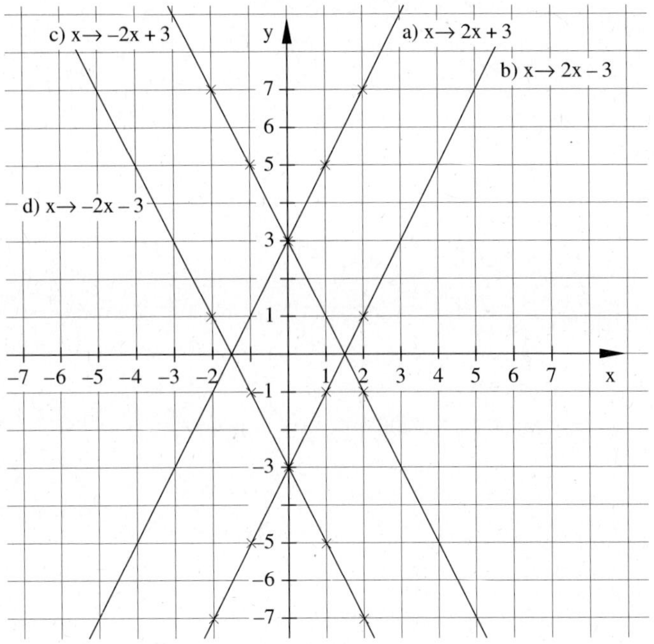

1.2

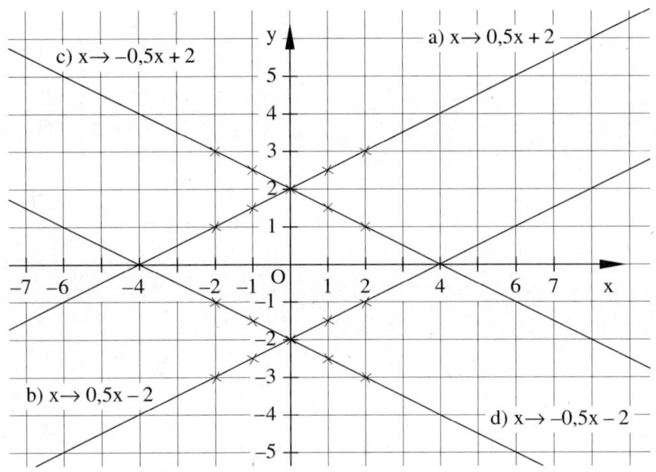

1.3

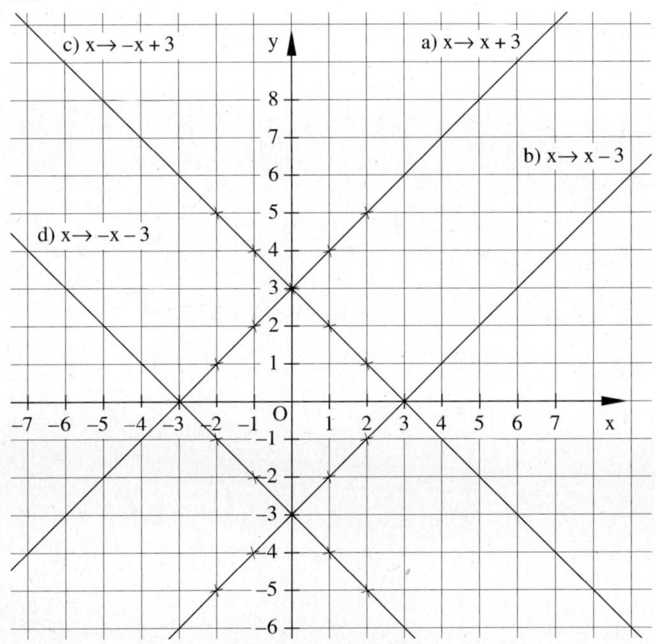

1.4

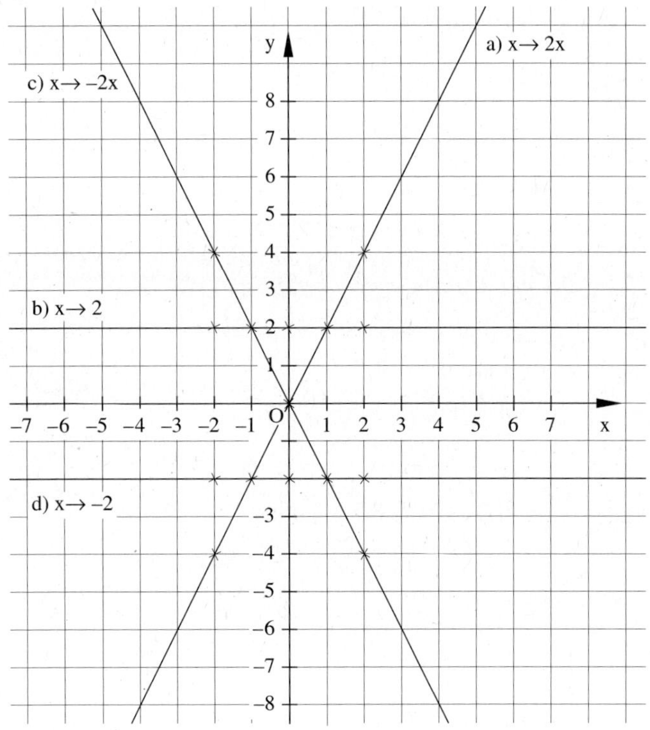

2.1

a)

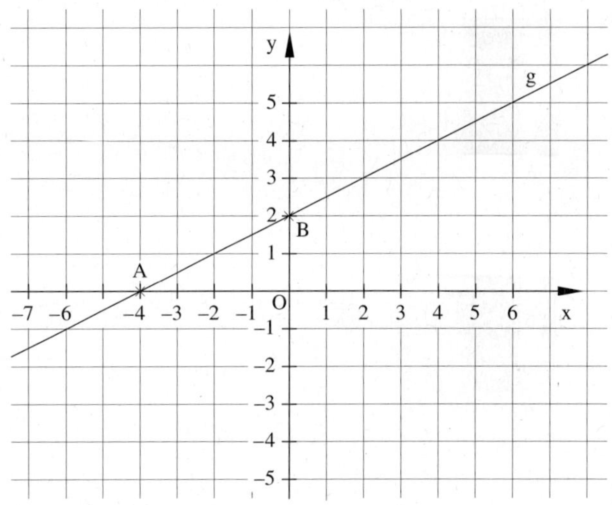

x	−2	−1	1	3
y	1	1,5	2,5	3,5

b)

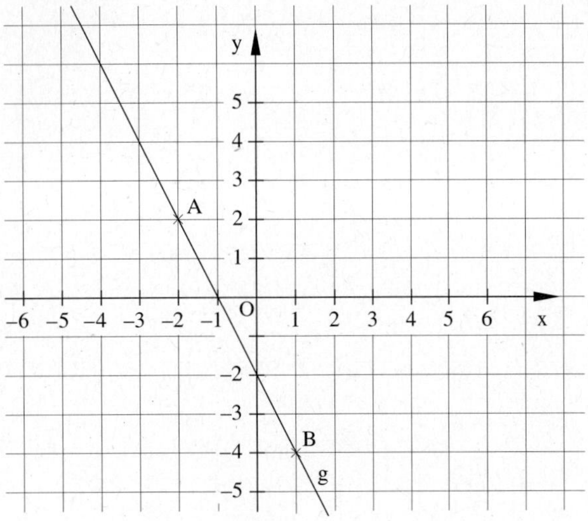

x	−1,5	−0,5	0,5	0
y	1	−1	−3	−2

3.1

a)

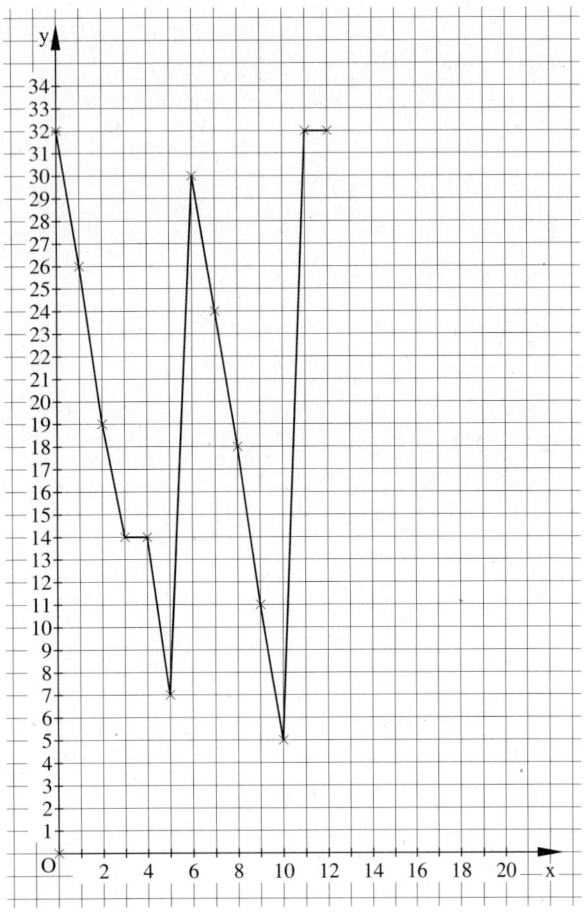

b) 1. 21 l Benzin
2. nach 3 h und nach 11 h
3. nach ca. 5 h und nach ca. 10 h

Seite 30

1.1

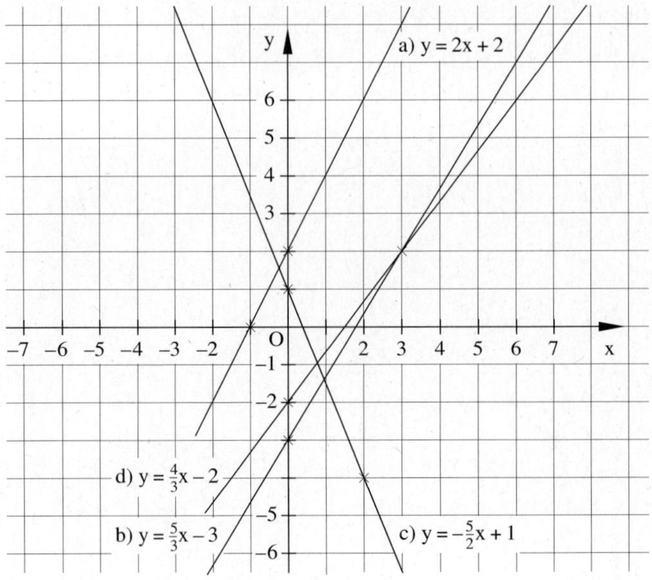

1.2

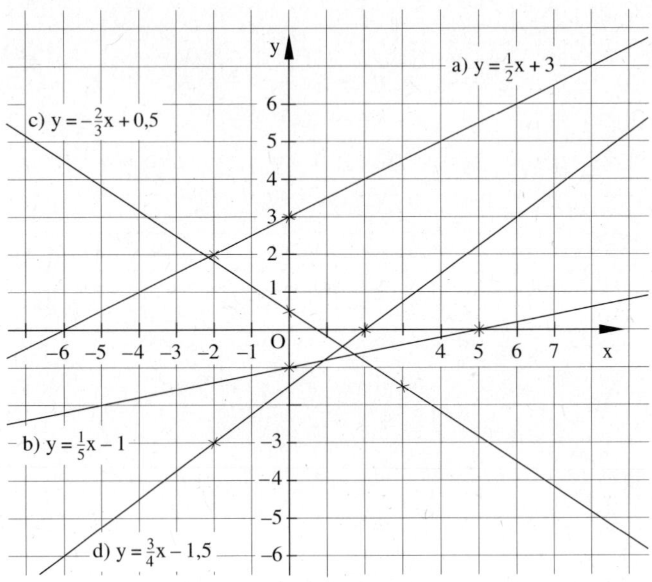

1.3

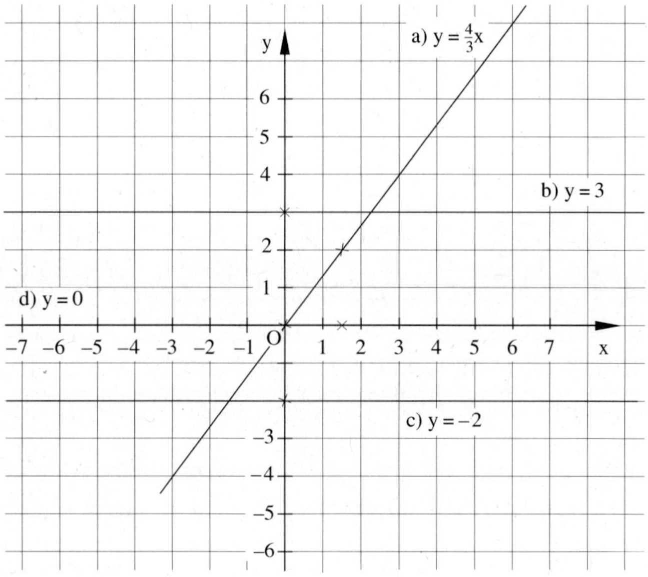
a) $y = \frac{4}{3}x$
b) $y = 3$
c) $y = -2$
d) $y = 0$

2.2

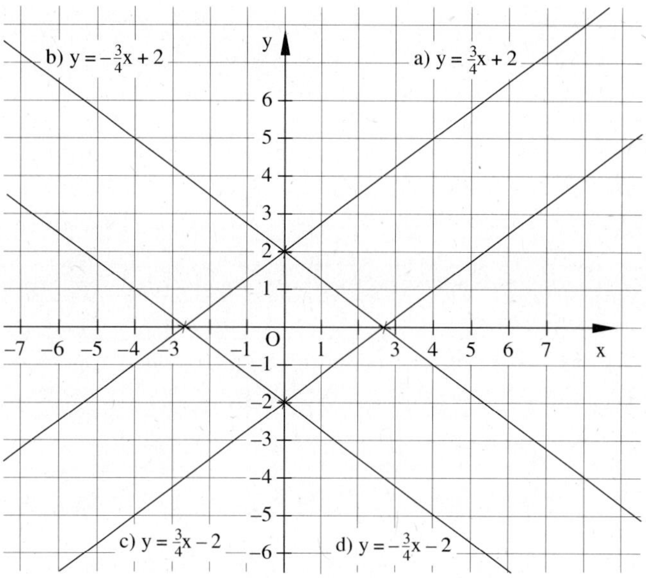
a) $y = \frac{3}{4}x + 2$
b) $y = -\frac{3}{4}x + 2$
c) $y = \frac{3}{4}x - 2$
d) $y = -\frac{3}{4}x - 2$

2.1

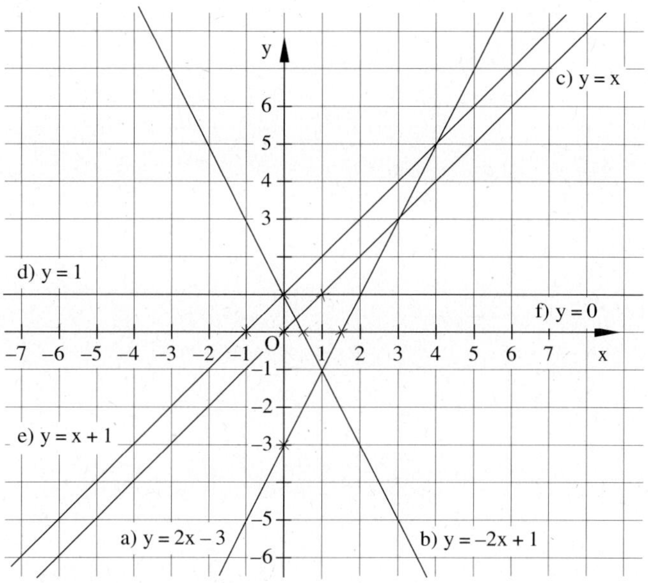
a) $y = 2x - 3$
b) $y = -2x + 1$
c) $y = x$
d) $y = 1$
e) $y = x + 1$
f) $y = 0$

2.3

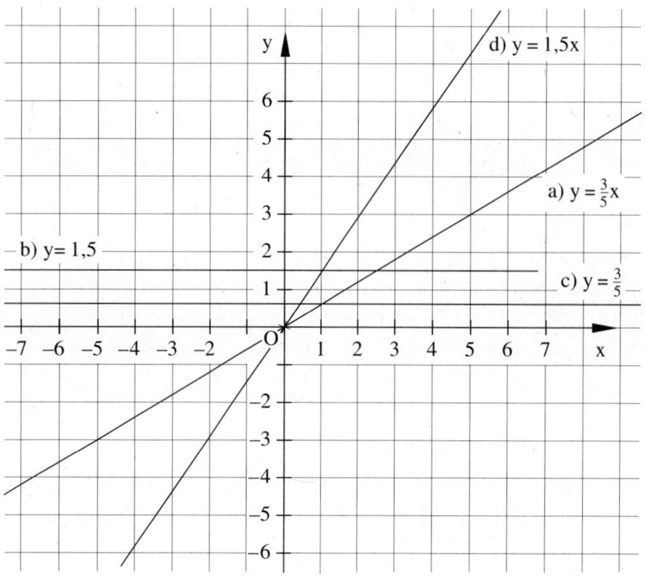
a) $y = \frac{3}{5}x$
b) $y = 1{,}5$
c) $y = \frac{3}{5}$
d) $y = 1{,}5x$

•3.1

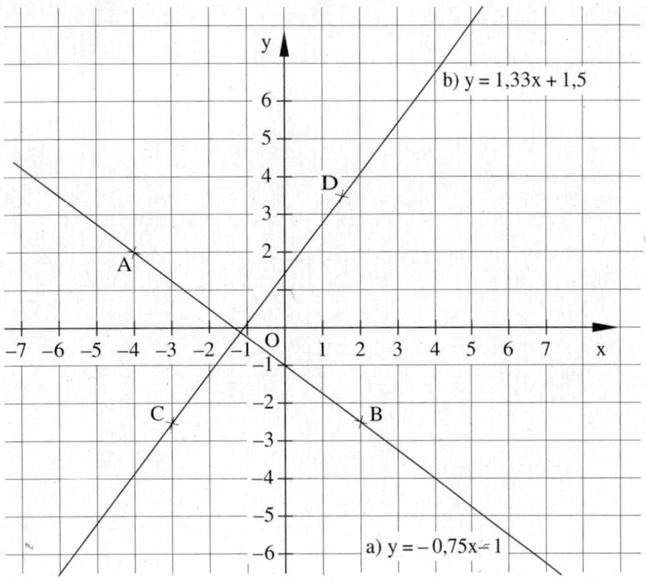

•3.3

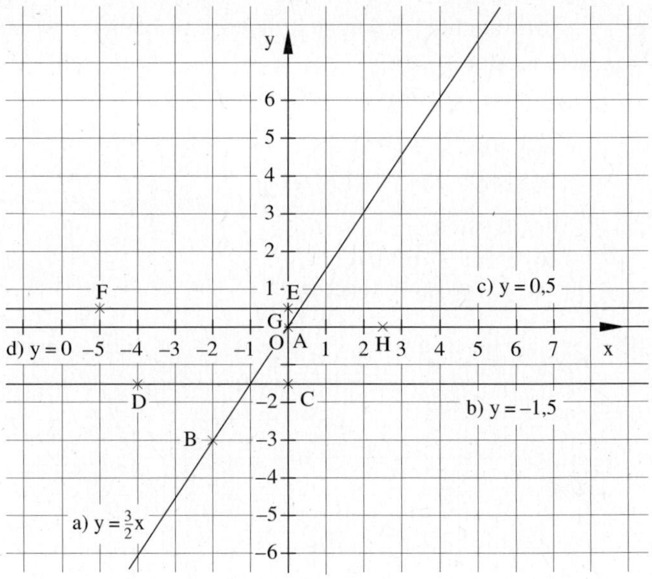

•3.2

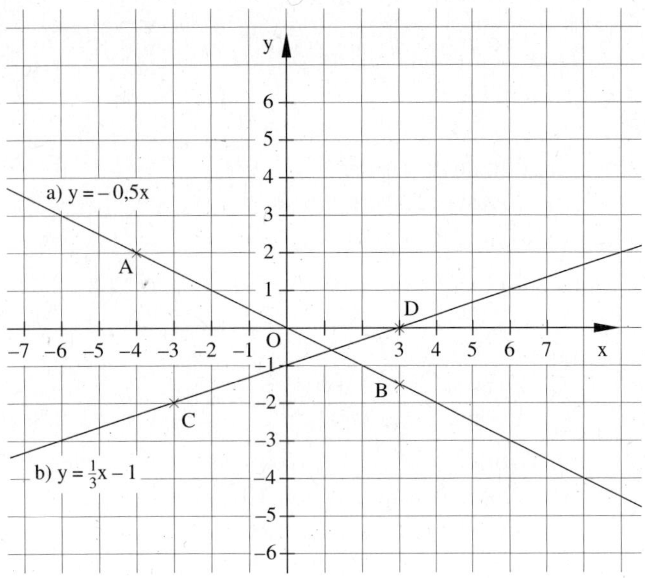

Seite 31

3

a) (1) zurückgelegte Strecke x in km → Miete y in €

(2) $y = 0{,}5 \cdot x + 60$

(3) x = 360; y = 240
x = 680; y = 400
x = 1 254; y = 687

(4) Mietkosten:
240 € für 360 km Fahrt;
400 € für 680 km Fahrt;
687 € für 1 254 km Fahrt.

b)

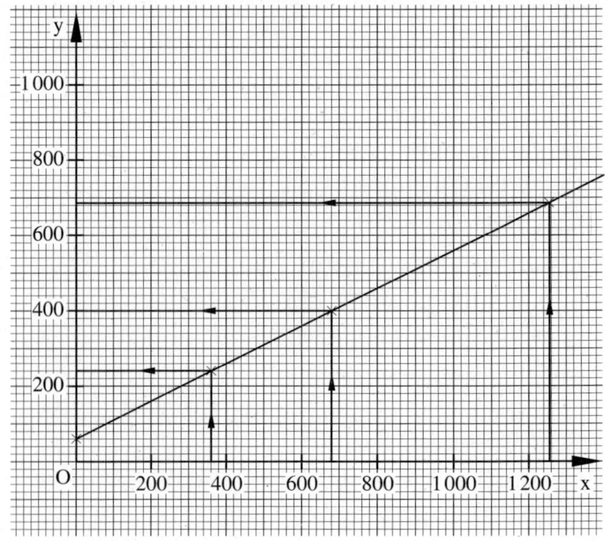

x	360	680	1 254
y	240	400	≈ 690

4

a) (1) „verbrauchte“ Kilowattstunden x in kWh
→ Kosten y in €

(2) $y = 0{,}21 \cdot x + 12$

(3) $x = 3\,400$; $y = 726$
$x = 5\,380$; $y = 1\,141{,}80$ €

(4) Stromkosten:
726 € für 3 400 kWh
1 141,80 € für 5 380 kWh

b)

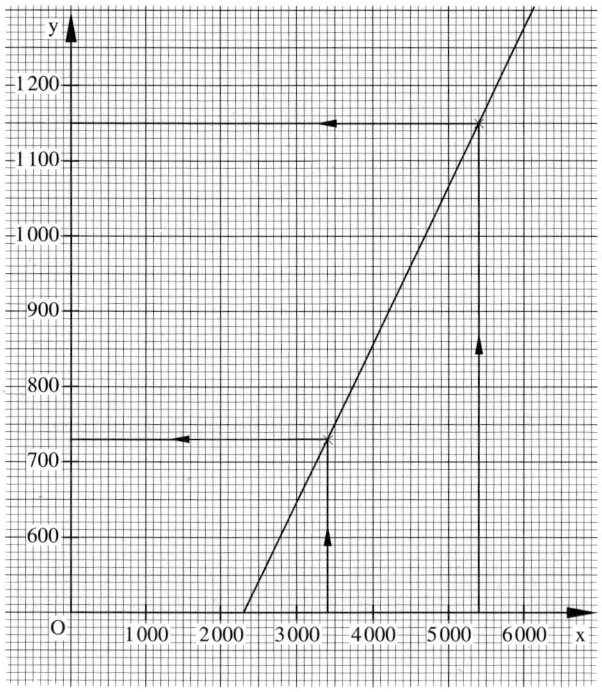

x	3 400	5 380
y	≈ 730	≈ 1 150

5

a) (1) Kreditsumme x in €
→ Auszahlungsbetrag y in €

(2) $y = 0{,}9 \cdot x - 250$

(3) $x = 10\,000$; $y = 8\,750$
$x = 20\,000$; $y = 17\,750$
$x = 15\,000$; $y = 13\,250$

(4) Antworten:
Bei einer Kreditsumme von 10 000 € werden 8 750 € ausgezahlt;
bei einer Kreditsumme von 20 000 € werden 17 750 € ausgezahlt;
bei einer Kreditsumme von 15 000 € werden 13 250 € ausgezahlt;

b)

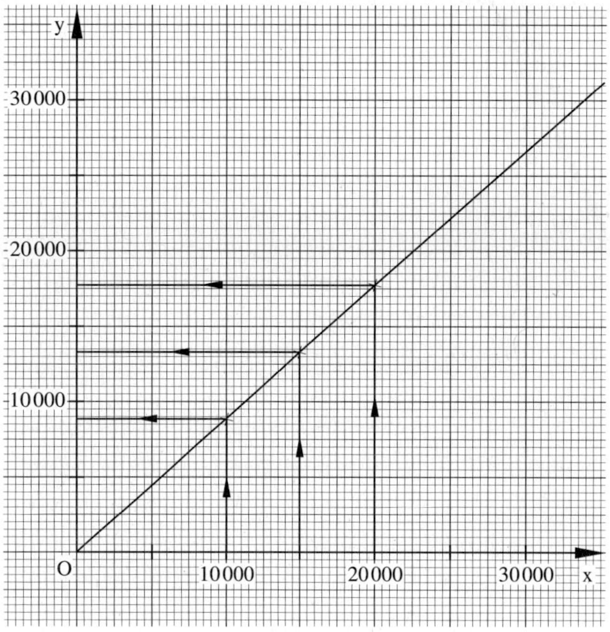

x	10 000	20 000	15 000
y	8 750	≈ 18 000	≈ 13 500

•6

a) (1) Kreditsumme x in €
→ Auszahlungsbetrag y in €

(2) $y = 0{,}9x - 250$

$$x = \frac{y + 250}{0{,}9}$$

$y = 10\,000$; $x = 11\,388{,}89$
$y = 20\,000$; $x = 22\,500$
$y = 15\,000$; $x = 16\,944{,}44$

(3) Antworten:
Bei einer Auszahlung von 10 000 € beträgt die Kreditsumme 11 388,89 €;
bei einer Auszahlung von 20 000 € beträgt die Kreditsumme 22 500 €;
bei einer Auszahlung von 15 000 € beträgt die Kreditsumme 16 944,44 €.

x	11 388,89	22 500	16 944,44
y	10 000	20 000	15 000

b)

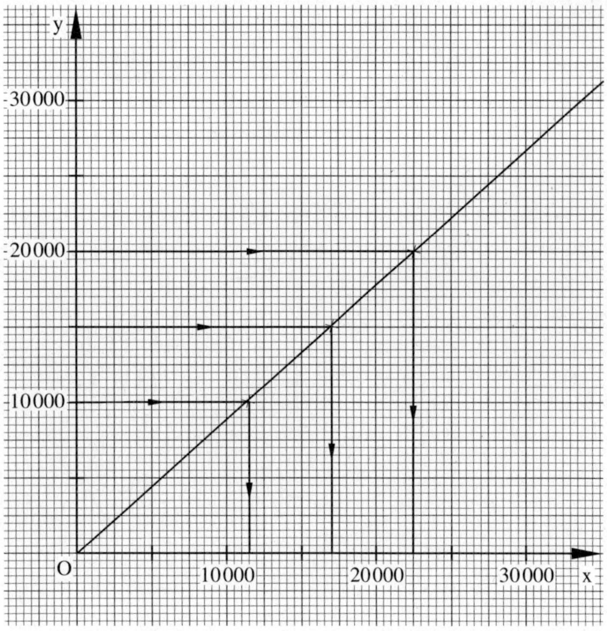

x	11 300	22 500	17 000
y	10 000	20 000	15 000

Seite 32

2.1

a)

x	0	0,5	−0,5	1	−1	1,5	−1,5	2	−2
x^2	0	0,25	0,25	1	1	2,25	2,25	4	4

b) individuelle Lösung

c) individuelle Lösung

d) individuelle Lösung

2.2

Individuelle Lösung.

Zusätzliche Werte bei 0,25 und −0,25 erleichtern das Zeichnen der Rundung in der Nähe des Scheitelpunktes.

3.1

a) A(0|0); B(1|1); D(−1|1)

b) B(2|4); C(−2|4)

c) C(−3|9); E(3|9)

4.1

a) A(2|4); A′(−2|4)

b) B(−4|16); B′(4|16)

c) C(0,5|0,25); C′(−0,5|0,25)

d) D(0,8|0,64); D′(−0,8|0,64)

e) E(−6|36); E′(6|36)

f) F(0,1|0,01); F′(−0,1|0,01)

Seite 33

1.1

Individuelle Lösung

2.1

a) NP wurde gespiegelt

b) NP wurde gestreckt

c) NP wurde gestreckt und dann gespiegelt
oder
NP wurde gespiegelt und dann gestreckt

d) NP wurde gestaucht und dann gespiegelt
oder
NP wurde gespiegelt und dann gestaucht

3.1

a) individuelle Lösung

b) individuelle Lösung

•*4*

a) $y = 3x^2$; NP wurde gestreckt

b) $y = -3x^2$; NP wurde gestreckt und dann gespiegelt oder NP wurde gespiegelt und dann gestreckt

c) $y = 0,25x^2$; NP wurde gestaucht

d) $y = -0,25x^2$; NP wurde gestaucht und dann gespiegelt oder NP wurde gespiegelt und dann gestaucht

1.1

x	0	0,5	−0,5	1	−1
x^2	0	0,25	0,25	1	1
$-x^2$	0	−0,25	−0,25	−1	−1
$-x^2+2$	2	1,75	1,75	1	1
$-x^2-2$	−2	−2,25	−2,25	−3	−3

x	1,5	−1,5	2	−2
x^2	2,25	2,25	4	4
$-x^2$	−2,25	−2,25	−4	−4
$-x^2+2$	−0,25	−0,25	−2	−2
$-x^2-2$	−4,25	−4,25	−6	−6

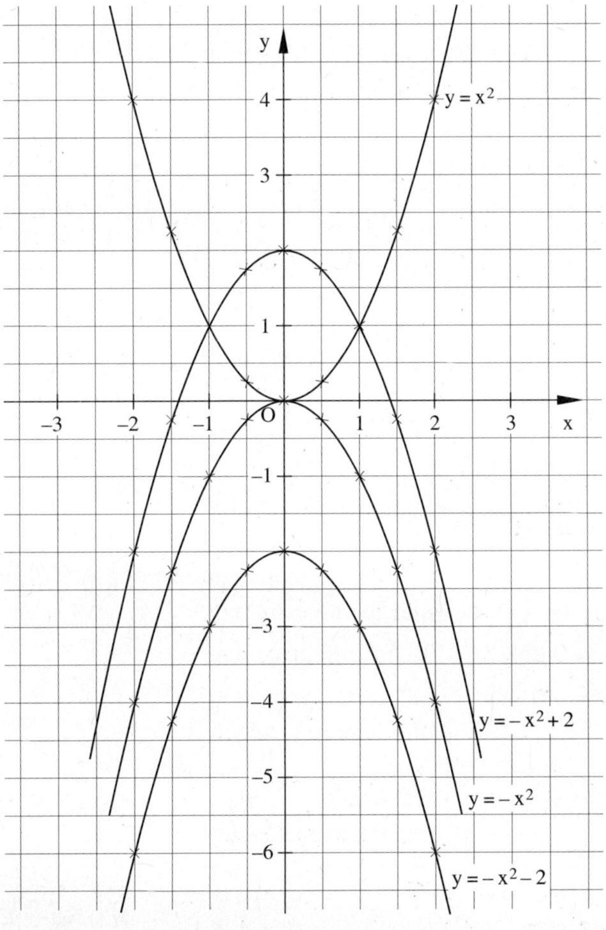

1.2

x	0	0,5	−0,5	1	−1
$2x^2$	0	0,5	0,5	2	2
$2x^2+3$	3	3,5	3,5	5	5
$2x^2-3$	−3	−2,5	−2,5	−1	−1

x	1,5	−1,5	2	−2
$2x^2$	4,5	4,5	8	8
$2x^2+3$	7,5	7,5	11	11
$2x^2-3$	1,5	1,5	5	5

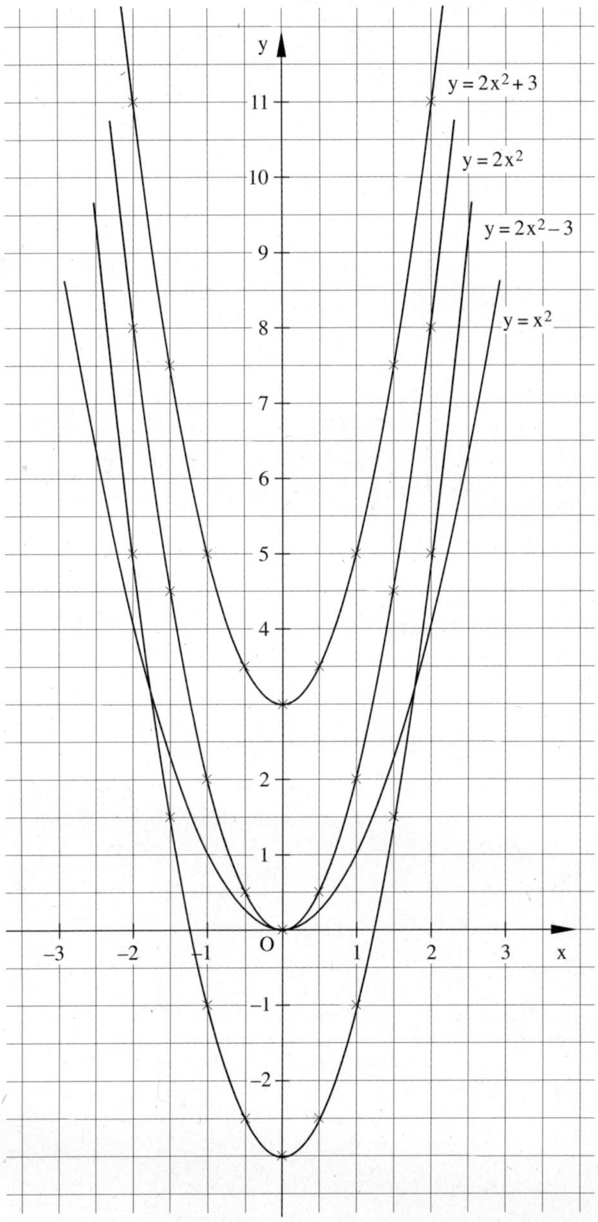

1.3

x	0	0,5	−0,5	1	−1
$-2x^2$	0	−0,5	−0,5	−2	−2
$-2x^2+1$	1	0,5	0,5	−1	−1
$-2x^2-1$	−1	−1,5	−1,5	−3	−3

x	1,5	−1,5	2	−2
$-2x^2$	−4,5	−4,5	−8	−8
$-2x^2+1$	−3,5	−3,5	−7	−7
$-2x^2-1$	−5,5	−5,5	−9	−9

1.4

x	0	0,5	−0,5	1	−1
$\frac{1}{2}x^2$	0	0,125	0,125	0,5	0,5
$\frac{1}{2}x^2+4$	4	4,125	4,125	4,5	4,5
$\frac{1}{2}x^2-4$	−4	−3,875	−3,875	−3,5	−3,5

x	1,5	−1,5	2	−2
$\frac{1}{2}x^2$	1,125	1,125	2	2
$\frac{1}{2}x^2+4$	5,125	5,125	6	6
$\frac{1}{2}x^2-4$	−2,875	−2,875	−2	−2

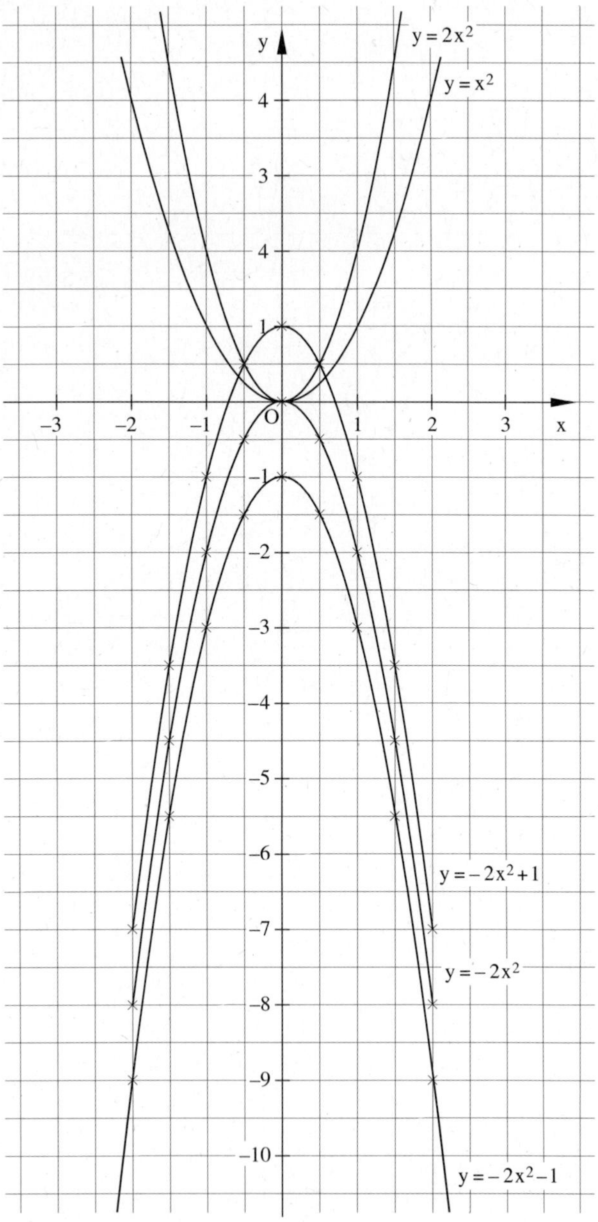

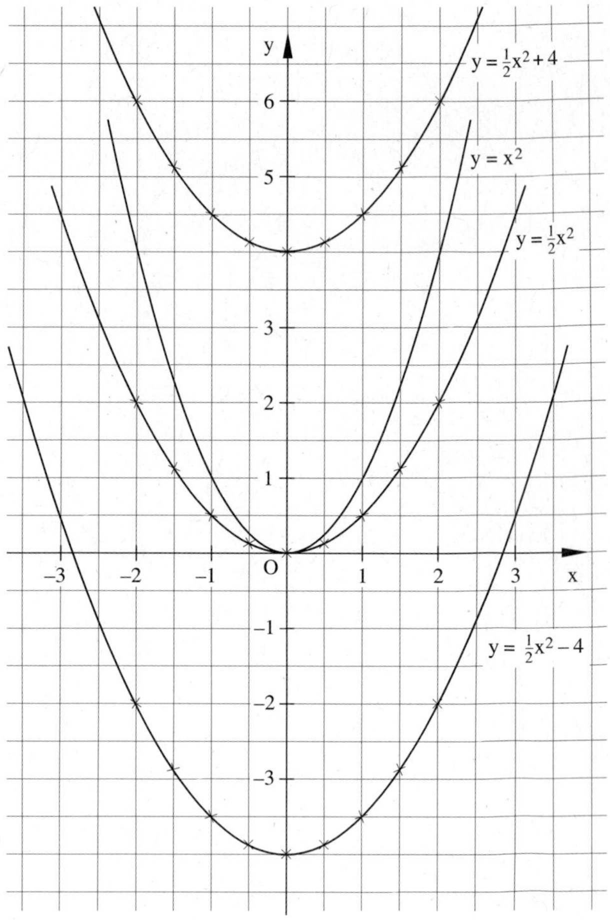

1.5

x	0	0,5	−0,5	1	−1
$-\frac{1}{2}x^2$	0	−0,125	−0,125	−0,5	−0,5
$-\frac{1}{2}x^2+1$	1	0,875	0,875	0,5	0,5
$-\frac{1}{2}x^2-1$	−1	−1,125	−1,125	−1,5	−1,5

x	1,5	−1,5	2	−2
$-\frac{1}{2}x^2$	−1,125	−1,125	−2	−2
$-\frac{1}{2}x^2+1$	−0,125	−0,125	−1	−1
$-\frac{1}{2}x^2-1$	−2,125	−2,125	−3	−3

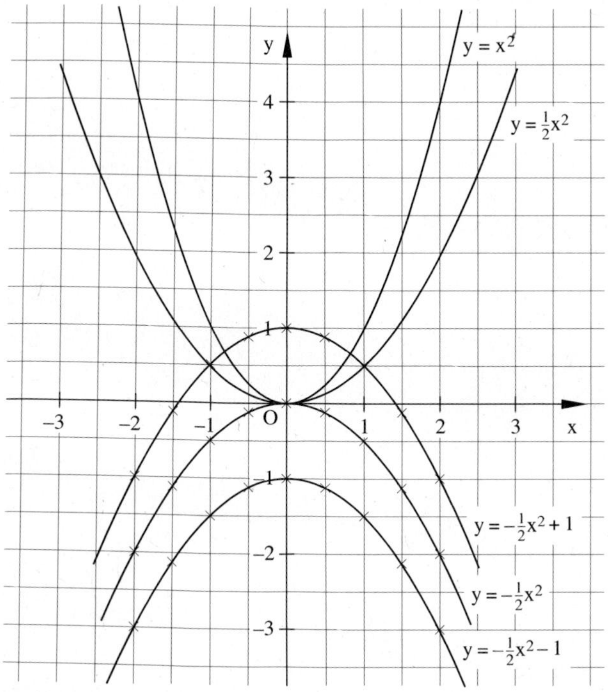

2.1

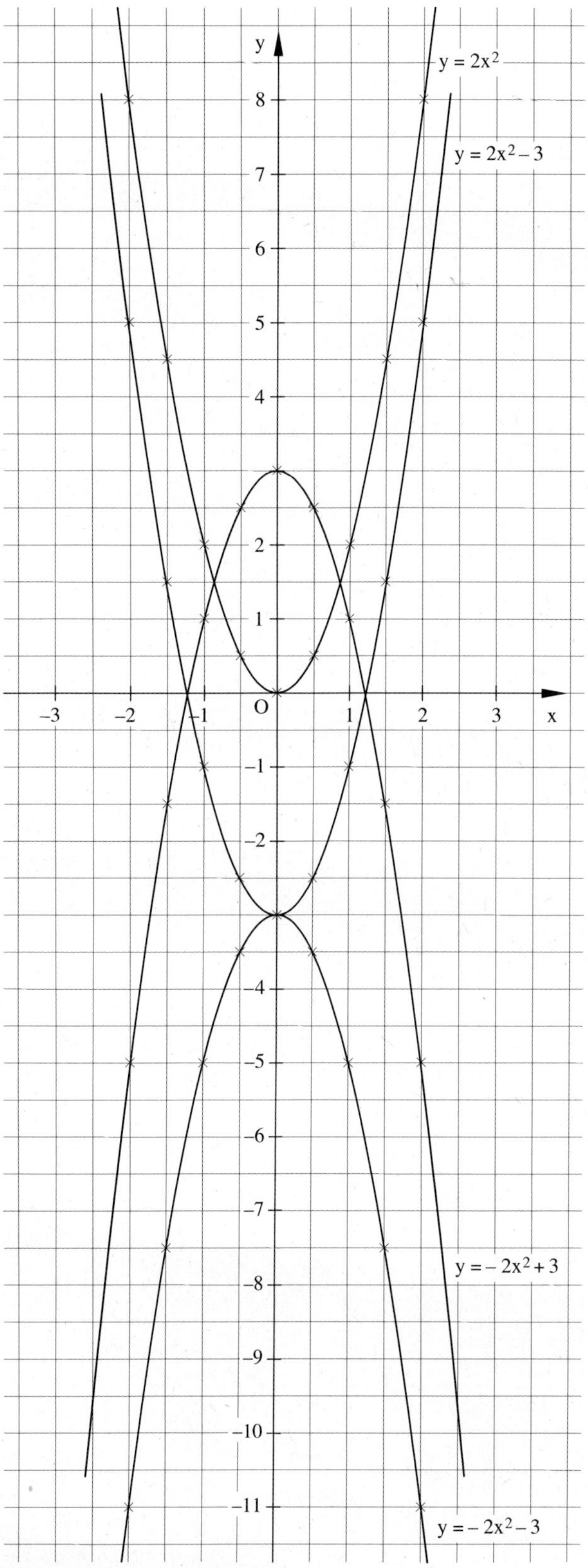

2.2

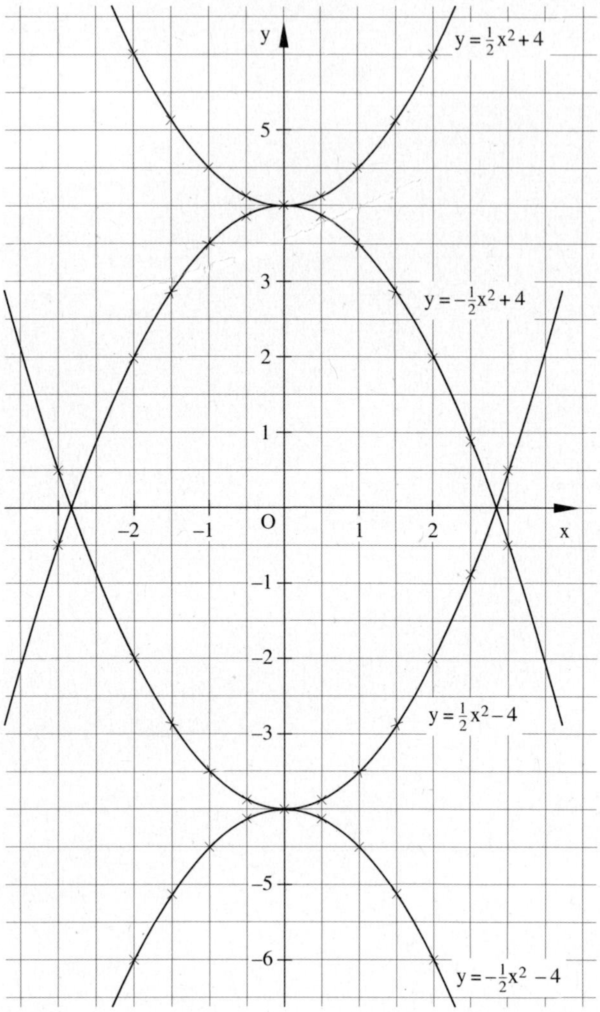

2.3

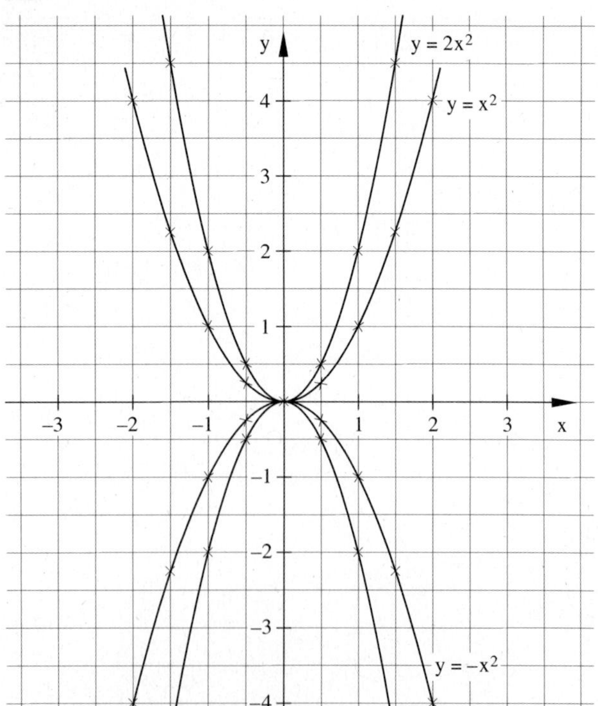

3.1

a) P(0|3); Q(2|−1)
b) P(0|−4); Q(−2|4)
c) P(2|−10); Q(−2|−10)
d) P(0|0); Q(5|12,5)

4

a)

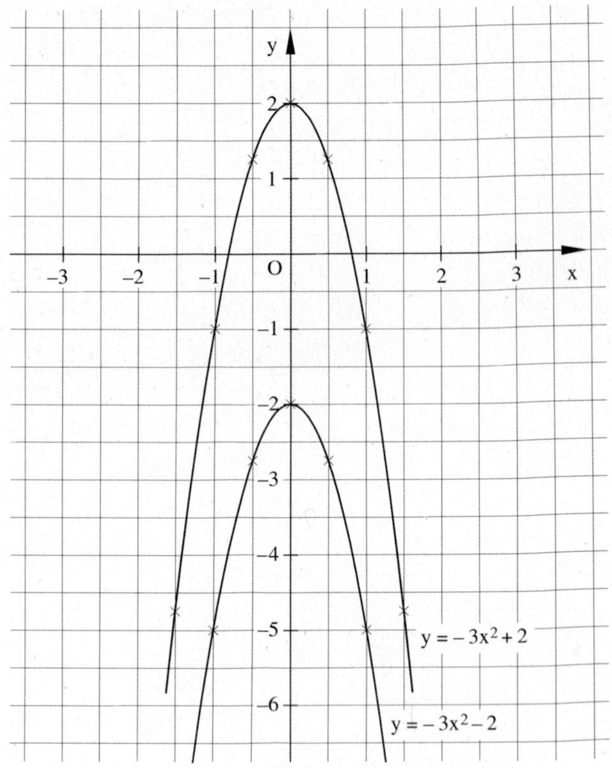

b)

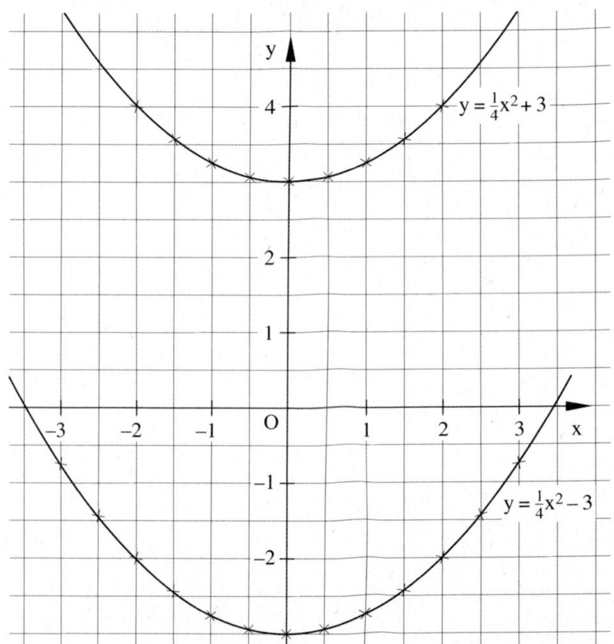

c)

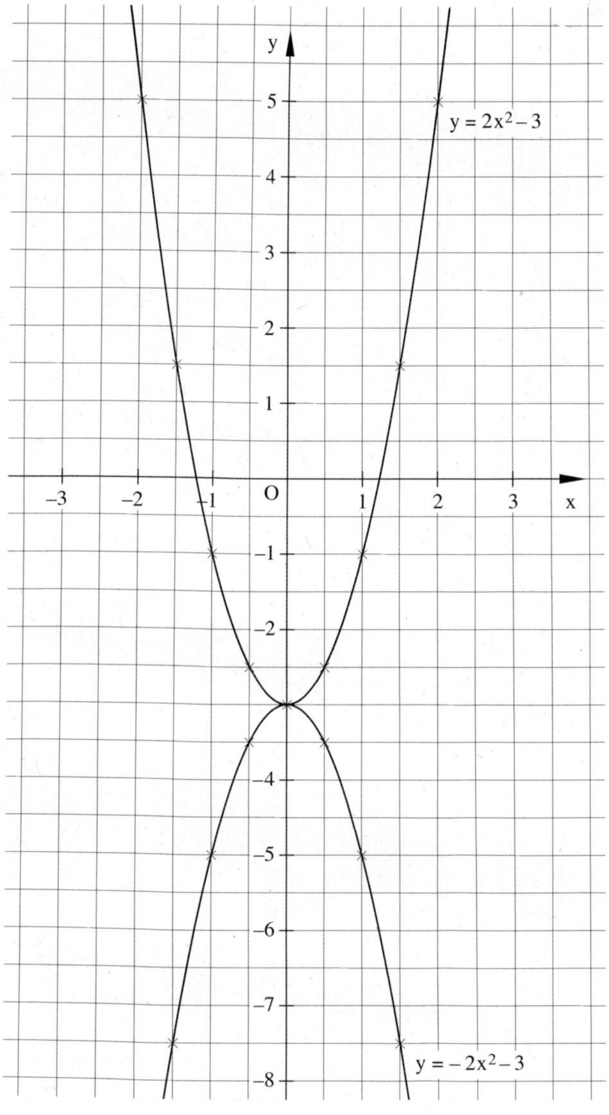

d)

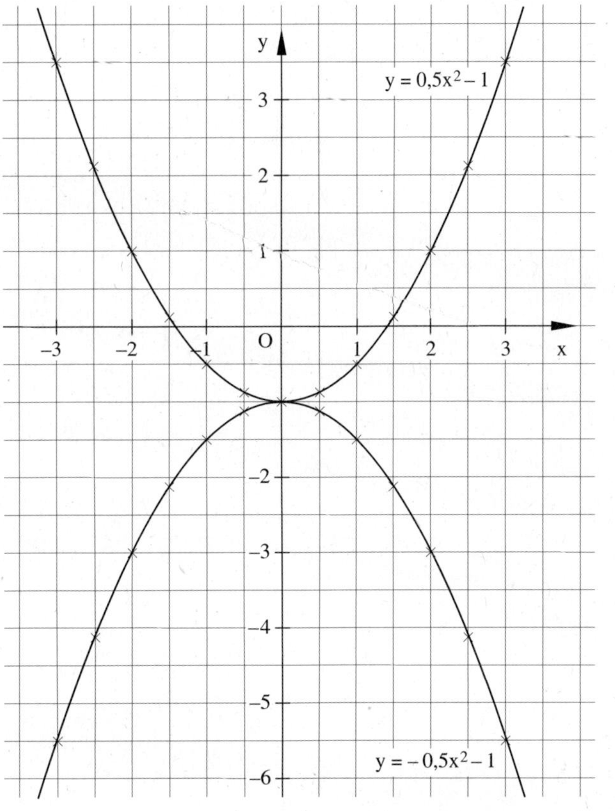

Seite 35

1.1

a) ⑤

x	−5	−4	−3	−2	−1
y	10	4	2	4	10

⑥

x	−5	−4	−3	−2	−1
y	−10	−4	−2	−4	−10

b)

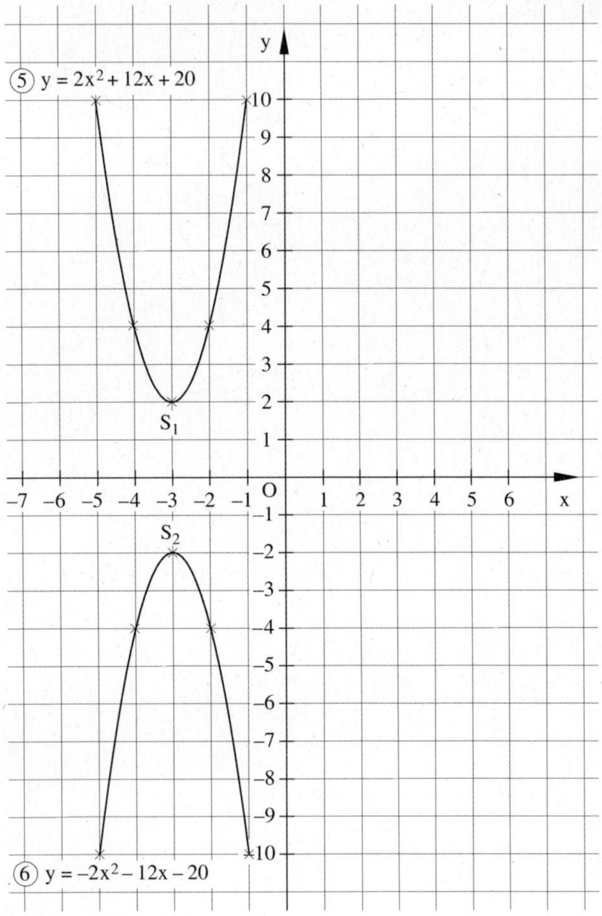

c) ⑤ $S_1(-3|2)$
⑥ $S_2(-3|-2)$

2.1

a) ⑤ $a = 2$; $b = 12$; $c = 20$
⑥ $a = -2$; $b = -12$; $c = -20$

b) individuelle Lösung

c) individuelle Lösung

d) individuelle Lösung

3.1

a) ⑦ $S(3|2)$; ⑧ $S(3|-2)$

b) ⑨ $S(-2|1)$; ⑩ $S(2|-1)$

4

a)

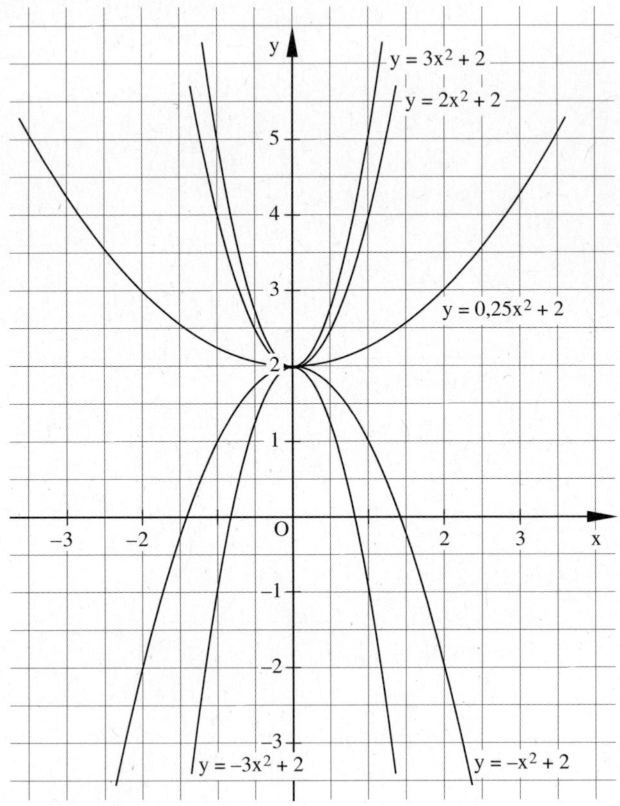

b) $b = 0$, $c = 2$
Scheitelpunkt $S(0|2)$

c) Streckung (Parameter a) verschieden:

$a = 1$: NP um 2 Einheiten nach oben verschoben

$a = -1$: NP gespiegelt und um 2 Einheiten nach oben verschoben

$a = 3$: NP gestreckt und um 2 Einheiten nach oben verschoben

$a = -3$: NP gespiegelt, gestreckt und um 2 Einheiten nach oben verschoben

$a = \frac{1}{4}$: NP gestaucht und um 2 Einheiten nach oben verschoben

5

a)

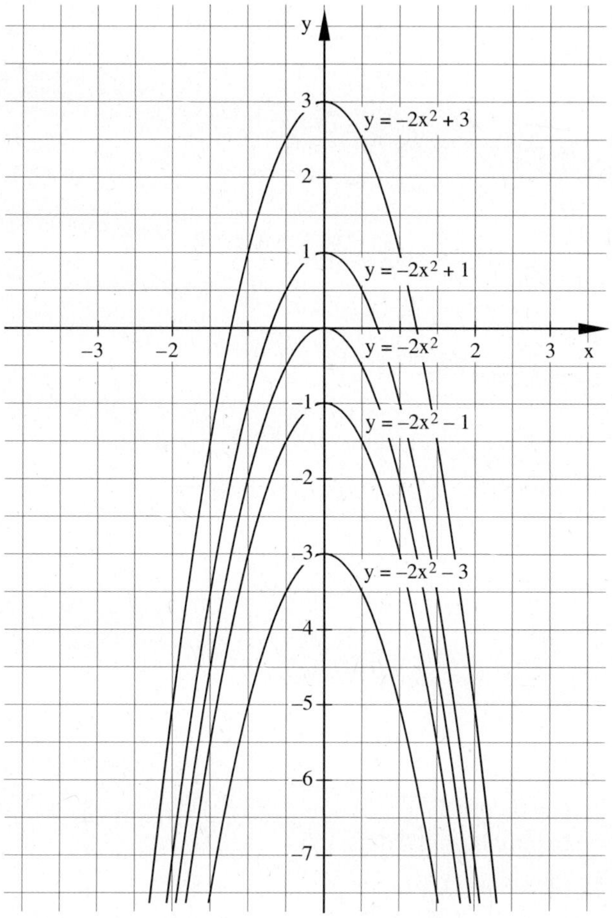

b) $a = -2$
Maximum in S;
$a < 0$: alle Parabeln nach unten geöffnet
$|a| > 1$: alle Parabeln gestreckt

c) Scheitelpunkte sind verschieden:
$S(0|3)$; $S(0|-3)$; $S(0|0)$; $S(0|1)$; $S(0|-1)$

Seite 36

2.1

a)

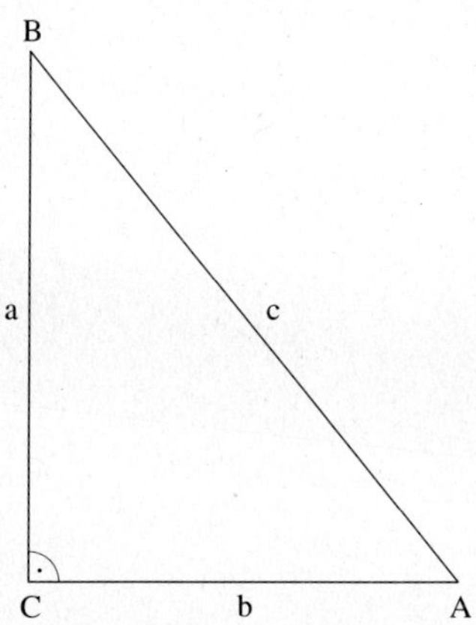

b)

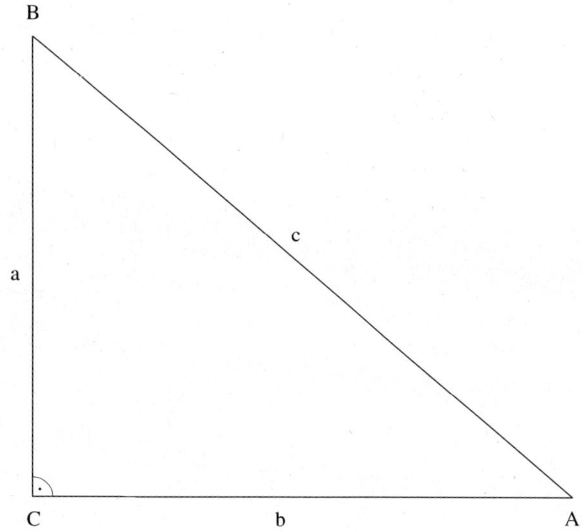

3.1

a)

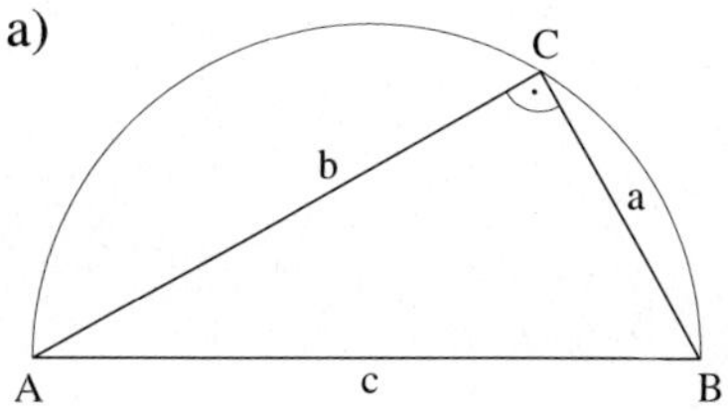

b)

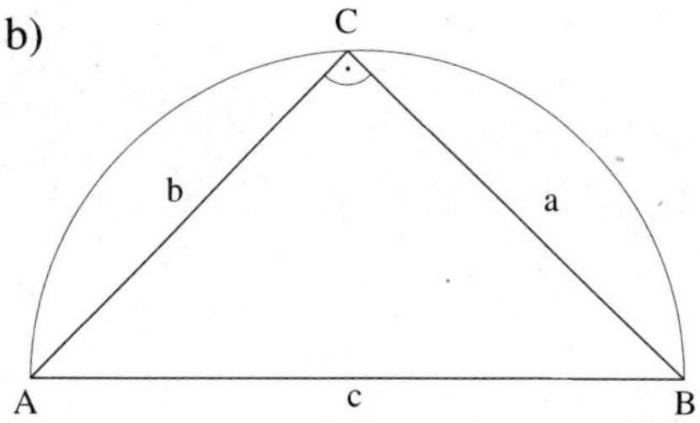

c)

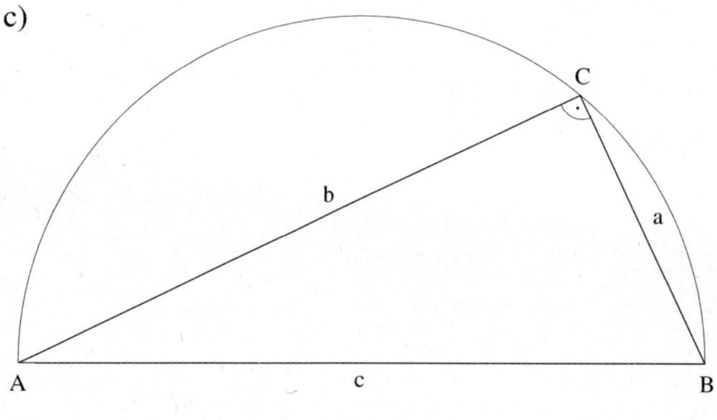

d)

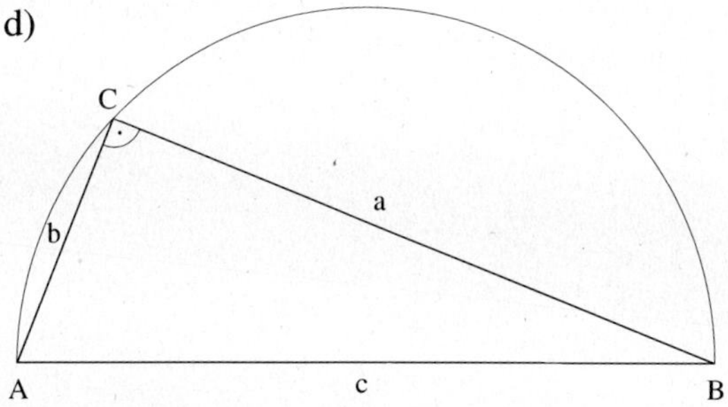

4.1

a)

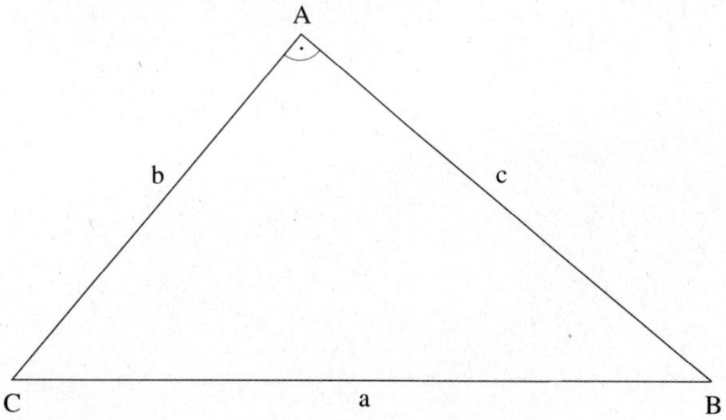

b)

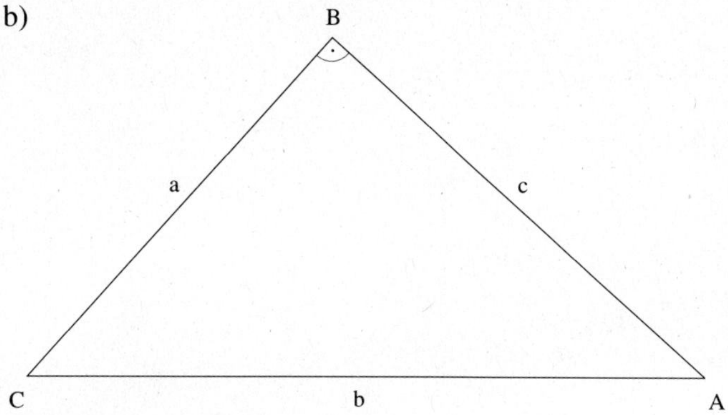

5.1

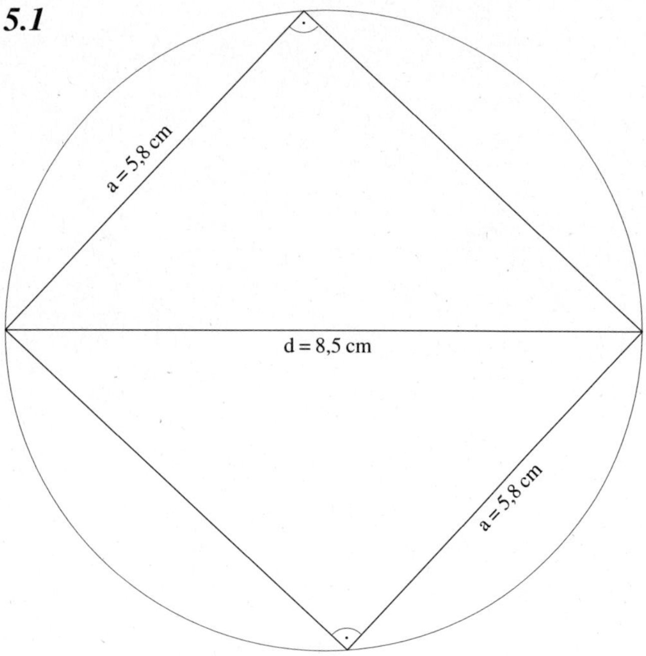

•*5.2*

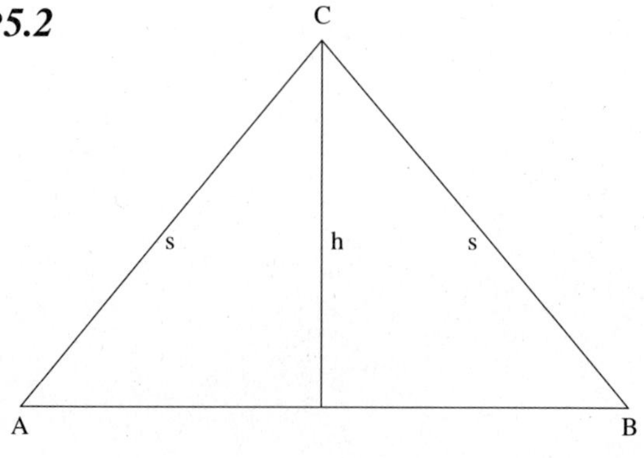

Seite 37

1.1

a) Hypotenuse c = 12,2 cm

b) Hypotenuse c = 10,6 cm

c) Hypotenuse c = 0,91 m

1.2

a) Hypotenuse c = 2,40 m

b) Hypotenuse c = 0,61 m

2.1

a) Kathete b = 9,6 cm

b) Kathete a = 7,2 cm

c) Kathete a = 7,2 cm

2.2

a) Kathete b = 0,42 m

b) Kathete b = 2,01 m

Seite 38

1.1

68,77 m; 58,26 m; 50,09 m

2.1

Die Leiter reicht 4,36 m hoch.

2.2

Die Leiter muss 6,67 m lang sein.

3.1

Die längste Latte muss 3,90 m lang sein.

4.1

Das Bild ist 56,2 cm breit.

4.2

Die Diagonale des Bildschirms ist 33,0 cm lang.

5.1

a) $6^2 + 24^2 = 612 \neq 25^2$
Das Dreieck ist nicht rechtwinklig.

b) $9^2 + 40^2 = 1\,681 = 41^2$
Das Dreieck ist rechtwinklig.

c) $10^2 + 11^2 = 221 \neq 25^2$
Das Dreieck ist nicht rechtwinklig.

d) $0{,}15^2 + 0{,}36^2 = 0{,}1521 = 0{,}39^2$
Das Dreieck ist rechtwinklig.

e) $199^2 + 19\,800^2 = 392\,079\,601 = 19\,801^2$
Das Dreieck ist rechtwinklig.

1.1

a) $p = 4{,}1\,cm$ b) $p = 3{,}3\,cm$

c) $q = 5{,}4\,cm$ d) $q = 5{,}1\,cm$

2.1

	a)	b)	c)	d)
Kathete a	4,0	**4,8**	**5,3**	**7,3**
Kathete b	**3,5**	5,2	**6,0**	**9,5**
Hypotenuse c	**5,3**	**7,1**	8,0	12,0
Hypotenusenabschnitt p	3,0	**3,3**	3,5	**4,4**
Hypotenusenabschnitt q	**2,3**	3,8	**4,5**	7,6

(Alle Angaben sind in cm.)

3.1

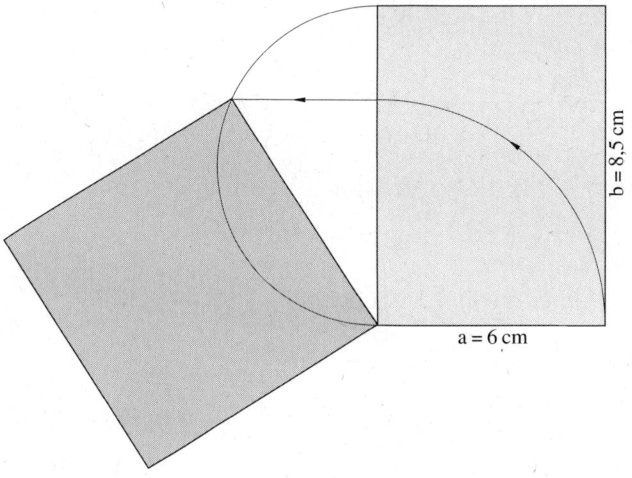

3.2

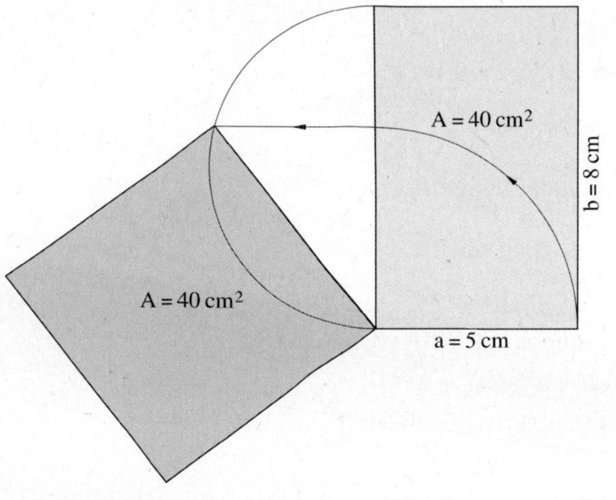

4.1

a)

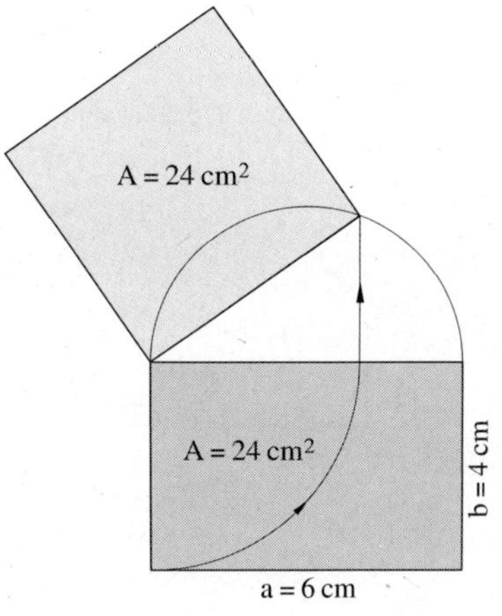

b)

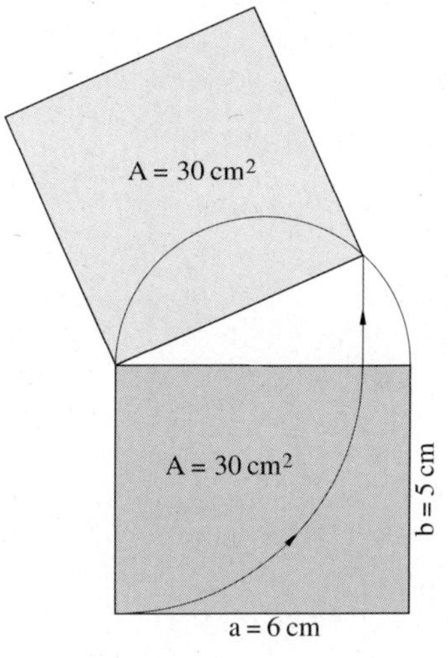

c)

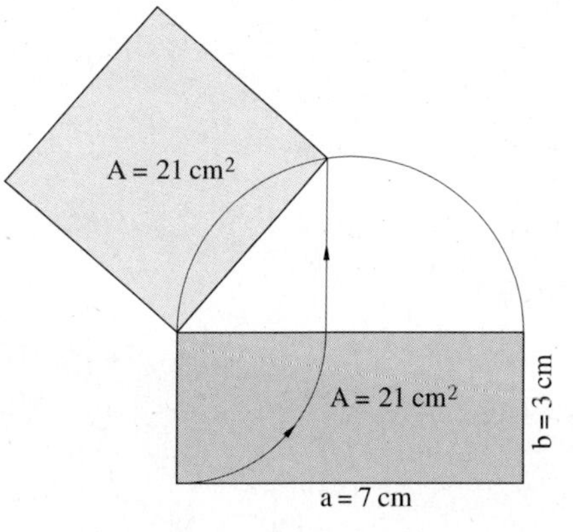

d)

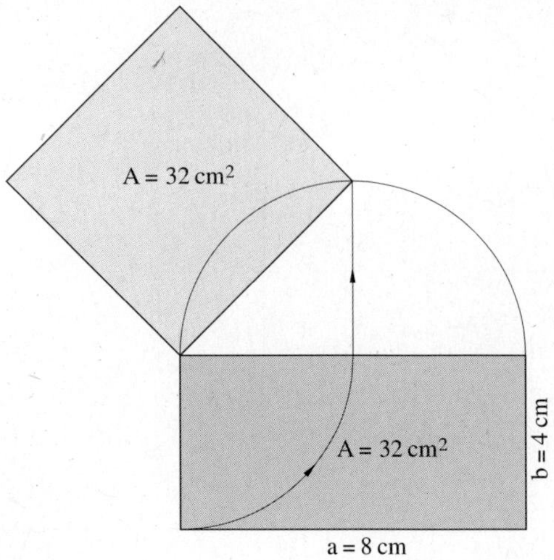

Seite 40

1.1

a) $h \approx 4{,}2\,\text{cm}$ b) $h \approx 3{,}4\,\text{cm}$

c) $h \approx 9{,}5\,\text{cm}$ d) $h \approx 82{,}2\,\text{cm}$

2.1

	a)	b)	c)	d)
Kathete a	**5,0**	**8,8**	**6,4**	**6,2**
Kathete b	**6,6**	**9,5**	**5,3**	**10,3**
Hypotenuse c	**8,3**	**13,0**	8,3	12,0
Hypotenusenabschnitt p	3,0	**6,0**	4,9	**3,2**
Hypotenusenabschnitt q	**5,3**	7,0	**3,4**	8,8
Höhe h	4,0	6,5	**4,1**	**5,3**

(Alle Angaben sind in cm.)

3.1

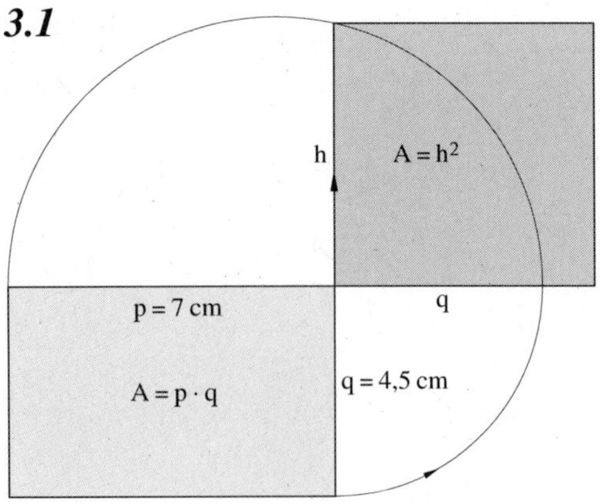

3.2

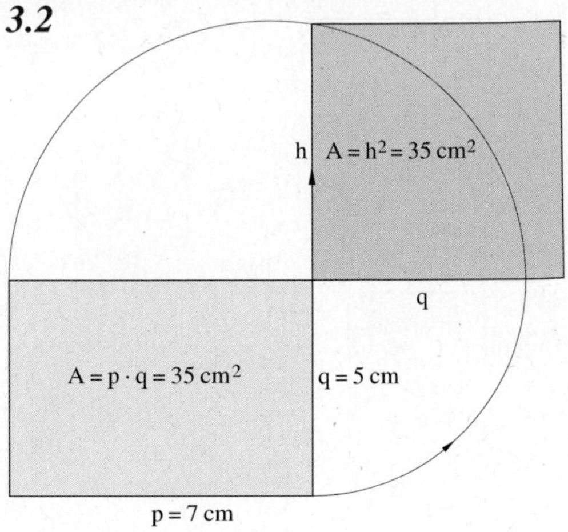

•*4.1*

a)

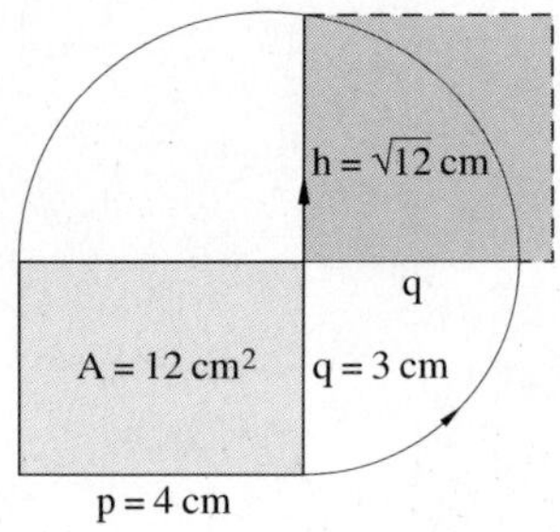

b)

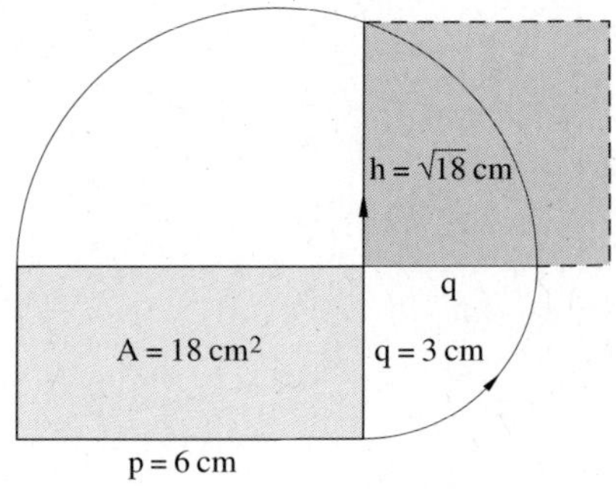

c)

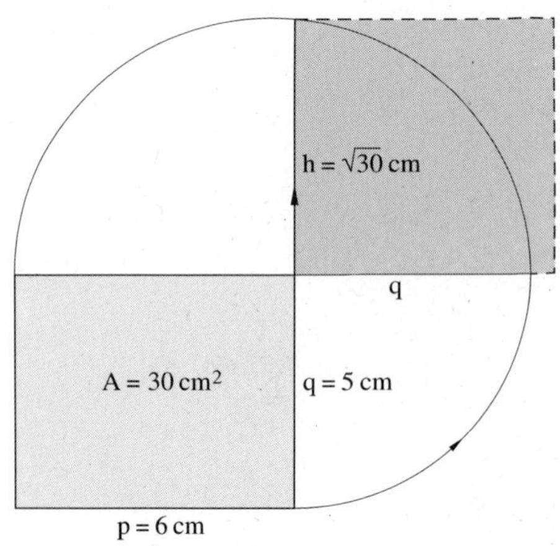

d)

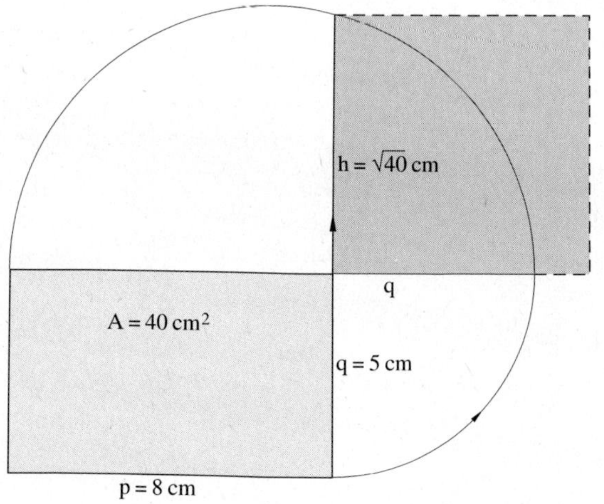

e)

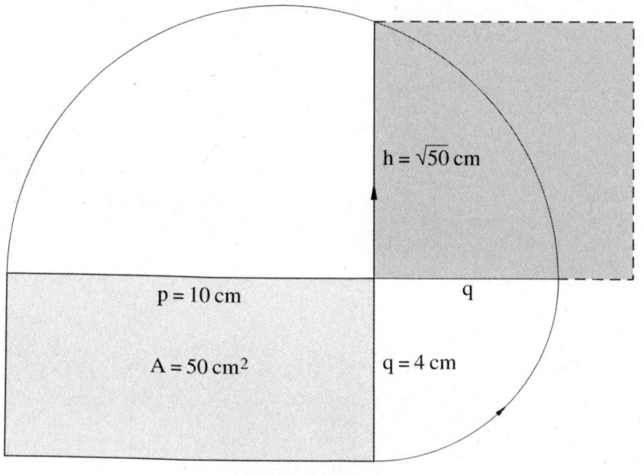

f)

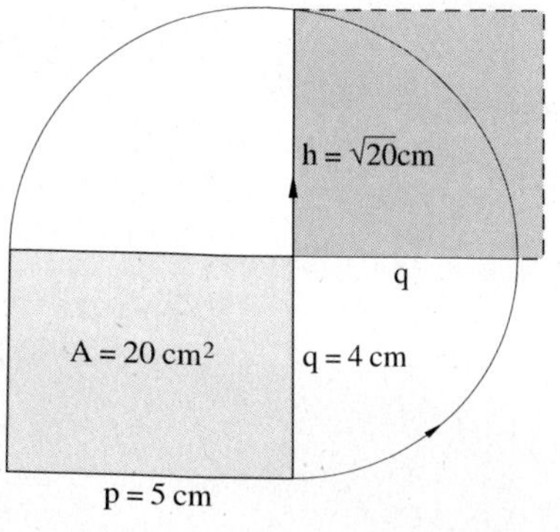

g)

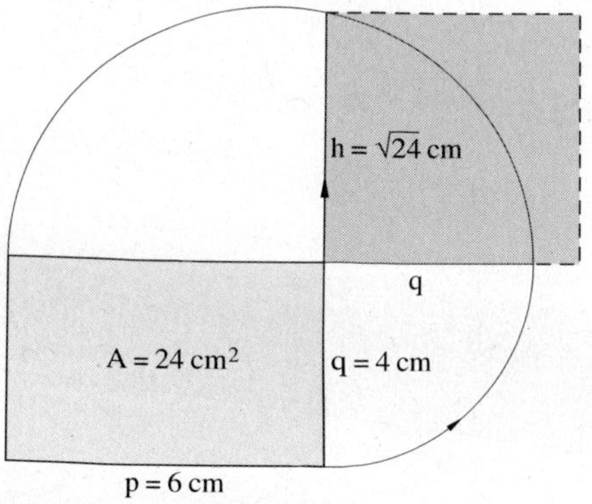

h)

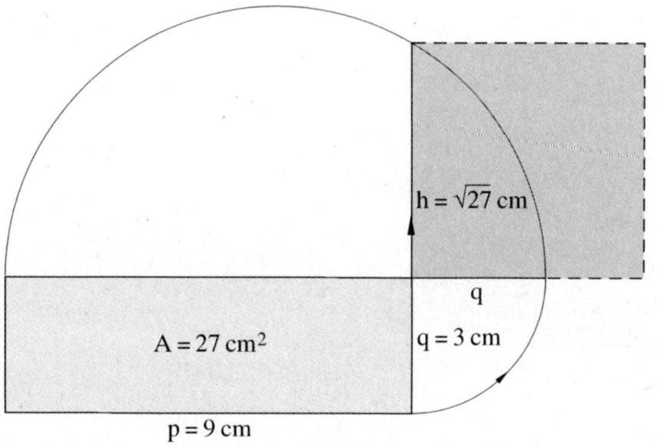

Seite 42

1.1

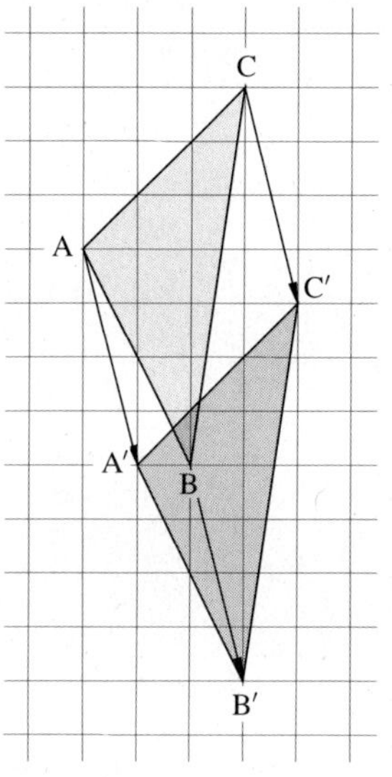

2.1

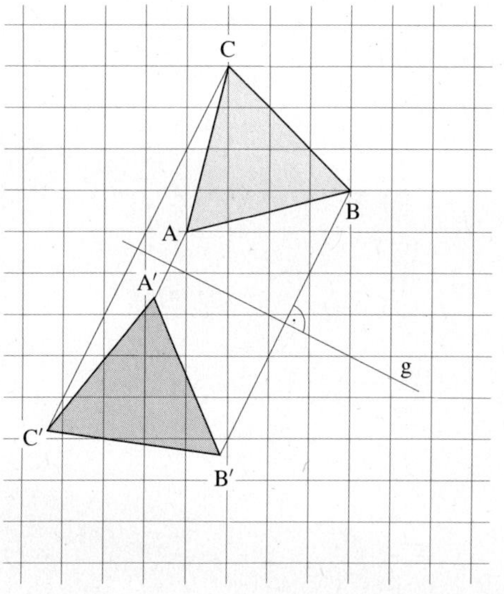

3.1

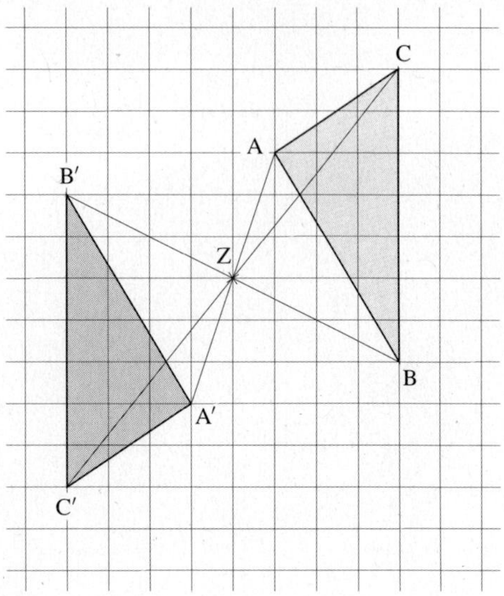

4.1

	a)	b)	c)	d)
Bildstrecke	**25 m**	**300 m**	4,5 cm	81 mm
Strecke	2 500 m	30 000 m	**450 cm**	**8 100 mm**

5.1

a) $x = 1\frac{3}{4} = 1{,}75$

b) $x = 12\frac{1}{2} = 12{,}5$

c) $x = \frac{2}{3} = 0{,}\overline{6}$

Seite 43

2.1

Fig. 2

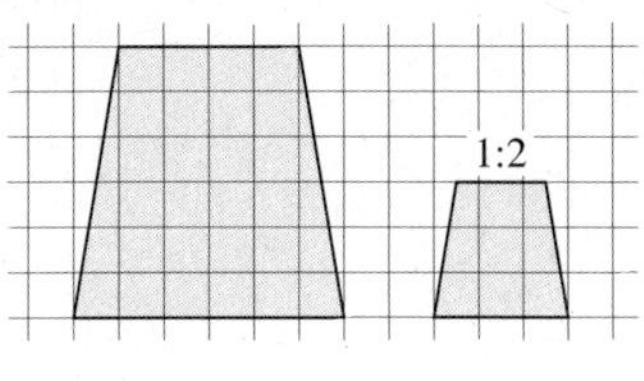

3.1

Fig. 2

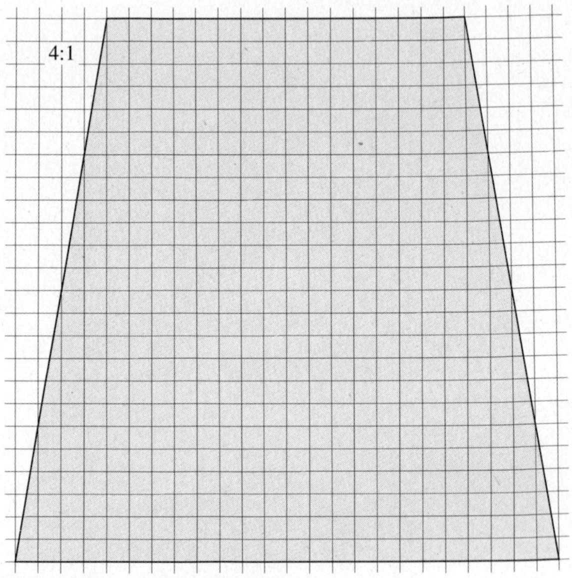

4.1

a)

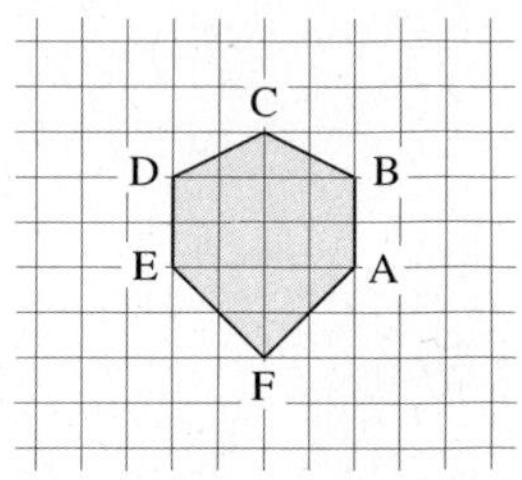

b) $\overline{D'E'} = 3\,\text{cm}$, $\overline{DE} = 1\,\text{cm}$

c) Maßstab 3 : 1 (Vergrößerung)

d)

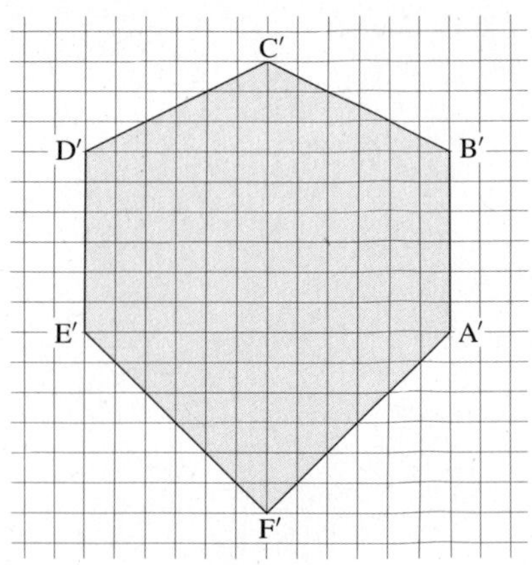

1.1

a)

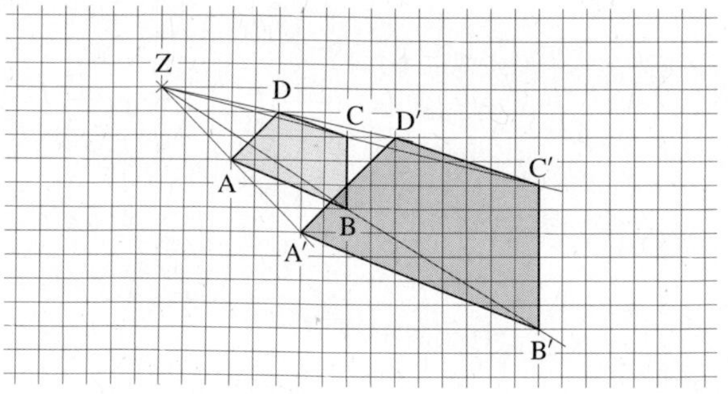

b)

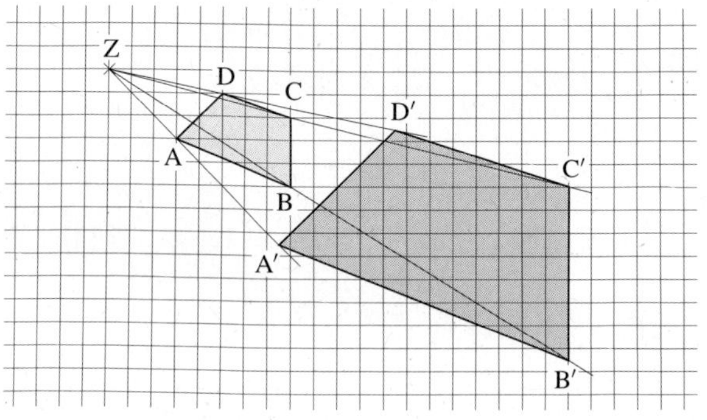

c)

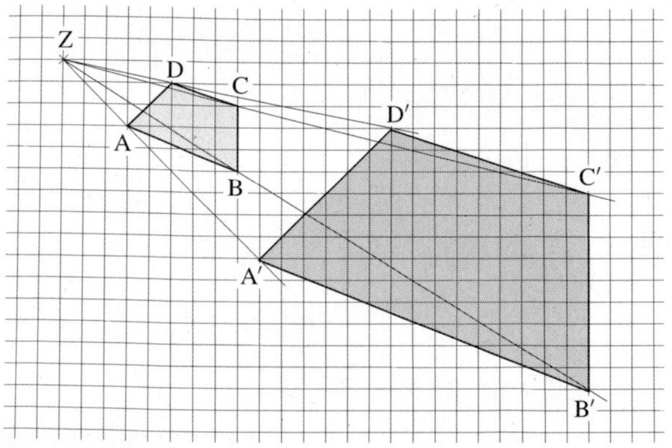

d)

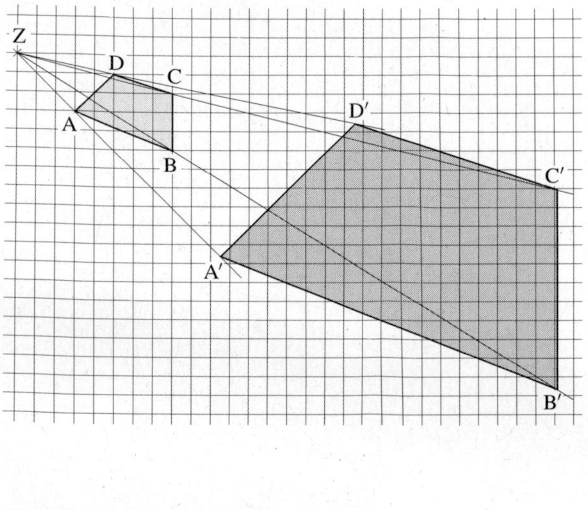

3.1

a)

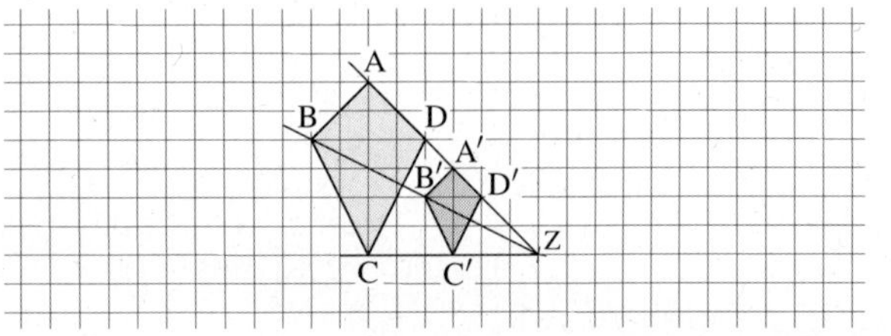

b)

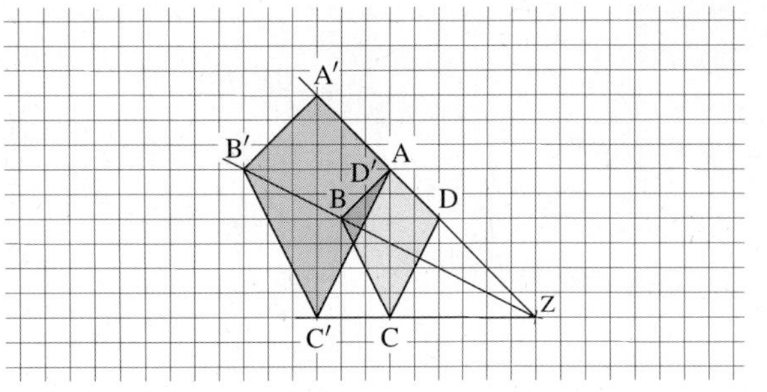

c)

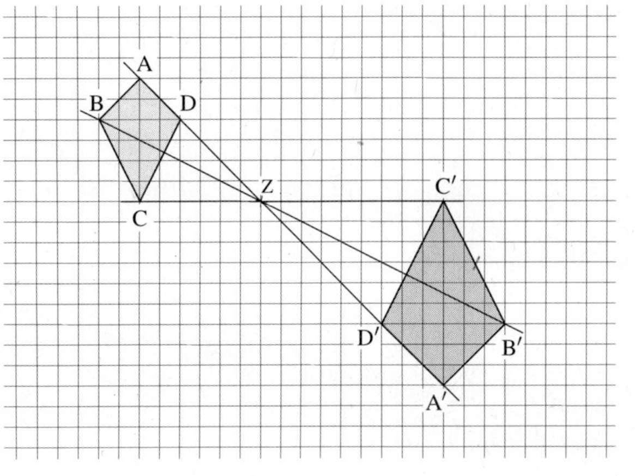

d)

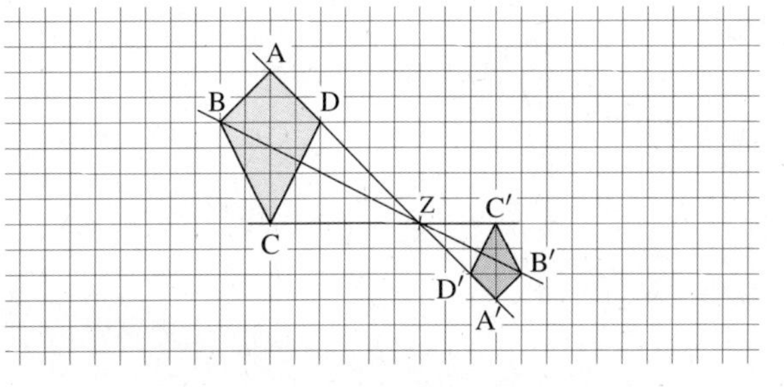

4

a), b), c), d)

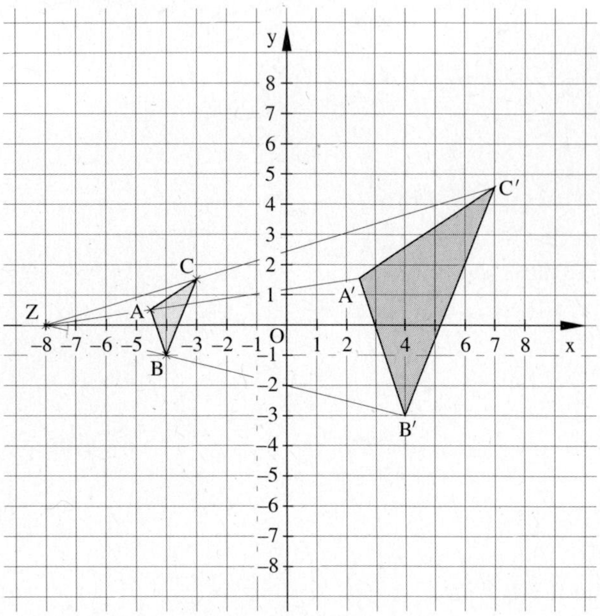

e) A′(2,5|1,5); B′(4|–3); C′(7|4,5)

Seite 45

1.1

Fig. 1

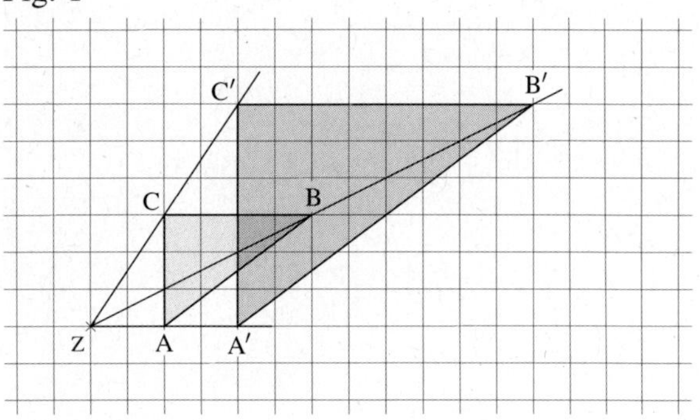

Fig. 2

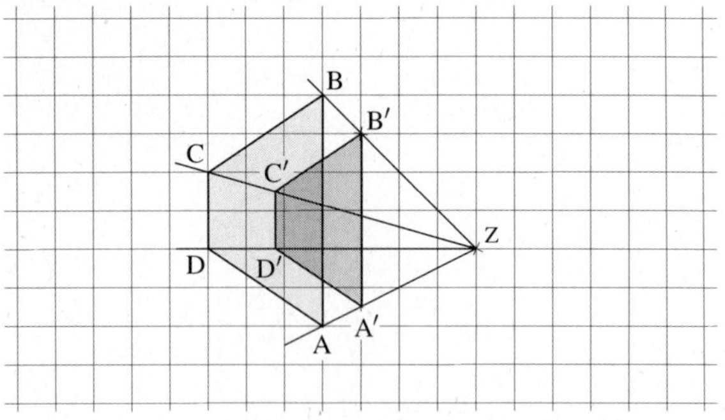

2.1

Fig. 1

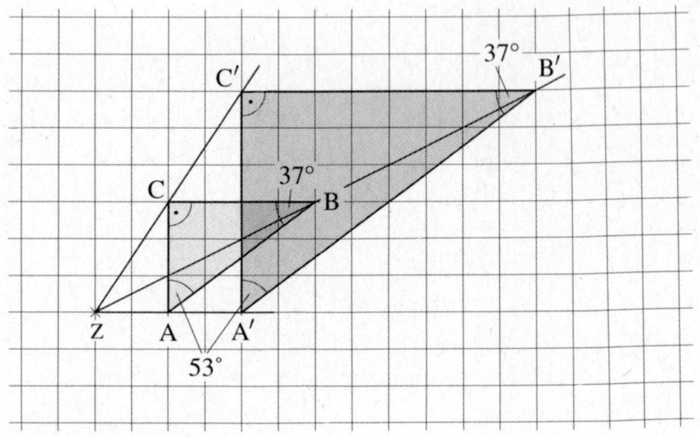

Fig. 2

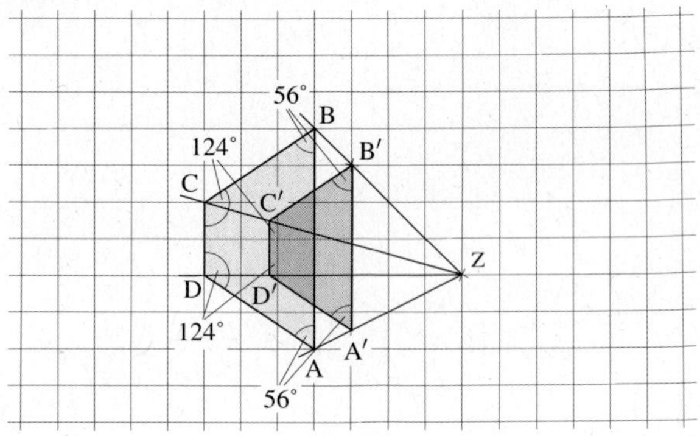

3.1

Fig. 1

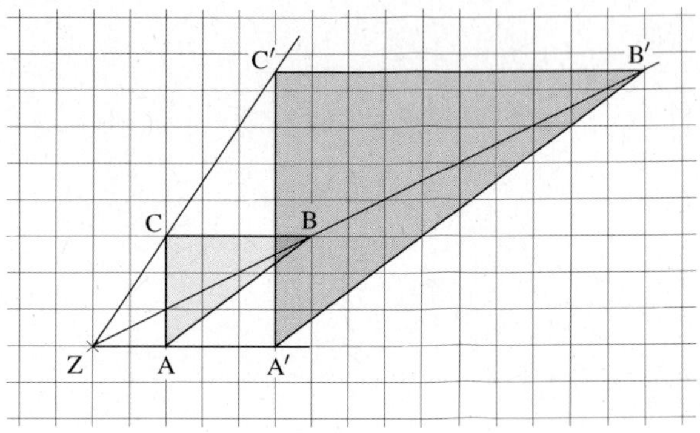

Fig. 2

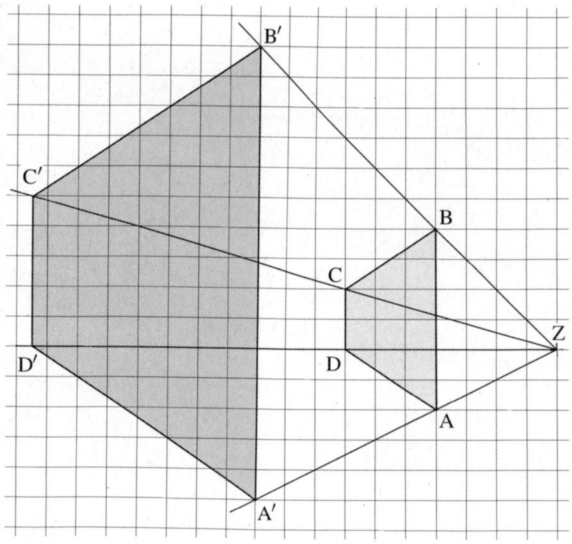

Seite 46

2.1

$\frac{x}{2{,}6} = \frac{7{,}2}{3{,}1}$

x = 6,0 cm

3.1

$\frac{x}{8{,}7} = \frac{3{,}5}{9{,}5}$

x = 3,2 cm

4.1

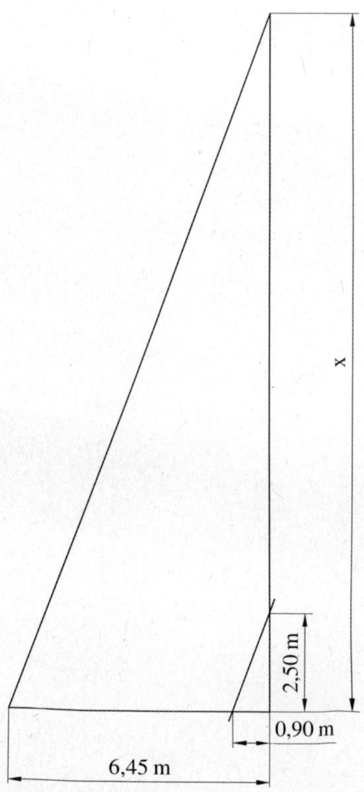

$\frac{x}{2{,}50} = \frac{6{,}45}{0{,}90}$

Höhe des Baumes: x = 17,92 m

Seite 47

2.1

$\frac{x}{19} = \frac{41}{24}$

x = 32 mm

3.1

$\frac{x}{40} = \frac{14}{38}$

x = 15 mm

4.1

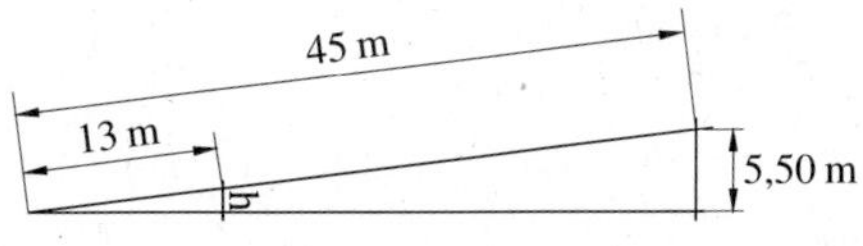

$\frac{h}{5{,}50} = \frac{13}{45}$

Höhe h = 1,59 m

Seite 48

1.1

a), b), c) Fig. 1

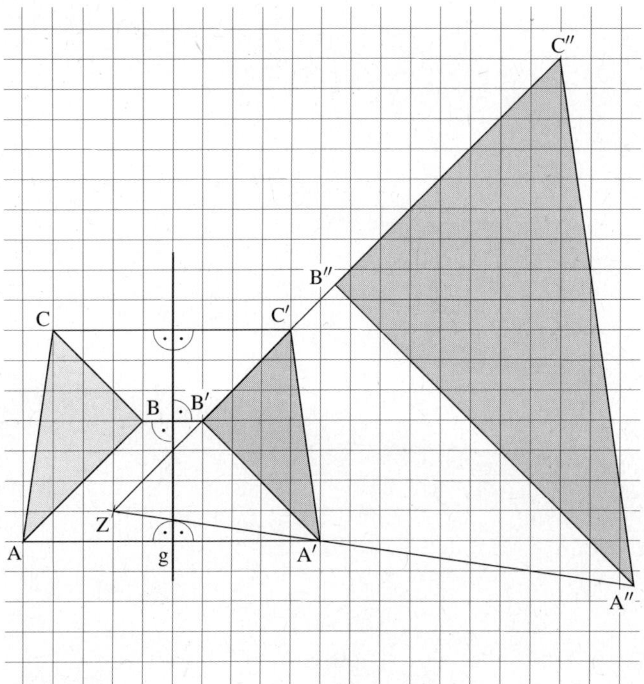

2.1

a), b), c) Fig. 2

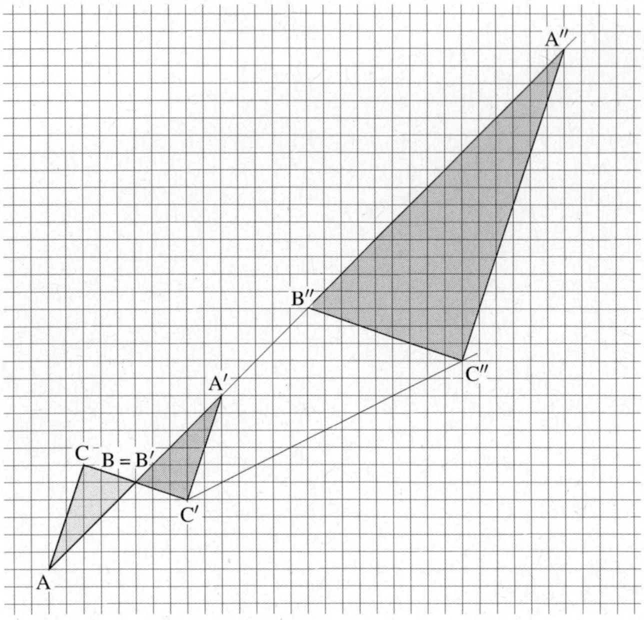

3.1

a), b), c) Fig. 3

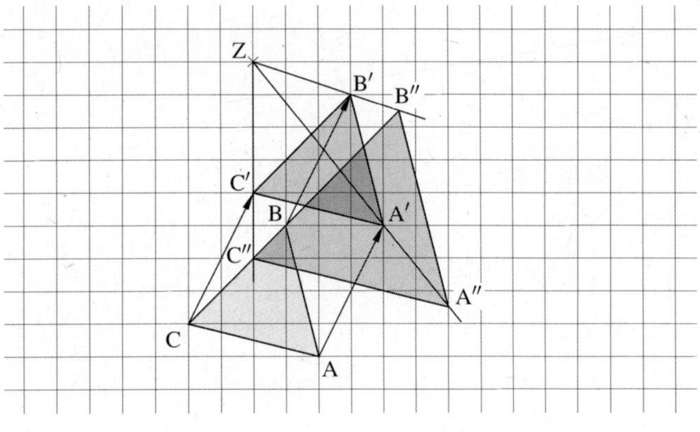

Seite 49

1.1

Zum Beispiel:

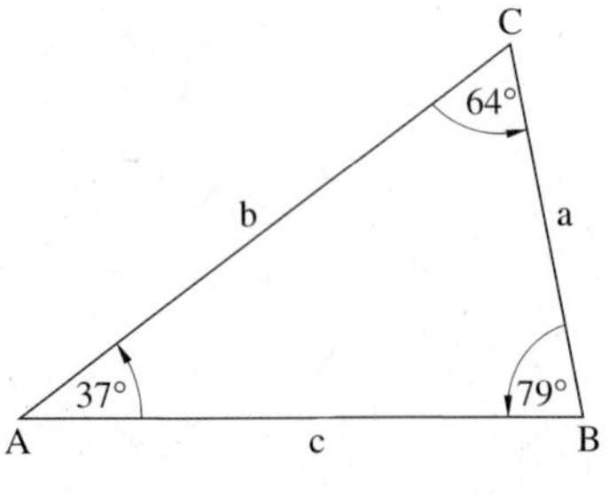

2.1

a) a = 3,5 cm; b = 2,0 cm; c = 3,6 cm
b′ = 2,5 cm ⇒ k = 1,25: a′ = 4,4 cm; c′ = 4,5 cm

b) Zum Beispiel:

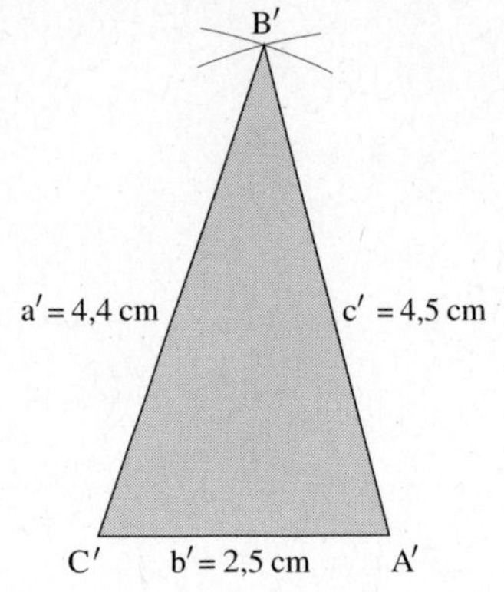

Seite 51

1.1

a) L = {7} b) L = {24} c) L = {3}
d) L = {108} e) L = {8} f) L = {−25}
g) L = {$5\frac{1}{7}$} h) L = {30} i) L = {−3}
j) L = {$1\frac{1}{5}$} k) L = {$-1\frac{2}{3}$}

1.2

a) L = {14} b) L = {2} c) L = {8}
d) L = {11} e) L = {−9} f) L = {4}
g) L = {$-\frac{13}{15}$} h) L = {−3} i) L = {$1\frac{5}{8}$}
j) L = {$\frac{1}{4}$} k) L = {$-\frac{8}{45}$}

2.1

a) L = {10} b) L = {2} c) L = {$\frac{2}{3}$}
d) L = {$\frac{1}{4}$} e) L = {56} f) L = {7}
g) L = {$-7\frac{1}{2}$} h) L = {$58\frac{1}{2}$} i) L = {$\frac{4}{11}$}
j) L = {$37\frac{1}{3}$} k) L = {−1}

3.1

a) L = {6} b) L = {10} c) L = {−2}
d) L = {$-\frac{2}{3}$} e) L = {$-5\frac{5}{7}$} f) L = {$3\frac{1}{11}$}
g) L = {$1\frac{19}{60}$}

Seite 52

1.1

a) $L = \{10; -10\}$
b) $L = \{8; -8\}$
c) $L = \{3; -3\}$
d) $L = \{7; -7\}$
e) $L = \{1; -1\}$
f) $L = \{5; -5\}$
g) $L = \{0\}$
h) $L = \{9; -9\}$

1.2

a) $L = \{\sqrt{15}; -\sqrt{15}\}$
b) $L = \{\sqrt{22}; -\sqrt{22}\}$
c) $L = \{\sqrt{10}; -\sqrt{10}\}$
d) $L = \{\sqrt{43}; -\sqrt{43}\}$

1.3

a) $L = \{1{,}4; -1{,}4\}$
b) $L = \{2{,}4; -2{,}4\}$
c) $L = \{2{,}8; -2{,}8\}$
d) $L = \{2{,}2; -2{,}2\}$

2.1

a) $L = \{11; -11\}$
b) $L = \{2; -2\}$
c) $L = \{\}$
d) $L = \{2; -2\}$
e) $L = \{5; -5\}$

2.2

a) $L = \{2; -2\}$
b) $L = \{8; -8\}$
c) $L = \{2; -2\}$
d) $L = \{7; -7\}$
e) $L = \{4; -4\}$

3.1

a) Anzahl der Lösungen: 2
$L = \{\sqrt{2}; -\sqrt{2}\}$

b) Anzahl der Lösungen: 2
$L = \{\sqrt{2}; -\sqrt{2}\}$

c) Anzahl der Lösungen: 0
$L = \{\}$

Seite 53

1.1

a) $L = \{4; 0\}$
b) $L = \{-1; 0\}$
c) $L = \{16; 0\}$
d) $L = \{-9; 0\}$
e) $L = \{25; 0\}$
f) $L = \{-7; 0\}$
g) $L = \{3; 0\}$
h) $L = \{0{,}7; 0\}$

2.1

a) $L = \{0{,}5; 0\}$
b) $L = \{-\frac{1}{4}; 0\}$
c) $L = \{\frac{1}{3}; 0\}$
d) $L = \{3; 0\}$
e) $L = \{-4; 0\}$
f) $L = \{\frac{1}{2}; 0\}$
g) $L = \{\frac{1}{2}; 0\}$
h) $L = \{-8; 0\}$

2.2

a) $L = \{1\frac{1}{3}; 0\}$
b) $L = \{-\frac{2}{3}; 0\}$
c) $L = \{\frac{3}{4}; 0\}$
d) $L = \{1\frac{1}{3}; 0\}$
e) $L = \{-1\frac{4}{5}; 0\}$
f) $L = \{1\frac{1}{2}; 0\}$
g) $L = \{1\frac{1}{2}; 0\}$
h) $L = \{-1\frac{2}{3}; 0\}$
i) $L = \{\frac{3}{4}; 0\}$
j) $L = \{-2\frac{1}{2}; 0\}$
k) $L = \{1\frac{5}{6}; 0\}$

3.1

a) $L = \{4; 0\}$
b) $L = \{-3; 0\}$
c) $L = \{3; 0\}$
d) $L = \{5\frac{1}{3}; 0\}$
e) $L = \{-4; 0\}$
f) $L = \{-7; 0\}$
g) $L = \{\frac{1}{11}; 0\}$
h) $L = \{-3; 0\}$

3.2

a) $L = \{1\frac{1}{3}; 0\}$
b) $L = \{1\frac{1}{4}; 0\}$
c) $L = \{-\frac{3}{7}; 0\}$
d) $L = \{-1\frac{1}{3}; 0\}$
e) $L = \{\frac{11}{12}; 0\}$
f) $L = \{-\frac{15}{16}; 0\}$
g) $L = \{1\frac{2}{3}; 0\}$
h) $L = \{-1\frac{4}{5}; 0\}$

•*3.3*

a) $L = \{1\frac{10}{23}; 0\}$
b) $L = \{4; 0\}$
c) $L = \{\frac{11}{19}; 0\}$
d) $L = \{\frac{1}{2}; 0\}$
e) $L = \{3; 0\}$
f) $L = \{6; 0\}$
g) $L = \{3; 0\}$

Seite 54

2.1

a) $x^2 + 18x + 81 = (x + 9)^2$
b) $x^2 - 14x + 49 = (x - 7)^2$
c) $x^2 - 28x + 196 = (x - 14)^2$
d) $x^2 + x + \frac{1}{4} = \left(x + \frac{1}{2}\right)^2$
e) $x^2 + 15x + 56\frac{1}{4} = \left(x + 7\frac{1}{2}\right)^2$
f) $x^2 - 35x + 306\frac{1}{4} = \left(x - 17\frac{1}{2}\right)^2$
g) $x^2 + 43x + 462\frac{1}{4} = \left(x + 21\frac{1}{2}\right)^2$
h) $x^2 - 200x + 10\,000 = (x - 100)^2$
i) $x^2 - 13x + 42\frac{1}{4} = \left(x - 6\frac{1}{2}\right)^2$

2.2

a) $x^2 + 0{,}6x + 0{,}09 = (x + 0{,}3)^2$

b) $x^2 + 0{,}8x + 0{,}16 = (x + 0{,}4)^2$

c) $x^2 - 1{,}8x + 0{,}81 = (x - 0{,}9)^2$

d) $x^2 + 0{,}3x + 0{,}0225 = (x + 0{,}15)^2$

e) $x^2 - 1{,}1x + 0{,}3025 = (x - 0{,}55)^2$

f) $x^2 - 3{,}7x + 3{,}4225 = (x - 1{,}85)^2$

g) $x^2 - 1{,}2x + 0{,}36 = (x - 0{,}6)^2$

h) $x^2 + 3{,}9x + 3{,}8025 = (x + 1{,}95)^2$

3.1

a) $L = \{-1; -9\}$ b) $L = \{-3\}$

c) $L = \{2; -6\}$ d) $L = \{4; -7\}$

e) $L = \{-3; -5\}$ f) $L = \{5; -6\}$

4.1

a) $L = \{2; 1\}$ b) $L = \{3; -1\}$

c) $L = \{4; 1\}$ d) $L = \{4; -8\}$

e) $L = \{3; -9\}$ f) $L = \{5; -2\}$

Seite 55

1.1

a) $p = 5;\ q = -3$ b) $p = -7;\ q = -3$

c) $p = 1{,}5;\ q = 3$ d) $p = -34;\ q = -3$

e) $p = -0{,}18;\ q = -3{,}4$ f) $p = 5{,}7;\ q = -30{,}6$

•1.2

a) $p = \frac{2}{7};\ q = \frac{5}{6}$ b) $p = -\frac{3}{5};\ q = \frac{7}{10}$

c) $p = \frac{3}{4};\ q = -\frac{19}{23}$ d) $p = -1\frac{3}{8};\ q = 12\frac{3}{5}$

e) $p = 12\frac{3}{11};\ q = \frac{35}{48}$ f) $p = 0;\ q = 13\frac{11}{32}$

g) $p = -8\frac{23}{44};\ q = 0$

4.1

a) $p = 12;$	$q = -7;$	$D = 43;$	Lösungen: 2
b) $p = -8;$	$q = 34;$	$D = -18;$	Lösungen: 0
c) $p = -13;$	$q = -9;$	$D = 51{,}25;$	Lösungen: 2
d) $p = -4;$	$q = 9;$	$D = -5;$	Lösungen: 0
e) $p = 14;$	$q = 49;$	$D = 0;$	Lösungen: 1
f) $p = 2;$	$q = 16;$	$D = -15;$	Lösungen: 0
g) $p = -5{,}1;$	$q = -5;$	$D = 11{,}5025;$	Lösungen: 2
h) $p = -0{,}1;$	$q = 0;$	$D = 0{,}0025;$	Lösungen: 2
i) $p = 0;$	$q = -9;$	$D = 9;$	Lösungen: 2

•4.2

a) $p = 8;$	$q = \frac{1}{5};$	$D = 15\frac{4}{5};$	Lösungen: 2
b) $p = -\frac{4}{5};$	$q = -1;$	$D = 1\frac{4}{25};$	Lösungen: 2
c) $p = \frac{2}{3};$	$q = -\frac{5}{9};$	$D = \frac{2}{3};$	Lösungen: 2
d) $p = -\frac{1}{5};$	$q = -\frac{7}{10};$	$D = \frac{71}{100};$	Lösungen: 2
e) $p = \frac{3}{4};$	$q = \frac{5}{8};$	$D = -\frac{31}{64};$	Lösungen: 0
f) $p = -\frac{3}{5};$	$q = 5;$	$D = -\frac{491}{100};$	Lösungen: 0
g) $p = 3;$	$q = -\frac{7}{9};$	$D = 3\frac{1}{36};$	Lösungen: 2
h) $p = -\frac{6}{11};$	$q = \frac{4}{7};$	$D = -\frac{421}{847};$	Lösungen: 0
i) $p = \frac{8}{3};$	$q = -\frac{5}{6};$	$D = 2\frac{11}{18};$	Lösungen: 2
j) $p = -\frac{3}{16};$	$q = \frac{8}{3};$	$D = -2\frac{2021}{3072};$	Lösungen: 0
k) $p = -2\frac{1}{3};$	$q = -\frac{3}{4};$	$D = 2\frac{1}{9};$	Lösungen: 2

Seite 56

1.1

a) $L = \{4; -6\}$ b) $L = \{9; 3\}$

c) $L = \{6; -2\}$ d) $L = \{5; -11\}$

e) $L = \{11; -3\}$ f) $L = \{9; 1\}$

2.1

a) $L = \{-1 + \sqrt{7}; -1 - \sqrt{7}\}$ b) $L = \{\}$

c) $L = \{2; -5\}$ d) $L = \{8; 3\}$

e) $L = \{10; 9\}$ f) $L = \{6; -1\}$

g) $L = \{8; 1\}$ h) $L = \{7; 6\}$

•3.1

a) $L = \{\frac{1}{5}; \frac{3}{5}\}$ b) $L = \{\frac{1}{2}; -\frac{2}{3}\}$

c) $L = \{\frac{1}{2}; -\frac{1}{3}\}$ d) $L = \{\frac{3}{20}; -1\}$

e) $L = \{\frac{1}{2}; -\frac{1}{6}\}$

3.2

a) $L = \{1{,}23; -2{,}43\}$ b) $L = \{0; -1{,}56\}$

c) $L = \{1; 0{,}5\}$ d) $L = \{0{,}4; 0{,}2\}$

e) $L = \{0{,}25; 0{,}2\}$ f) $L = \{2; 1{,}2\}$

g) $L = \{5; 2{,}5\}$ h) $L = \{1{,}2; 0{,}6\}$

4.1

a) $L = \{4; -6\}$ b) $L = \{4; -2\}$

c) $L = \{5; -1\}$ d) $L = \{2; 4\}$

e) $L = \{3; -1\}$ f) $L = \{2; -6\}$

•4.2

a) $L = \{\frac{1}{4}; -\frac{1}{12}\}$

b) $L = \{10; 5\}$

c) $L = \{-\frac{3}{8} + \sqrt{3\frac{9}{64}}; -\frac{3}{8} - \sqrt{3\frac{9}{64}}\}$

d) $L = \{-\frac{1}{4} + \sqrt{\frac{69}{80}}; -\frac{1}{4} - \sqrt{\frac{69}{80}}\}$

e) $L = \{\}$

Seite 57

1.1

a) w b) w c) f d) f

e) w f) w g) w

2.1

a) $L = \{3; -8\}$ b) $L = \{8; 6\}$

c) $L = \{11; 3\}$ d) $L = \{3; -4\}$

•3.1

a) $x^2 + 2x - 15 = 0$ b) $x^2 - 6x - 40 = 0$

Seite 58

1.1

$x^2 + (x + 4)^2 = 25^2 = 625$

Die Seitenlängen betragen 15,6 cm und 19,6 cm.

2.1

$x^2 + x^2 = (x + 6)^2$

Seitenlänge: 14,5 cm
Diagonale: 20,5 cm

3

$21 = 2a + 2b \Rightarrow a = 10{,}5 - b$
$25\,m^2 = a \cdot b$

$\Rightarrow 25 = (10{,}5 - b) \cdot b$
$b^2 - 10{,}5b + 25 = 0$

Die Seitenlängen betragen 6,9 m und 3,6 m.

4

$\frac{1}{2}x(x - 4) = 70$

Grundseite: 14 cm
Höhe: 10 cm

5

$15 \cdot x \cdot (x - 2) = 720$

Länge: 6 cm
Breite: 8 cm

Seite 60

1.1

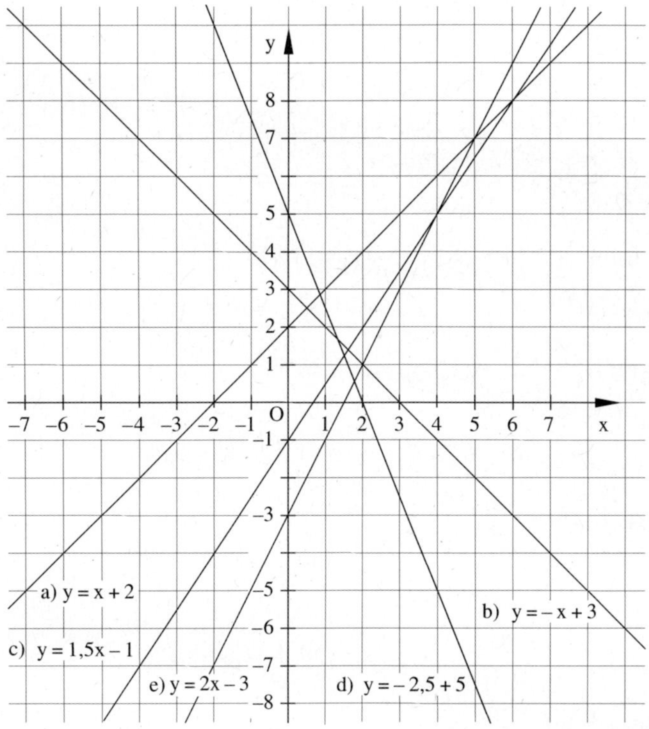

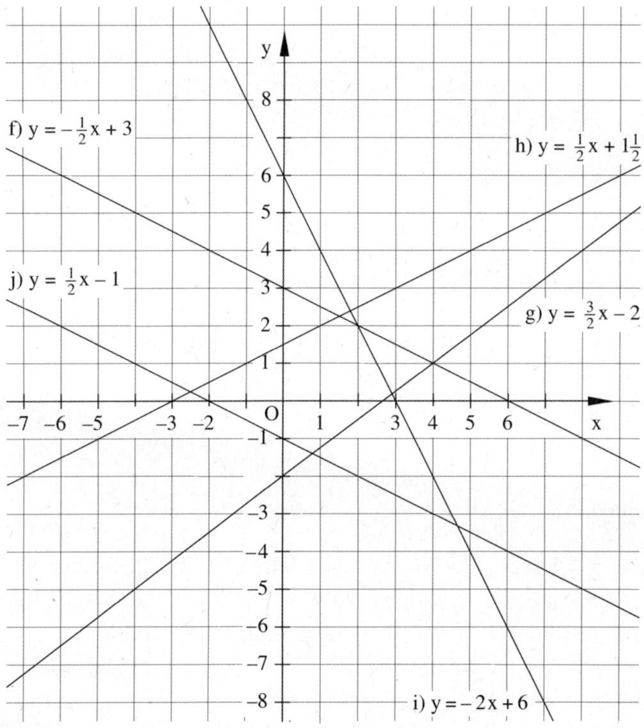

2.1

a) ja b) nein c) nein

d) nein e) ja f) ja

g) ja h) nein

3.1

a) $y = -3x + 3$
b) $y = 4x - 4$
c) $y = 2,5x + \frac{1}{2}$
d) $y = -\frac{2}{3}x - \frac{3}{2}$
e) $y = -\frac{1}{4}x + 3,5$
f) $y = 3\frac{1}{4}x - 4\frac{1}{5}$
g) $y = 1\frac{3}{4}x$
h) $y = 2\frac{1}{2}x + 1\frac{1}{2}$
i) $y = -4x + 8$
j) $y = 4$

4.1

a) $x = 6$
b) $x = 18$
c) $x = 3$
d) $x = 9$
e) $x = 10$
f) $x = 3$
g) $x = 3$
h) $x = 4$

Seite 61

1.1

a)

x	−3	−2	−1	0	1	2	3
$y = 2x + 4$	−2	0	2	4	6	8	10

b)

x	−3	−2	−1	0	1	2	3
$y = -5x - 7$	8	3	−2	−7	−12	−17	−22

c)

x	−3	−2	−1	0	1	2	3
$y = 3x + 5$	−4	−1	2	5	8	11	14

d)

x	−3	−2	−1	0	1	2	3
$y = x + 1$	−2	−1	0	1	2	3	4

e)

x	−3	−2	−1	0	1	2	3
$y = \frac{1}{2}x + 2$	0,5	1	1,5	2	2,5	3	3,5

f)

x	−3	−2	−1	0	1	2	3
$y = 4x + 1$	−11	−7	−3	1	5	9	13

1.2

a)

x	−3	−2	−1	0	1	2	3
$y = -4x + 2$	14	10	6	2	−2	−6	−10

b)

x	−3	−2	−1	0	1	2	3
$y = -3x + 24$	33	30	27	24	21	18	15

c)

x	−3	−2	−1	0	1	2	3
$y = -\frac{1}{2}x + 2$	3,5	3	2, 5	2	1,5	1	0,5

d)

x	−8	−4	0	4	8
$y = -\frac{15}{4}x - 10$	20	5	−10	−25	−40

e)

x	−3	−2	−1	0	1	2	3
$y = -3x + 6$	15	12	9	6	3	0	−3

f)

x	−3	−2	−1	0	1	2	3
$y = -x + 8$	11	10	9	8	7	6	5

2.1

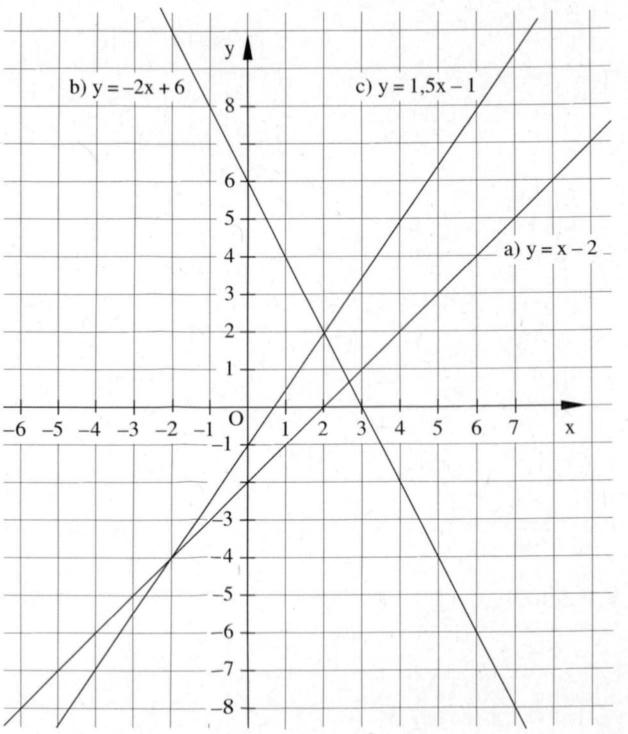

1.1

a)

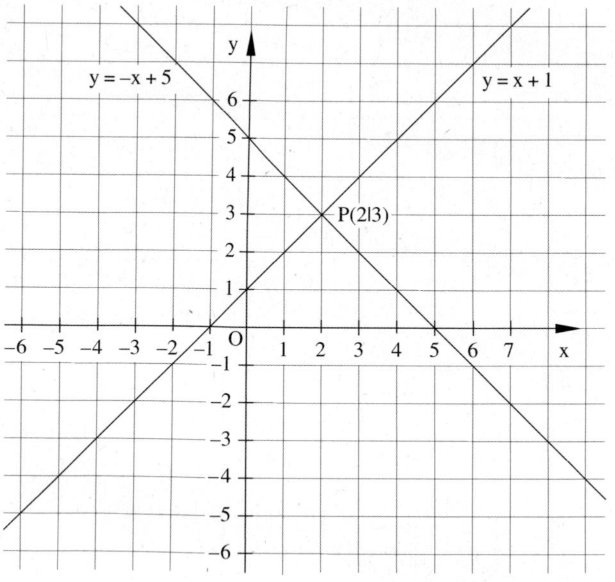

Gleichung	P(2|3)	Aussage
y = x + 1	3 = 2 + 1	wahr
y = −x + 5	3 = −2 + 5	wahr

b)

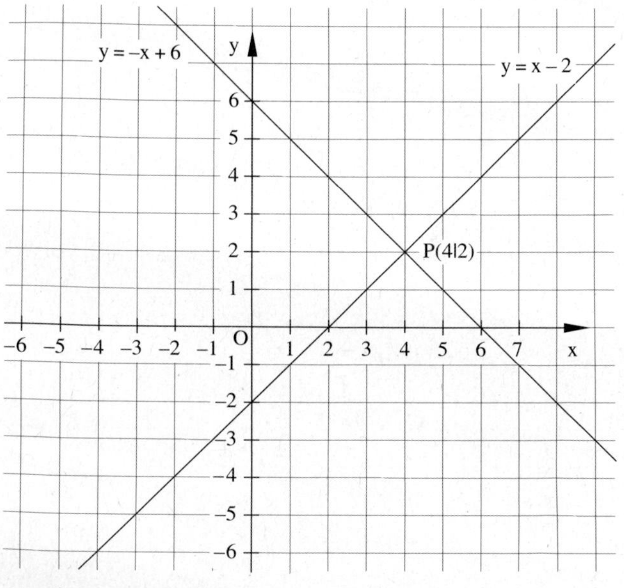

Gleichung	P(4|2)	Aussage
y = x − 2	2 = 4 − 2	wahr
y = −x + 6	2 = −4 + 6	wahr

c)

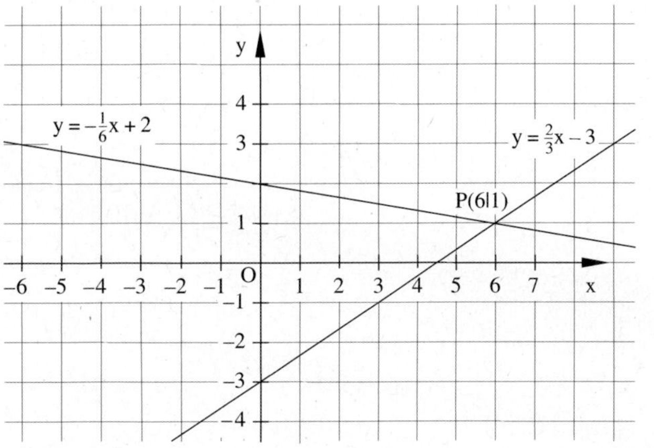

Gleichung	P(6|1)	Aussage
$y = \frac{2}{3}x - 3$	1 = 4 − 3	wahr
$y = -\frac{1}{6}x + 2$	1 = −1 + 2	wahr

2.1

a)

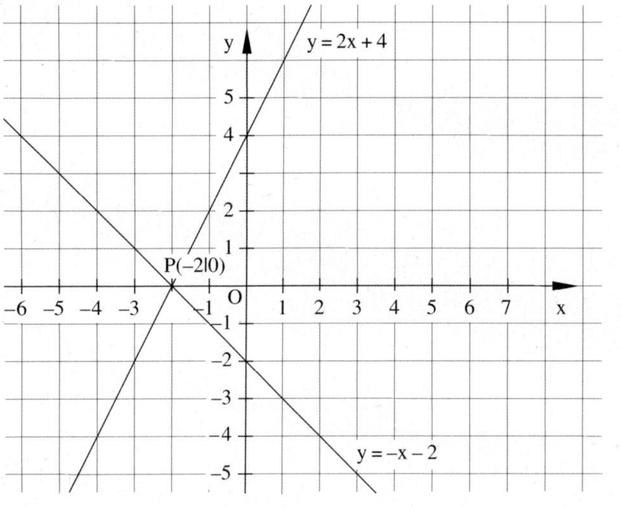

Gleichung	P(−2|0)	Aussage
y = −x − 2	0 = 2 − 2	wahr
y = 2x + 4	0 = −4 + 4	wahr

b)

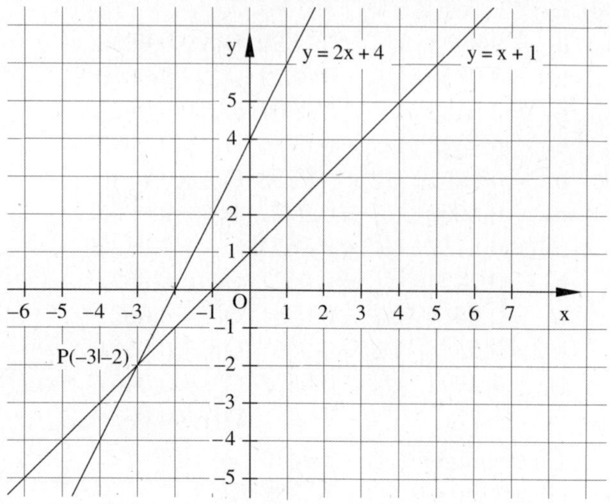

Gleichung	P(−3|−2)	Aussage
$y = 2x + 4$	$-2 = -6 + 4$	wahr
$y = x + 1$	$-2 = -3 + 1$	wahr

c)

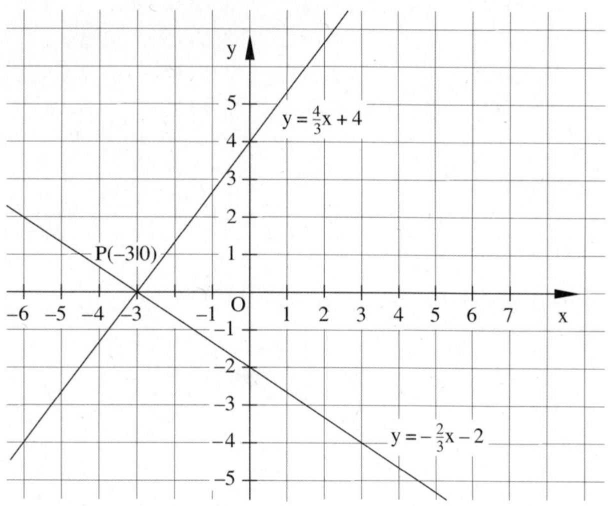

Gleichung	P(−3|0)	Aussage
$y = \frac{4}{3}x + 4$	$0 = -4 + 4$	wahr
$y = -\frac{2}{3}x - 2$	$0 = 2 - 2$	wahr

Seite 63

1.1

a) P(5|11) b) P(3|10)
c) P(20|27) d) P(2|0)
e) $P(4|\frac{2}{3})$ f) $P(5|-\frac{9}{4})$

2.1

a) P(4|2) b) P(−7|22)
c) P(5|−4) d) P(1|1)
e) P(−5|6) f) P(3|2)

Seite 64

1.1

a) P(3|6) b) P(2|0) c) P(1|2)
d) P(3|−4) e) $P(\frac{6}{7}|\frac{40}{7})$ f) P(−2|0)
g) $P(-\frac{11}{2}|-\frac{19}{2})$ h) P(3|8) i) P(−2|−4)

2.1

a) P(−3|10) b) P(6|3) c) P(3|2)

2.2

a) P(3|11) b) P(−6|−1) c) P(1|8)

Seite 65

1.1

$6x + 4y = 10 \cdot 48$
$3x + 7y = 10 \cdot 54 \Rightarrow x = 180 - \frac{7}{3}y$

$6 \cdot (180 - \frac{7}{3}y) + 4y = 480$
$y = 60$
$x = 40$

Die 1. Sorte enthält 40 %, die 2. Sorte 60 % Alkohol.

2.1

$x + y = 5 \Rightarrow x = 5 - y$
$40y + 0x = 25 \cdot 5 \Rightarrow y = 3\frac{1}{8}$

$x = 5 - 3\frac{1}{8} = 1\frac{7}{8}$
$y = 3\frac{1}{8}$

Es werden $1\frac{7}{8}$ l Wasser und $3\frac{1}{8}$ l Essigsäure benötigt.

3.1

$x + y = 20 \Rightarrow y = 20 - x$
$333x + 900y = 585 \cdot 20$

$333x + 900 \cdot (20 - x) = 11\,700$
$x = 11{,}11$
$y = 8{,}89$

Man braucht 11,11 g Gold 333 und 8,89 g Gold 900.

3.2

$x + y = 5 \Rightarrow y = 5 - x$
$585x + 900y = 750 \cdot 5$

$685x + 900 \cdot (5 - x) = 3\,750$
$x = 2{,}38$
$y = 2{,}62$

Es müssen 2,38 g Gold 585 und 2,62 g Gold 900 zusammengeschmolzen werden.

Seite 67

1.1

$u = a + b + c + d + e + f = 42{,}2\,cm$

2.1

$A = A_T + A_P + A_D = 92\,cm^2$

3.1

$$u = 3\,cm + 6\,cm + \sqrt{3^2 + 6^2}\,cm + 3\,cm + \sqrt{6^2 + 2^2}\,cm + \sqrt{4^2 + 3^2}\,cm = 30\,cm$$

Seite 68

7

a) n = 6:

$h_1 = 0{,}9860$ $U_1 = 0{,}1643$ $O_1 = 0{,}1667$
$h_2 = 0{,}9428$ $U_2 = 0{,}1571$ $O_2 = 0{,}1643$
$h_3 = 0{,}8660$ $U_3 = 0{,}1443$ $O_3 = 0{,}1571$
$h_4 = 0{,}7453$ $U_4 = 0{,}1242$ $O_4 = 0{,}1443$
$h_5 = 0{,}5528$ $U_5 = 0{,}0921$ $O_5 = 0{,}1242$
$O_6 = 0{,}0921$

Untersumme: $U = 2{,}7280$
Obersumme: $O = 3{,}3948$
Kreiszahl: $\pi \approx 3{,}0614$

b) n = 8:

$h_1 = 0{,}9922$ $U_1 = 0{,}1240$ $O_1 = 0{,}1250$
$h_2 = 0{,}9682$ $U_2 = 0{,}1210$ $O_2 = 0{,}1240$
$h_3 = 0{,}9270$ $U_3 = 0{,}1159$ $O_3 = 0{,}1210$
$h_4 = 0{,}8660$ $U_4 = 0{,}1083$ $O_4 = 0{,}1159$
$h_5 = 0{,}7806$ $U_5 = 0{,}0976$ $O_5 = 0{,}1083$
$h_6 = 0{,}6614$ $U_6 = 0{,}0827$ $O_6 = 0{,}0976$
$h_7 = 0{,}4841$ $U_7 = 0{,}0605$ $O_7 = 0{,}0827$
$O_8 = 0{,}0605$

Untersumme: $U = 2{,}8398$
Obersumme: $O = 3{,}3400$
Kreiszahl: $\pi \approx 3{,}0900$

c) n = 10:

$h_1 = 0{,}9950$ $U_1 = 0{,}0995$ $O_1 = 0{,}1000$
$h_2 = 0{,}9798$ $U_2 = 0{,}0980$ $O_2 = 0{,}0995$
$h_3 = 0{,}9539$ $U_3 = 0{,}0954$ $O_3 = 0{,}0980$
$h_4 = 0{,}9165$ $U_4 = 0{,}0917$ $O_4 = 0{,}0954$
$h_5 = 0{,}8660$ $U_5 = 0{,}0866$ $O_5 = 0{,}0917$
$h_6 = 0{,}8000$ $U_6 = 0{,}0800$ $O_6 = 0{,}0866$
$h_7 = 0{,}7141$ $U_7 = 0{,}0714$ $O_7 = 0{,}0800$
$h_8 = 0{,}6000$ $U_8 = 0{,}0600$ $O_8 = 0{,}0714$
$h_9 = 0{,}4359$ $U_9 = 0{,}0436$ $O_9 = 0{,}0600$
$O_{10} = 0{,}0436$

Untersumme: $U = 2{,}9048$
Obersumme: $O = 3{,}3048$
Kreiszahl: $\pi \approx 3{,}1048$

d) n = 12:

$h_1 = 0{,}9965$ $U_1 = 0{,}0830$ $O_1 = 0{,}0833$
$h_2 = 0{,}9860$ $U_2 = 0{,}0822$ $O_2 = 0{,}0830$
$h_3 = 0{,}9682$ $U_3 = 0{,}0807$ $O_3 = 0{,}0822$
$h_4 = 0{,}9428$ $U_4 = 0{,}0786$ $O_4 = 0{,}0807$
$h_5 = 0{,}9091$ $U_5 = 0{,}0758$ $O_5 = 0{,}0786$
$h_6 = 0{,}8660$ $U_6 = 0{,}0722$ $O_6 = 0{,}0758$
$h_7 = 0{,}8122$ $U_7 = 0{,}0677$ $O_7 = 0{,}0722$
$h_8 = 0{,}7454$ $U_8 = 0{,}0621$ $O_8 = 0{,}0677$
$h_9 = 0{,}6614$ $U_9 = 0{,}0551$ $O_9 = 0{,}0621$
$h_{10} = 0{,}5528$ $U_{10} = 0{,}0461$ $O_{10} = 0{,}0551$
$h_{11} = 0{,}3997$ $U_{11} = 0{,}0333$ $O_{11} = 0{,}0461$
$O_{12} = 0{,}0333$

Untersumme: $U = 2{,}9476$
Obersumme: $O = 3{,}2808$
Kreiszahl: $\pi \approx 3{,}1142$

8

Streifenanzahl	Untersumme	π	Obersumme
200	3,1311	3,1411	3,1511
500	3,1374	3,1414	3,1454
2 000	3,1405	3,1415	3,1425
3 000	3,1409	3,1415	3,1422
5 000	3,1411	3,1415	3,1429

Seite 69

1.1

a) $u = 50{,}3\,cm$ $A = 201{,}1\,cm^2$
b) $u = 3{,}77\,m$ $A = 1{,}13\,m^2$
c) $u = 78{,}5\,cm$ $A = 490{,}9\,cm^2$

2.1

a) $r = 6{,}5\,cm$ $A = 132{,}7\,cm^2$
b) $d = 12{,}0\,cm$ $u = 37{,}7\,cm$
c) $u = 3{,}93\,m$ $A = 1{,}23\,m^2$

3.1

$u = \frac{1}{2}\pi r + 2r = 25{,}0\,cm$
$A = \pi r^2 = 38{,}5\,cm^2$

•*4.1*

$u = \pi d = 31{,}4\,cm$
$A = \frac{1}{2}d \cdot d = 50\,cm^2$

Seite 70

1.1

a) $A = 22{,}0\,cm^2$ $b = 7{,}6\,cm$
b) $A = 1{,}36\,m^2$ $b = 2{,}18\,m$
c) $A = 6\,981{,}3\,cm^2$ $b = 174{,}5\,cm$

2.1

a) $\alpha = 75°$ b) $\alpha = 129,9°$ c) $r = 8,5\,cm$ d) $r = 12,0\,cm$

a) $\alpha = 75°$	$b = 15,7\,cm$
b) $\alpha = 129,9°$	$A = 0,64\,m^2$
c) $r = 8,5\,cm$	$b = 7,4\,cm$
d) $r = 12,0\,cm$	$A = 314,2\,cm^2$

3.1

a) $A = 30,6\,cm^2$

b) $A = 298,5\,cm^2$

•4.1

$A = 114,3\,cm^2$ $u = 44,6\,cm$

Seite 71

5

Der äußere Umfang beträgt 364 mm.

6

a) $d_2 = 5\,mm$	$d_1 = 18,5\,mm$
b) $d_2 = 6\,mm$	$d_1 = 18,8\,mm$
c) $d_2 = 7\,mm$	$d_1 = 19,2\,mm$
d) $d_2 = 4\,mm$	$d_1 = 18,3\,mm$

7

Eine Umdrehung ist rund 2,25 m lang.
Die Anzahl der Umdrehungen beträgt 15 822.

•8

Die Entfernung der Punkte beträgt 557 km.

•9

$u_Q = 4 \cdot a \Rightarrow a = 40\,cm$
$A_Q = 1\,600\,cm^2$

$u_K = 2\pi \cdot r \Rightarrow r = 25,47\,cm$
$A_K = 2\,038\,cm^2$

Bei gleichem Umfang ist der Flächeninhalt des Kreises wesentlich größer als beim Quadrat.

•10

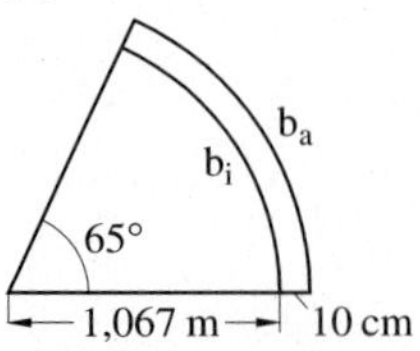

äußere Länge: $b_a = 1,32\,m$
innere Länge: $b_i = 1,21\,m$

Seite 74

1.1

Fig. 1	Fig. 2
$V = 3\,388\,cm^3$	$V = 2\,755,2\,cm^3$

2.1

a) $k = 11,5\,cm$ b) $h = 5\,cm$ c) $g = 10\,cm$

3.1

Fig. 3	Fig. 4
$V = 4\,833\,cm^3$	$V = 3\,900\,cm^3$

4.1

a) $k = 5\,cm$ b) $c = 3,6\,cm$

Seite 75

1.1

Fig. 1	Fig. 2
$V = 1\,365,3\,cm^3$	$V = 1\,706,7\,cm^3$

2.1

a) $V = 233,3\,cm^3$ b) $V = 15,5\,m^3$

2.2

a) $V = 96\,cm^3$ b) $V = 12,8\,m^3$

2.3

a) $V = 224\,cm^3$ b) $V = 5,6\,m^3$

3.1

a) $k = 16,4\,cm$	b) $k = 9,2\,m$
$V = 442,8\,cm^3$	$V = 19,9\,m^3$

Seite 76

1.1

Fig. 1	Fig. 2
$V = 13\,741,3\,cm^3$	$V = 7\,690,6\,cm^3$

2.1

a) $V = 124,4\,cm^3$	b) $V = 347,4\,cm^3$
c) $V = 958,3\,m^3$	d) $V = 3\,817\,m^3$

2.2

a) $V = 204\,cm^3$	b) $V = 41,9\,cm^3$
c) $V = 7,5\,m^3$	d) $V = 3\,141,6\,m^3$

3.1

	a)	b)	c)	d)	e)
r in cm	6	2,8	2,3	**5,7**	**2,4**
k in cm	2,5	**9,7**	**17**	11,8	5
V in cm^3	**282,7**	238	282	1 204	90

Seite 77

1.1

Fig. 1
$V = 102{,}8\,cm^3$

Fig. 2
$V = 508\,cm^3$

2.1

a) $k = 5\,cm$ b) $r = 2\,cm$ c) $k = 8\,m$

2.2

a) $k = 1{,}5\,cm$ b) $r = 4{,}2\,cm$ c) $k = 2{,}8\,m$

3.1

a) $k = 20{,}1\,cm$ $V = 1\,704{,}9\,cm^3$
b) $k = 17{,}0\,cm$ $V = 729{,}2\,cm^3$
c) $k = 20{,}5\,cm$ $V = 1\,306{,}1\,cm^3$

Seite 78

1.1

a) $O = 160\,cm^2$ b) $O = 135\,cm^2$
c) $O = 41\,cm^2$ d) $O = 1\,980\,cm^2$

2.1

a) $O = 81\,cm^2$ b) $O = 1\,200\,cm^2$
c) $O = 142{,}5\,cm^2$ d) $O = 7\,424\,cm^2$

3.1

a) $O = 1\,244\,cm^2$ b) $O = 4\,725\,cm^2$
c) $O = 5\,428{,}7\,cm^2$ d) $O = 9\,814{,}3\,cm^2$

4.1

a) $h_a = 14\,cm$
$O = 128\,cm^2$

b) $h_a = 21\,cm$
$O = 343\,cm^2$

c) $h_a = 18\,cm$
$O = 271{,}4\,cm^2$

d) $h_a = 84{,}8\,cm$
$O = 10\,980\,cm^2$

e) $h_a = 21\,cm$
$O = 583\,cm^2$

f) $h_a = 8{,}5\,cm$
$O = 138\,cm^2$

g) $h_a = 12{,}7\,cm$
$O = 275{,}5\,cm^2$

h) $h_a = 50{,}9\,cm$
$O = 4\,617{,}2\,cm^2$

5.1

a) $G = 201{,}1\,cm^2$
$O = 1\,156{,}2\,cm^2$

b) $G = 254{,}5\,cm^2$
$O = 905\,cm^2$

c) $G = 1\,809{,}6\,cm^2$
$O = 4\,373{,}2\,cm^2$

d) $G = 4\,071{,}5\,cm^2$
$O = 9\,161\,cm^2$

e) $G = 7{,}1\,cm^2$
$O = 96{,}2\,cm^2$

f) $G = 36{,}3\,cm^2$
$O = 166{,}6\,cm^2$

g) $G = 1{,}1\,cm^2$
$O = 20{,}2\,cm^2$

h) $G = 60{,}8\,cm^2$
$O = 421{,}6\,cm^2$

Seite 79

1.1

$V = 4\,125\,cm^3$

2.1

$V = 2\,666\,666{,}7\,m^3$

3.1

$V = 265{,}9\,kg$

4.1

$V \approx 3{,}5\,m^3$

6

$V = 100{,}3\,cm^3$

•7

Für 10 000 Dosen werden rund $431{,}3\,m^2$ Blech benötigt.